Probability
Statistics
Theory and Practice

概率统计
理论与实践

代 鸿 编著

U0228115

清华大学出版社
北京

内 容 简 介

本书一改传统的单一理论方法加案例的编写模式,采用专门的章节进行案例介绍,使读者可以迅速地进入应用领域。本书对一元概率统计与多元统计的内容进行了详细的介绍,并对一元概率统计知识在各实际领域的应用实践进行了深入分析。除此之外,重点讲述了如何利用各种多元分析方法解决各领域的实际问题,这对在校学生学习概率统计知识,并深入了解其实际用途有着重要的作用,对各领域从事具体工作的人员也具有指导参考作用。

本书适用于大学本科或研究生阶段的概率统计和多元统计分析课程的教学,也可供统计专业本科生做毕业设计时使用,还可供相关应用领域从业人员参考。

图书在版编目(CIP)数据

概率统计理论与实践/代鸿编著.—北京:清华大学出版社,2023.10
ISBN 978-7-302-64805-5

Ⅰ.①概… Ⅱ.①代… Ⅲ.①概率统计-高等学校-教材 Ⅳ.①O211

中国国家版本馆 CIP 数据核字(2023)第 202547 号

责任编辑:佟丽霞
封面设计:傅瑞学
责任校对:赵丽敏
责任印制:刘海龙

出版发行:清华大学出版社
   网 址:https://www.tup.com.cn, https://www.wqxuetang.com
   地 址:北京清华大学学研大厦 A 座 **邮 编:**100084
   社 总 机:010-83470000 **邮 购:**010-62786544
   投稿与读者服务:010-62776969,c-service@tup.tsinghua.edu.cn
   质量反馈:010-62772015,zhiliang@tup.tsinghua.edu.cn
印 装 者:三河市铭诚印务有限公司
经 销:全国新华书店
开 本:170mm×240mm **印 张:**21.5 **字 数:**397 千字
版 次:2023 年 11 月第 1 版 **印 次:**2023 年 11 月第 1 次印刷
定 价:69.00 元

产品编号:102301-01

概率统计是研究和揭示随机现象统计规律的学科,随着数据科学的发展,概率统计在社会各领域的应用更加广泛。目前,关于概率统计的教材和著作很多,但是它们多侧重于理论推导和证明,虽然部分教材也结合了案例,但多数案例只针对单一的分析方法进行说明。学完课程后实际应用能力比较欠缺,所以笔者萌生了编写专门实践案例模块的想法,以培养学生运用概率统计方法分析、解决实际问题的能力。

本书在编著时突出了以下几点:

1. 本书一改传统的单一理论方法加案例的编写模式,采用专门的章节进行案例介绍,使读者可以迅速地进入应用领域。

2. 本书侧重在实际案例解决分析过程中,使读者更好地熟悉概率统计的思维方法,掌握相关基本概念、基本理论,加强对运算、处理随机数据方法的理解。

3. 本书采用多案例的方式详细介绍一元概率统计在社会各领域的应用,采用学位论文、学术论文的结构介绍多元统计分析法在经济、管理、教育、建筑等领域的具体应用。通过两种不同结构应用案例的讲解,力求使读者更全面地理解掌握相关的理论和方法。

全书共 12 章,第 1~6 章主要讲解一元概率统计的相关内容,第 7~12 章主要讲解多元统计分析的相关内容。

由于作者水平有限,书中缺点和错误在所难免,恳请广大同行、读者批评指正。

作者

2023 年 3 月

目录

CHAPTER

第1章　随机事件与概率

1.1　样本空间与随机事件

在人类社会的生产和科学实验中,人们观察到的现象大体上可分为两种类型。一类现象是事前可以预知结果的,即在某些确定的条件满足时,某一确定的现象必然会发生,或根据它过去的状态预知它将来的发展状态,我们称这一类型的现象为必然现象。例如,冬天过去春天就会到来,同种电荷一定互相排斥,异种电荷一定互相吸引,重物在高处总是垂直落到地面,等等。早期的数学研究力求揭示这一类现象的规律性,所使用的工具有数学分析、几何、代数、微分方程等。另一类现象是事前不可预测的,即在相同条件下重复进行试验,每次的结果未必相同,这一类现象称为偶然现象或随机现象。例如,抛掷一枚质地均匀的硬币,其结果可能是正面,也可能是反面;向一个目标进行射击,可能命中目标,也可能未命中目标;从一批产品中随机抽检一件产品,结果可能是合格品,也可能是次品,等等。但是,在偶然的现象下蕴含着必然的内在规律,概率论就是研究这种偶然现象的内在规律性的一门学科。

1.1.1　基本概念

定义 1.1.1　将满足如下条件的试验称为**随机试验**(用 E 表示):

(1) 在相同的条件下可以重复进行;

(2) 每次试验的可能结果有很多个,并且事先知道所有可能发生的结果;

(3) 每次试验的具体结果不能事先确定。

本书随机试验都简称为**试验**。例如,掷一颗骰子,观察所掷的点数是多少;观察某城市几个月内交通事故发生的次数;对某只灯泡做实验,观察其使用寿命。

定义 1.1.2 进行一次试验,总有一个观测目的,试验中可能观测到多种不同的可能结果,在一次试验中可能出现也可能不出现的结果或事件称为**随机事件**,简称为**事件**,用字母 $A,B,C,\cdots$ 表示;把试验的每一个可能结果称为**样本点**或**基本事件**,用字母 ω 表示;样本点的全体称为**样本空间**,用 Ω 表示;每次试验必定有 Ω 中的一个样本点出现,即 Ω 必然发生,称 Ω 为**必然事件**;每次试验不可能发生的事件称为**不可能事件**,用 $\varnothing$ 表示。不可能事件不含有任何样本点。

例 1.1.1 掷一颗骰子,$A=\{2,4,6\}$,$B=\{1,3,5\}$,$C=\{1,2,3,4,5\}$,$D=\{1,2,3,4,5,6\}$表示事件;$\Omega=\{1,2,3,4,5,6\}$表示样本空间;$A_1=\{1\}$,$A_2=\{2\}$,$A_3=\{3\}$,$A_4=\{4\}$,$A_5=\{5\}$,$A_6=\{6\}$表示样本点;$A=\{1,2,3,4,5,6\}$表示必然事件;$\varnothing$表示不可能事件。

例 1.1.2 观察某城市单位时间(例如一个月)内交通事故发生的次数,若以 $A_i=\{i\}(i=0,1,2,\cdots)$表示该城市单位时间内发生 i 次交通事故,则样本空间 $\Omega=\{0,1,2,\cdots\}$,$A_i=\{i\}(i=0,1,2,\cdots)$是基本事件,若随机事件 B 表示至少发生一次交通事故,则 $B=\{1,2,\cdots\}$。若随机事件 C 表示交通事故不超过 5 次,则 $C=\{0,1,2,3,4,5\}$,等等。

1.1.2 事件的关系与运算

进行一次试验,会有这样或那样的事件发生,它们各有不同的特点,彼此之间有一定的联系。下面引入一些事件之间的关系和运算,来描述这些事件之间的联系,其关键的一步是将较复杂的事件分解成较简单的事件的"组合"。

1. 事件的关系

(1) 包含关系

如果事件 A 发生必然导致事件 B 发生,则事件 A 包含于事件 B,或称事件 B 包含事件 A,或称事件 A 是事件 B 的子事件,记作 $A\subset B$ 或 $B\supset A$。

显然,对任意事件 A,有 $\varnothing\subset A$,$A\subset\Omega$。

(2) 互斥(互不相容)关系

如果两个事件 A,B 不可能同时发生,则称事件 A 和事件 B 互斥或互不相容。必然事件和不可能事件互斥。

设 $A_1,A_2,\cdots,A_n$ 为同一样本空间 Ω 中的随机事件,若它们之间任意两个事件是互斥的,则称 $A_1, A_2, \cdots, A_n$ 是两两互斥的。

2. 事件的运算

(1) 事件的并(或和)

若事件 C 表示"事件 A 和事件 B 至少有一个发生",则称 C 为事件 A 和事件 B 的并(或和),记为 $C = A \cup B$,当事件 A 与事件 B 互斥时,将并事件记为 $C = A + B$,且称 C 为事件 A 和事件 B 的直和。

显然有 $A \cup A = A, A \cup \Omega = \Omega$。

(2) 事件的交(或积)

若事件 D 表示"事件 A 和事件 B 同时发生",则称 D 为事件 A 和事件 B 的交(或积),记为 $D = A \cap B$,也可简记为 $D = AB$。

显然有 $A \cap A = A, A \cap \varnothing = \varnothing, A \cap \Omega = A$;事件 A 与 B 互斥等价于 $AB = \varnothing$。

(3) 事件的差

若事件 F 表示"事件 A 发生而事件 B 不发生",则称 F 为事件 A 和事件 B 的差事件,记为 $F = A - B$。

显然有 $A - A = \varnothing, A - \varnothing = A$。

(4) 事件的逆(对立事件)

称"事件 A 不发生"为事件 A 的逆事件,记为 $\overline{A}$,同时称 A 与 $\overline{A}$ 为对立事件。

显然有 $A \cup \overline{A} = \Omega, A\overline{A} = \varnothing, A - B = A\overline{B} = A - AB$。

注 1　互斥事件与对立事件的区别与联系是:

(1) 事件 A 与事件 B 互斥,当且仅当 $A \cap B = \varnothing$;

(2) 事件 A 与事件 B 对立,当且仅当 $A \cap B = \varnothing, A \cup B = \Omega$。

在这里,我们用平面上的一个矩形表示样本空间 Ω,矩形内的每个点表示一个样本点,用两个小圆分别表示事件 A 和 B,则事件的关系和运算用图 1.1.1 来表示,其中 $A \cup B$(图 1.1.1(a)),$A \cap B$(图 1.1.1(b)),$A - B$(图 1.1.1(c))分别为图中阴影部分,这种更加直观的表示事件关系的方法称为 Venn 图。

例 1.1.3　例 1.1.1 中 $A \subset \Omega, B \subset \Omega$;$A_1$ 与 A_2, A_3, A_4, A_5, A_6 均互斥;$A \cup B = \Omega$;$A \cap B = \varnothing, A \cap C = \{2,4\}, B \cap C = B$;$C - A = \{1,3,5\}, C - B = \{2,4\}$;事件 A 与事件 B 是对立事件。

注 2　事件的并和事件的交可以推广到有限个或无穷多个事件的情形:

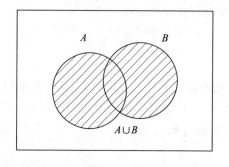

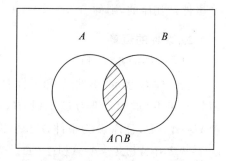

(a) $A \cup B$ (b) $A \cap B$

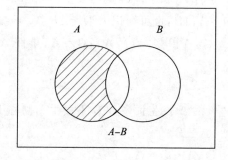

(c) $A-B$

图 1.1.1

(1)"有限个事件 $A_1, A_2, \cdots, A_n$ 中至少有一个发生",这一事件称为有限个事件 $A_1, A_2, \cdots, A_n$ 的并,记为 $\bigcup\limits_{i=1}^{n} A_i$;

(2)"有限个事件 $A_1, A_2, \cdots, A_n$ 同时发生",这一事件称为有限个事件 $A_1, A_2, \cdots, A_n$ 的交,记为 $\bigcap\limits_{i=1}^{n} A_i$;

(3)"无穷多个事件 $A_1, A_2, \cdots, A_n, \cdots$ 中至少有一个发生",这一事件称为无穷多个事件 $A_1, A_2, \cdots, A_n, \cdots$ 的并,记为 $\bigcup\limits_{i=1}^{\infty} A_i$;

(4)"无穷多个事件 $A_1, A_2, \cdots, A_n, \cdots$ 同时发生",这一事件称为无穷多个事件 $A_1, A_2, \cdots, A_n, \cdots$ 的交,记为 $\bigcap\limits_{i=1}^{\infty} A_i$。

1.1.3 事件的运算规律

随机事件的运算满足以下规律:

(1) 交换律：$A \cup B = B \cup A$，$A \cap B = B \cap A$。

(2) 结合律：$A \cup B \cup C = (A \cup B) \cup C = A \cup (B \cup C)$，

$\qquad A \cap B \cap C = (A \cap B) \cap C = A \cap (B \cap C)$。

(3) 分配律：$A \cap (B \cup C) = (A \cap B) \cup (A \cap C)$，

$\qquad A \cup (B \cap C) = (A \cup B) \cap (A \cup C)$。

(4) 对偶律：$\overline{A \cup B} = \overline{A} \cap \overline{B}$，$\overline{A \cap B} = \overline{A} \cup \overline{B}$。

例 1.1.4　化简下列各式：(1) $(A \cup B)(A \cup \overline{B})$；(2) $(A \cup B) - A$。

解　(1) $(A \cup B)(A \cup \overline{B}) = A \cup (B \cap \overline{B}) = A \cup \varnothing = A$；

(2) $(A \cup B) - A = (A \cup B)\overline{A} = A\overline{A} \cup B\overline{A} = B\overline{A} = B - A$。

例 1.1.5　向指定目标射击 3 次，以 A_1, A_2, A_3 分别表示事件"第一、第二、第三次击中目标"，试用 A_1, A_2, A_3 表示下列事件。

(1) 只击中第一次；(2) 只击中一次；(3) 3 次都未击中；(4) 至少击中一次。

解　(1) 事件"只击中第一次"意味着第一次击中，第二次第三次都未击中同时发生，所以事件"只击中第一次"可表示为 $A_1 \overline{A_2} \overline{A_3}$。

(2) 事件"只击中一次"并不指定哪一次，3 个事件"只击中第一次""只击中第二次""只击中第三次"中任意一个发生，都意味着"只击中一次"发生，而且上述 3 个事件是两两互斥的，所以事件"只击中一次"，可表示为 $A_1 \overline{A_2} \overline{A_3} \cup \overline{A_1} A_2 \overline{A_3} \cup \overline{A_1} \overline{A_2} A_3$。

(3) 事件"3 次都未击中"意味着"第一次、第二次、第三次都未击中"同时发生，所以它可以表示为 $\overline{A_1} \overline{A_2} \overline{A_3}$。

(4) 事件"至少击中一次"意味着 3 个事件"第一次击中""第二次击中""第三次击中"中至少有一个发生，所以它可以表示为 $A_1 \cup A_2 \cup A_3$。

1.2　事件的概率

对于一个事件，除必然事件和不可能事件之外，它在一次试验中可能发生，也可能不发生。我们常常需要知道某些事件在一次试验中发生的可能性大小，揭示出这些事件的内在统计规律，以便更好地认识客观事物。例如，知道了某食品在每段时间内变质的可能性大小，就可以合理地制定该食品的保质期；知道了河流在造坝地段最大洪峰达到某一高度的可能性大小，就可以合

5

理地确定造坝的高度等。为了合理地刻画事件在一次试验中发生的可能性大小,我们先引入频率的概念,进而引出事件在一次试验中发生的可能性大小的数字度量——概率。

1.2.1 事件的频率

定义 1.2.1 设 A 是一个事件,在相同条件下,进行 n 次试验,在这 n 次试验中,若事件 A 发生了 m 次,则称 m 为事件 A 在 n 次试验中发生的次数,称 $\dfrac{m}{n}$ 为事件 A 在 n 次试验中发生的频率,记为 $f_n(A)$。

由定义,不难发现频率具有如下性质:

(1) $0 \leqslant f_n(A) \leqslant 1$;

(2) $f_n(\Omega) = 1, f_n(\varnothing) = 0$;

(3) 如果事件 $A_1, A_2, \cdots, A_k$ 两两互斥,则

$$f_n\left(\bigcup_{i=1}^{k} A_i\right) = \sum_{i=1}^{k} f_n(A_i)$$

历史上,曾有许多学者做过大量的试验。例如,蒲丰、皮尔逊等人先后做过掷一枚硬币的试验,观察"正面朝上"这一事件(记为 A)在 n 次试验中出现的次数,前者投掷 $n=4040$ 次,A 出现了 2048 次;后者投掷 $n=24000$ 次,A 出现了 12012 次,因此 A 出现的频率分别为 0.5069 和 0.5005。而且他们发现,随着试验次数的增加,事件 A 出现的频率总是围绕 0.5 上下波动,且越来越接近 0.5。

1.2.2 事件的概率的定义

定义 1.2.2(概率的统计定义) 设 A 是一个事件,在相同条件下,进行 n 次试验,当 n 越来越大时,事件 A 发生的频率在某一个常数附近摆动,并且随着 n 的增大,这种摆动越来越小,称这个常数为事件 A 发生的概率,记为 $P(A)$。

概率的统计定义虽然很直观,但在理论上和应用上不利于推广,我们希望能给出概率的一般性的定义。下面通过概率的统计定义及频率的性质给出概率的公理化定义。

定义 1.2.3(概率的公理化定义) 设 E 是一个随机试验,Ω 是样本空间,对于任意事件 $A \subset \Omega$,有且只有一个实数 $P(A)$ 与之对应,它满足下面三

条公理：

(1) 非负性 $0 \leqslant P(A) \leqslant 1$，

(2) 规范性 $P(\Omega) = 1$，

(3) 完全可加性：对任意一列两两互斥事件 $A_1, A_2, \cdots$，有

$$P\left(\bigcup_{n=1}^{\infty} A_n\right) = \sum_{n=1}^{\infty} P(A_n)$$

则称 $P(A)$ 为事件 A 的概率。

由概率的公理化定义可以得到如下的性质：

性质 1.2.1 $P(\varnothing) = 0$。

性质 1.2.2 $P(\overline{A}) = 1 - P(A)$。

性质 1.2.3(有限可加性) 对任意一列两两互斥事件 $A_1, A_2, \cdots, A_n$，有

$$P\left(\bigcup_{k=1}^{n} A_k\right) = \sum_{k=1}^{n} P(A_k)$$

性质 1.2.4 $P(A \cup B) = P(A) + P(B) - P(AB)$。

证 因 $A \cup B = A + (B - AB)$，故有

$$P(A \cup B) = P(A) + P(B - AB) = P(A) + P(B) - P(AB)$$

推广 $P(A \cup B \cup C) = P(A) + P(B) + P(C) - P(AB) - P(BC) - P(AC) + P(ABC)$。

性质 1.2.5 若 $A \subset B$，则 $P(B - A) = P(B) - P(A)$。

证 因 $B = A \cup (B - A)$ 且 $A(B - A) = \varnothing$，故有

$$P(B) = P(A + (B - A)) = P(A) + P(B - A)$$

从而有

$$P(B - A) = P(B) - P(A)$$

例 1.2.1 已知 $P(A) = 0.9, P(B) = 0.8$，试证 $P(AB) \geqslant 0.7$。

证 由性质 1.2.4 知 $P(AB) = P(A) + P(B) - P(A \cup B) \geqslant 0.9 + 0.8 - 1 = 0.7$。

例 1.2.2 某厂有两台机床，机床甲发生故障的概率为 0.1，机床乙发生故障的概率为 0.2，两台机床同时发生故障的概率为 0.05，试求：

(1) 机床甲和机床乙至少有一台发生故障的概率；

(2) 机床甲和机床乙都不发生故障的概率；

(3) 机床甲和机床乙不都发生故障的概率。

证 令 A 表示"机床甲发生故障"，B 表示"机床乙发生故障"，则

$$P(A)=0.1, \quad P(B)=0.2, \quad P(AB)=0.05$$

(1) $A \bigcup B$ 表示"机床甲和机床乙至少有一台发生故障",故

$$P(A \bigcup B)=P(A)+P(B)-P(AB)=0.1+0.2-0.05=0.25$$

(2) $\overline{A} \, \overline{B}$ 表示"机床甲和机床乙都不发生故障",故

$$P(\overline{A} \, \overline{B})=P(\overline{A \bigcup B})=1-P(A \bigcup B)=1-0.25=0.75$$

(3) $\overline{AB}$ 表示"机床甲和机床乙不都发生故障",故

$$P(\overline{AB})=1-P(AB)=1-0.05=0.95$$

1.3　古典概型与几何概型

本节开始介绍在概率发展早期受到关注的两类试验模型,其一是古典概型,其二是几何概型,先来介绍古典概型。

1.3.1　古典概型

定义 1.3.1　称满足下列条件的概率问题为**古典概型**。

(1) 试验所有可能结果只有有限个,即样本空间只含有有限个样本点;

(2) 每个样本点发生的可能性是相同的,即等可能发生。

由有限性,不妨设试验一共有 n 个可能结果,也就是说样本点总数为 n,而所考察的事件 A 含有其中的 k 个(也称为有利于 A 的样本点数),则 A 的概率为

$$P(A)=\frac{k}{n}=\frac{A \text{ 中的样本点数}}{\text{样本点总数}}$$

此公式只适用于古典概型,因此在使用此公式前要正确判断所建立的样本空间是否属于古典概型,即样本空间所含样本点个数是否有限,每个样本点是否等可能出现。例如,掷骰子试验,由于骰子是质地均匀的正六面体,所以点数为 $1,2,3,4,5,6$ 的 6 个面是等可能出现的,若骰子不是正六面体而是长方体,则这些面出现就不是等可能的。对于同一个试验,可以建立不同的样本空间,它可能属于古典概型,也可能不是古典概型。例如,袋中装有大小相同的 4 个白球和 2 个黑球,分别标有号码 $1,2,3,4,5,6$,从中任取一球,若根据取到球的号码建立样本空间 $\Omega_1=\{1,2,3,4,5,6\}$,显然它属于古典概型;若根

据取到球的颜色建立样本空间 $\Omega_2=\{$黑，白$\}$，则它不是古典概型，这是因为样本点不是等可能出现的。

例 1.3.1（摸球问题）　设有批量为 100 的同型号产品，其中次品数有 20件，按下列两种方式随机抽取 2 件产品：（a）有放回抽取，即先任意抽取一件，观察后放回，再从中任取一件；（b）不放回抽取，即先任抽取一件，抽后不放回，从剩下的产品中再抽取一件。试分别按这两种抽样方式计算：

（1）两件都是次品的概率；

（2）第一件是次品，第二件是正品的概率。

解　由已知条件易知本题的试验为古典概型，且记 $A=\{$两件都是次品$\}$，$B=\{$第一件是次品，第二件是正品$\}$。

（1）有放回的情形

在两次抽取中每次抽取都有 100 种可能结果，因此样本点总数 $n=100^2=10000$。事件 A 发生，指每次是从 20 件次品中抽取的，即每次抽取有20 种可能结果，因此 A 中的样本点数 $k_1=20^2=400$，于是

$$P(A)=\frac{20^2}{100^2}=0.04$$

同理，事件 B 发生，必须第一次取自 20 件次品，第二件取自 80 件正品，因此事件 B 的样本点数为 $k_2=20\times80=1600$，所以

$$P(B)=\frac{20\times80}{100^2}=0.16$$

（2）不放回的情形

此时第一次抽取仍然有 100 种可能结果，但第二次抽取结果只有 99 种可能结果，因此样本点总数 $n=100\times99=9900$，因此 A 中的样本点数 $k_1=20\times19=380$，B 中的样本点数 $k_2=20\times80=1600$，因此

$$P(A)=\frac{20\times19}{100\times99}\approx0.038$$

$$P(B)=\frac{20\times80}{100\times99}\approx0.16$$

例 1.3.2（分配房间问题）　设有 4 个人都以相同的概率进入 6 间房子的每一间，每间房可以容纳的人数不限，求下列事件的概率：

（1）某指定 4 间房子中各有一人；

（2）恰有 4 间房子各有一人；

（3）某指定房间恰有 k 人。

9

解 由于每个人都可以进入 6 个不同的房间,且每个房间可容纳人数不限,故 4 个人进入 6 个房间总共有 6^4 种方法,即样本空间所含样本点的个数为 6^4。设 A 表示"某指定 4 间房中各有一人",B 表示"恰有 4 间房子各有一人",C 表示"某指定房间恰有 k 人"。

(1) 因为指定的 4 间房子只能各进 1 人,因而第 1 人可以有 4 种选择,第 2 人只能选择剩下的 3 个房间,第 3 个人有 2 种选择,第 4 个人只有 1 种选择,故 A 包含的基本事件数为 4!,所以

$$P(A) = \frac{4!}{6^4}$$

(2) 与(1)不同的是 4 间房子没有指定,可以从 6 间房子任意选出 4 间,有 C_6^4 种方法,所以事件 B 包含有 $C_6^4 4!$ 个样本点,所以

$$P(B) = \frac{C_6^4 4!}{6^4}$$

(3) 要使指定房间恰有 k 人,只需要从 4 个人中先选 k 个人进入此房间,共有 C_4^k 种方法,其余 $4-k$ 个人任意进入其他 5 间房子,有 5^{4-k} 种进入法,故事件 C 包含的样本点数为 $C_4^k 5^{4-k}$,所以

$$P(C) = \frac{C_4^k 5^{4-k}}{6^4}$$

例 1.3.3(超几何概率问题) 十个号码 $1,2,\cdots,10$ 装于一个袋中,从中任取 3 个,问大小在中间的号码恰为 5 的概率。

解 从十个号码中任取 3 个,共有 C_{10}^3 种取法,而 3 个数中,要想大小在中间的号码恰为 5,必须一个小于 5,一个等于 5,一个大于 5,这样的取法有 $C_4^1 C_1^1 C_5^1$ 种,所以所求的概率为 $\dfrac{C_4^1 C_1^1 C_5^1}{C_{10}^3} = \dfrac{1}{6}$。

1.3.2 几何概型

古典概型是在试验结果等可能出现的情况下研究事件发生的概率,但是它要求试验的结果必须是有限个,对于试验结果是无穷多个的情形,古典概型就无能为力了。为了克服这个局限性,我们仍然以基本事件的等可能出现为基础,把研究范围推广到试验结果有无穷多个的情形,这就是所谓的几何概型。

定义 1.3.2　称满足下列条件的概率问题为**几何概型**。

（1）试验的所有可能结果有无限个，即样本空间含有无限个样本点；

（2）每个样本点发生的可能性是相同的，即等可能发生。

设某一随机试验的样本空间为 Ω（Ω 可以是一维空间的一段线段，二维空间的一块平面区域，三维空间的某一立体区域，甚至是 n 维空间的一个区域），基本事件就是区域 Ω 的一个点，且在区域 Ω 内等可能出现。设 A 是 Ω 中的任意区域，基本事件落在区域 A 的概率为

$$P(A) = \frac{\mu(A)}{\mu(\Omega)}$$

其中 $\mu(\cdot)$ 表示度量（一维空间中是长度，二维空间中是面积，三维空间中是体积，等等）。

例 1.3.4（约会问题）　甲、乙两人约在下午 6～7 时之间在某处会面，并约定先到的人应等候另一个人 20min，过时即可离去，求两个人能会面的概率。

解　以 x 和 y 分别表示甲、乙两人到达约会地点的时间（单位：min）。

在平面上建立直角坐标系（图 1.3.1），由题意知 (x, y) 的所有可能取值构成的集合 Ω 对应图中边长为 60 的正方形，其面积为

$$S_{\Omega} = 60^2$$

而事件 $A =$ "两人能会面"相当于 $|x - y| \leq 20$，即图中阴影部分，其面积为

$$S_A = 60^2 - 40^2$$

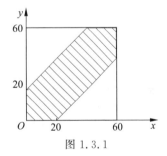

图 1.3.1

由几何概型的定义知

$$P(A) = \frac{S_A}{S_{\Omega}} = \frac{60^2 - 40^2}{60^2} = \frac{5}{9}$$

1.4　条　件　概　率

1.4.1　条件概率的定义

在许多实际问题中，除了要求事件 B 发生的概率外，还要求在已知事件 A 已经发生的条件下，事件 B 发生的概率，我们称这种概率为 A 发生的条件

下 B 发生的条件概率,记为 $P(B|A)$。

例 1.4.1 设 100 件产品中有 5 件不合格品,而 5 件不合格品中又有 3 件是次品,2 件是废品,现从 100 件产品中任意抽取一件,假定每件产品被抽到的可能性都相同,求:

(1) 抽到产品是次品的概率;

(2) 在抽到的产品是不合格品的条件下,产品是次品的概率。

解 设 A 表示"抽到的产品是不合格品",B 表示"抽到的产品是次品"。

(1) 由于 100 件产品中有 3 件是次品,按照古典概型计算,得

$$P(B) = \frac{3}{100}$$

(2) 由于 5 件不合格品中有 3 件是次品,故可得

$$P(B|A) = \frac{3}{5}$$

可见,$P(B) \neq P(B|A)$。

虽然这两个概率不同,但是二者之间有一定的联系,我们从例 1.4.1 分析两者的关系,进而给出条件概率的一般定义。

先来计算 $P(B)$ 和 $P(AB)$。

因为 100 件产品中有 5 件是不合格品,所以 $P(A) = \frac{5}{100}$,而 $P(AB)$ 表示事件"抽到的产品是不合格品,且是次品"的概率,再由 100 件产品中只有 3 件既是不合格品又是次品,得 $P(AB) = \frac{3}{100}$,通过简单计算,得

$$P(B|A) = \frac{3}{5} = \frac{3}{100} \bigg/ \frac{5}{100} = \frac{P(AB)}{P(A)}$$

受此式的启发,我们对条件概率 $P(B|A)$ 定义如下:

定义 1.4.1 设 A 和 B 是两个事件,且 $P(A) > 0$,称

$$P(B|A) = \frac{P(AB)}{P(A)}$$

为事件 A 发生的条件下事件 B 发生的**条件概率**。

条件概率 $P(\cdot|A)$ 也是概率,满足概率的定义和性质如下:

(1) 对于每个事件 B,均有 $P(B|A) \geq 0$;

(2) $P(\Omega|A) = 1$;

(3) 若 $B_1, B_2, \cdots$ 是两两互斥事件,则有

$$P(B_1 \bigcup B_2 \bigcup \cdots |A) = P(B_1|A) + P(B_2|A) + \cdots$$

（4）对任意事件 B_1 和 B_2，有
$$P((B_1 \bigcup B_2)|A) = P(B_1|A) + P(B_2|A) - P(B_1 B_2|A)$$

（5）$P(\overline{B}|A) = 1 - P(B|A)$。

例 1.4.2　甲乙两市位于长江下游，根据以往记录知道甲市一年中雨天的比例为 20%，乙市为 18%，两市同时下雨的比例为 12%，求：

（1）已知某天甲市下雨的条件下，乙市也下雨的概率；

（2）已知某天乙市下雨的条件下，甲市也下雨的概率；

（3）甲乙两市至少有一市下雨的概率。

解　设 A 和 B 分别表示甲市、乙市某天下雨，则
$$P(A) = 0.2, \quad P(B) = 0.18, \quad P(AB) = 0.12$$
于是

（1）$P(B|A) = \dfrac{P(AB)}{P(A)} = \dfrac{0.12}{0.2} = 0.6$；

（2）$P(A|B) = \dfrac{P(AB)}{P(B)} = \dfrac{0.12}{0.18} \approx 0.667$；

（3）$P(A \bigcup B) = P(A) + P(B) - P(AB) = 0.2 + 0.18 - 0.12 = 0.26$。

由条件概率的定义可得
$$P(AB) = P(A)P(B|A), \quad P(A) > 0$$
$$P(AB) = P(B)P(A|B), \quad P(B) > 0$$

上面两个式子统称为乘法公式。但是要注意的是，它们必须在 $P(A) > 0, P(B) > 0$ 的条件下成立，若 $P(A) > 0$ 不成立，即 $P(A) = 0$，则 $P(B|A)$ 无意义。

上述乘法公式可以推广到多个事件的情形：
$$P(A_1 A_2 \cdots A_n) = P(A_1)P(A_2|A_1) \cdots P(A_n|A_1 A_2 \cdots A_{n-1})$$

例 1.4.3　设 100 件产品中有 5 件是不合格品，用下列两种方法抽取 2 件，求 2 件都是合格品的概率：

（1）不放回抽取；（2）有放回抽取。

解　令 A 表示"第一次抽到合格品"，B 表示"第二次抽到合格品"。

（1）不放回抽取时，$P(A) = \dfrac{95}{100}, P(B|A) = \dfrac{94}{99}$，所以
$$P(AB) = P(A)P(B|A) = \frac{95}{100} \times \frac{94}{99} \approx 0.9$$

（2）有放回抽取时，$P(A) = \dfrac{95}{100}, P(B|A) = \dfrac{95}{100}$，所以

$$P(AB) = P(A)P(B \mid A) = \frac{95}{100} \times \frac{95}{100} = 0.9025$$

1.4.2 全概率公式

在现实生活中,往往会遇到一些比较复杂的问题,解决起来很不容易,但可以将它分解成一些比较容易解决的小问题,这些小问题解决了,则原来复杂的问题随之也解决了,这就是本节要研究的全概率问题。

定义 1.4.2 设 Ω 为试验 E 的样本空间,$A_1, A_2, \cdots, A_n$ 为一组事件,若 $A_1, A_2, \cdots, A_n$ 两两互斥,且 $A_1 \cup A_2 \cup \cdots \cup A_n = \Omega$,则称 $A_1, A_2, \cdots, A_n$ 为样本空间 Ω 的**有限部分**(或**完备事件组**)。

注 一个样本空间可以有很多完备事件组,每个 A_i 可能是基本事件,也可能不是基本事件。在一次试验中,完备事件组中有且只有一个基本事件发生。

定理 1.4.1(全概率公式) 设 $A_1, A_2, \cdots, A_n$ 是样本空间 Ω 的有限部分,$P(A_i) > 0, i = 1, 2, \cdots, n$,对任意事件 B,有

$$P(B) = \sum_{i=1}^{n} P(A_i)P(B \mid A_i)$$

例 1.4.4 一批同型号的螺钉由编号为一、二、三的 3 台机器共同生产,各台机器生产的螺钉占这批螺钉的比例分别为 $35\%, 40\%, 25\%$,各台机器生产的螺钉的次品率分别为 $3\%, 2\%, 1\%$。求这批螺钉的次品率。

解 设 B 表示"螺钉是次品",A_1 表示"螺钉由一号机器生产",A_2 表示"螺钉由二号机器生产",A_3 表示"螺钉由三号机器生产",则

$$P(A_1) = 0.35, \quad P(A_2) = 0.4, \quad P(A_3) = 0.25$$
$$P(B \mid A_1) = 0.03, \quad P(B \mid A_2) = 0.02, \quad P(B \mid A_3) = 0.01$$

由全概率公式,得

$$P(B) = P(A_1)P(B \mid A_1) + P(A_2)P(B \mid A_2) + P(A_3)P(B \mid A_3)$$
$$= 0.35 \times 0.03 + 0.4 \times 0.02 + 0.25 \times 0.01$$
$$= 0.021$$

所以,这批螺钉的次品率为 0.021。

1.4.3 贝叶斯公式

定理 1.4.2(贝叶斯公式) 设 $A_1, A_2, \cdots, A_n$ 是样本空间 Ω 的有限部

分,$P(A_i) > 0, i = 1, 2, \cdots, n$,对任意事件 B,有

$$P(A_i \mid B) = \frac{P(A_i)P(B \mid A_i)}{P(B)} = \frac{P(A_i)P(B \mid A_i)}{\sum\limits_{i=1}^{n} P(A_i)P(B \mid A_i)}, \quad i = 1, 2, \cdots, n$$

例 1.4.5 某保险公司根据统计学认为,客户可以分为两类,一类是容易出事故的人,他在一年内出事故的概率为 0.4,另一类是比较谨慎的人,他在一年内出事故的概率为 0.2。假定第一类客户占 30%,问:

(1) 一个新客户在他购买保险后一年内出事故的概率是多少?

(2) 如果一个新客户在他购买保险后一年内出了事故,则他是容易出事故的人的概率是多少?

解 设 B 表示"客户在购买保险后一年内出事故",A 表示"容易出事故的人",$\overline{A}$ 表示"比较谨慎的人",显然,A 和 $\overline{A}$ 构成了样本空间的一个分划。

(1) $P(B) = P(A)P(B \mid A) + P(\overline{A})P(B \mid \overline{A}) = 0.3 \times 0.4 + 0.7 \times 0.2 = 0.26$;

(2) $P(A \mid B) = \dfrac{P(A)P(B \mid A)}{P(A)P(B \mid A) + P(\overline{A})P(B \mid \overline{A})} = \dfrac{0.3 \times 0.4}{0.3 \times 0.4 + 0.7 \times 0.2} = \dfrac{6}{13}$。

例 1.4.6 在数字通信中,信号是由数字 0 和 1 的长序列组成的。由于随机干扰,发送信号 0 或者 1 可能被错误地接收为 1 或者 0。现假设发送 0 或者 1 的概率为 0.5,又已知发送 0 时,接收为 0 和 1 的概率分别为 0.8 和 0.2;发送 1 时,接收为 1 和 0 的概率分别为 0.9 和 0.1。求:

(1) 接收信号为 0 的概率;

(2) 已知收到信号 0 时发送的信号为 0 的概率。

解 令 A_0 表示"发送的信号为 0",A_1 表示"发送的信号为 1",B 表示"收到的信号为 0",显然有

$$P(A_0) = P(A_1) = 0.5, \quad P(B \mid A_0) = 0.8, \quad P(B \mid A_1) = 0.1$$

(1) 由全概率公式知

$$P(B) = P(A_0)P(B \mid A_0) + P(A_1)P(B \mid A_1)$$
$$= 0.5 \times 0.8 + 0.5 \times 0.1 = 0.45$$

(2) 由贝叶斯公式知

$$P(A_0 \mid B) = \frac{P(A_0)P(B \mid A_0)}{P(B)} = \frac{0.5 \times 0.8}{0.45} = \frac{8}{9}$$

1.5 事件的独立性

一般来说,条件概率 $P(B|A) \neq P(B)$,即 A 发生与否对 B 发生的概率是有影响的,但是也有很多例外情形,下面举一个例子。

例 1.5.1 一袋中装有 4 个白球、2 个黑球,从中有放回取两次,每次取一个,事件 $A=\{$第一次取到白球$\}$,$B=\{$第二次取到白球$\}$,则有

$$P(A)=\frac{2}{3}, \quad P(B)=\frac{6 \times 4}{6^2}=\frac{2}{3}, \quad P(AB)=\frac{4^2}{6^2}=\frac{4}{9}$$

于是

$$P(B|A)=\frac{P(AB)}{P(A)}=\frac{2}{3}$$

因此 $P(B|A)=P(B)$。事实上还可以算出 $P(B|\overline{A})=\dfrac{2}{3}$,因而有

$$P(B|A)=P(B|\overline{A})=P(B)$$

这表明不论 A 发生还是不发生,都对 B 发生的概率没有影响。此时,直观上可以认为事件 B 与事件 A 没有"关系",或者说 B 与 A 独立。其实该题从实际意义也容易看出,由于是有放回抽取,因此第二次抽到白球的概率与第一次是否抽到白球没有关系。如果没有影响,就应当有 $P(B)=P(B|A)$,因此我们有 $P(B)P(A)=P(AB)$,所以有如下定义。

定义 1.5.1 设事件 A 和事件 B 是同一样本空间中的任意两个随机事件,若它们满足

$$P(AB)=P(A)P(B)$$

则称事件 A 和事件 B **相互独立**,简称**独立**。

性质 若 $P(A)>0$,则事件 A 和事件 B 相互独立 $\Leftrightarrow P(B|A)=P(B)$;

若 $P(B)>0$,则事件 A 和事件 B 相互独立 $\Leftrightarrow P(A|B)=P(A)$。

定理 1.5.1 在 A 和 B,A 和 $\overline{B}$,$\overline{A}$ 和 B,$\overline{A}$ 和 $\overline{B}$ 这 4 对事件中,有一对相互独立,则其余 3 对也相互独立。

证 不妨设 A 和 B 相互独立,我们只证 A 和 $\overline{B}$ 也相互独立。

事实上,有

$$P(A\overline{B})=P(A-AB)=P(A)-P(A)P(B)=P(A)[1-P(B)]=P(A)P(\overline{B})$$

从而 A 和 $\overline{B}$ 也相互独立。

注 1 两个事件相互独立和两个事件互斥的区别：事件 A 和事件 B 相互独立是指事件 A 的发生与否同事件 B 的发生与否没有任何关系；事件 A 和事件 B 互斥表明事件 A 出现则事件 B 必不出现，事件 B 出现则事件 A 必不出现，说明它们之间有密切关系而不是没有关系。实际上，若 $P(A)>0$，$P(B)>0$，A 与 B 独立，则 $P(AB)=P(A)P(B)>0$，所以它们必不互斥，反之亦然。

定义 1.5.2 三个事件 A,B,C 相互独立，当且仅当它们满足下面 4 条：

(1) $P(AB)=P(A)P(B)$；

(2) $P(AC)=P(A)P(C)$；

(3) $P(BC)=P(B)P(C)$；

(4) $P(ABC)=P(A)P(B)P(C)$。

注 2 由上面的定义可以看出，三个事件独立，除了要求三个事件之间两两相互独立(简称两两独立)以外，它们还须满足 $P(ABC)=P(A)P(B)P(C)$，多个事件相互独立的问题可以同理得到。

例 1.5.2 设有 4 张卡片，其中 3 张分别涂上红色、白色、黄色，而余下一张同时涂有红、白、黄三色。从中随机抽取一张，记事件 $A=\{$抽出的卡片有红色$\}$，$B=\{$抽出的卡片有白色$\}$，$C=\{$抽出的卡片有黄色$\}$，问事件 A,B,C 是否相互独立？

解 由题意知

$$P(A)=P(B)=P(C)=\frac{2}{4}=\frac{1}{2}$$

$$P(AB)=P(AC)=P(BC)=\frac{1}{4}$$

$$P(ABC)=\frac{1}{4}$$

因此
$$P(AB)=P(A)P(B),\quad P(AC)=P(A)P(C),\quad P(BC)=P(B)P(C)$$
但是
$$P(ABC)=\frac{1}{4}\neq\frac{1}{2}\times\frac{1}{2}\times\frac{1}{2}=P(A)P(B)P(C)$$
因而 A,B,C 两两独立，但是不相互独立。

例 1.5.3 某零件用两种工艺加工，第一种工艺有三道工序，各道工序出现不合格品的概率分别为 0.3,0.2,0.1；第二种工艺有两道工序，各道工序出现不合格品的概率分别为 0.3,0.2。试问：

(1) 用哪种工艺加工得到合格品的概率较大些？

（2）第二种工艺两道工序出现不合格品的概率都是 0.3 时，情况又如何？

解　以事件 A_i 表示"用第 i 种工艺加工得到合格品"，$i=1,2$。

（1）由于各道工序可看作是独立工作的，所以

$$P(A_1)=0.7\times0.8\times0.9=0.504$$
$$P(A_2)=0.7\times0.8=0.56$$

即第二种工艺得到合格品的概率较大些，这个结果也是可以理解的。因为第二种工艺两道工序出现不合格品的概率与第一种工艺前两道工序相同，但少了一道工序，所以减少了出现不合格品的机会。

（2）当第二种工艺的两道工序出现不合格品的概率都是 0.3 时，则

$$P(A_2)=0.7\times0.7=0.49$$

即第一种工艺得到合格品的概率较大些。

1.6　伯努利试验与二项概率

考虑一个简单的随机试验，它只可能出现两个结果，如抽样检查的合格品或不合格品；投篮中或不中；试验成功或失败；发报机发出的信号是 0 或 1，等等。有些随机试验的可能结果有很多，例如测试手机的各项技术指标，测试结果不止两个，但是我们关心的是手机是否符合规定标准要求，这样我们就可以把测试结果分为符合规定的合格品和不符合规定的不合格品两种。

1.6.1　伯努利试验

定义 1.6.1　任何一个随机试验的结果都可以分为我们所关心的事件 A 发生或不发生（记为 $\overline{A}$）两类，这种试验称为**伯努利（Bernoulli）试验**。

定义 1.6.2　把符合下列条件的 n 次试验称为 **n 重伯努利试验**：

（1）每次试验的条件都一样，且可能的试验结果只有两个，即 A 和 $\overline{A}$，$P(A)=p$；

（2）每次试验的结果互不影响，或者说相互独立。

1.6.2　二项概率

定理 1.6.1　在 n 重伯努利试验中，事件 A 发生 k 次的概率为

$$P_n(k) = C_n^k p^k (1-p)^{n-k}, \quad k = 0,1,2,\cdots,n$$

同时,我们称该公式为**二项概率**。

证　由随机事件的独立性知,某指定第 k 次 A 发生的概率为 $p^k(1-p)^{n-k}$,而它可以有 C_n^k 种选择,故 A 发生 k 次的概率为 $C_n^k p^k (1-p)^{n-k}$。

例 1.6.1　从次品率为 $p=0.2$ 的一批产品中,有放回抽取 5 次,每次取一件,分别求:

(1) 抽到的 5 件中恰好有 3 件次品的概率;

(2) 至多有 3 件次品的概率。

解　令 $A_k = \{$恰好有 k 件次品$\}(k=0,1,2,\cdots,5)$,$A = \{$恰有 3 件次品$\}$,$B = \{$至多有 3 件次品$\}$,则

$$A = A_3, \quad B = A_1 \bigcup A_2 \bigcup A_3$$

$$P(A) = P(A_3) = C_5^3 (0.2)^3 (0.8)^2 = 0.0512$$

$$P(B) = 1 - P(\overline{B}) = 1 - P(A_4) - P(A_5) = 1 - C_5^4 (0.2)^4 (0.8) - (0.2)^5 = 0.9933$$

例 1.6.2　在某一车间有 12 台车床,每台车床由于工艺上的原因,时常需要停车,设各台车床的停车(或开车)是相互独立的。若每台车床在任一时刻处于停车状态的概率均为 $\frac{1}{3}$。计算在任一时刻有两台车床处于停车状态的概率。

解　把任一指定时刻对一台车床的观察看作一次试验,由于各车床停车或开车是相互独立的,故由二项概率公式得

$$P_{12}(2) = C_{12}^2 \left(\frac{1}{3}\right)^2 \left(1 - \frac{1}{3}\right)^{10} \approx 0.1272$$

例 1.6.3　已知一大批产品的次品率为 10%,从中随机地抽取 5 件。求:

(1) 抽取的 5 件中恰有两件是次品的概率;

(2) 抽取的 5 件中至少有两件是次品的概率。

解　题中的抽样方法是不放回抽样,但由于这批产品总数很大,而抽取数量相对于总数来说又很小,因此可以作为有放回抽样来处理。这样做虽然有误差,但影响不会太大,因此试验可看成是 $n=5$,$p=0.1$ 的伯努利试验。

(1) 根据二项概率公式,抽取的 5 件中恰有两件是次品的概率为

$$P_5(2) = C_5^2 (0.1)^2 (0.9)^3 = 0.0729$$

(2) 设 A 表示"抽取的 5 件中至少有两件是次品",则

$$P(A) = 1 - P_5(0) - P_5(1) = 1 - (0.9)^5 - C_5^1(0.1)(0.9)^4$$
$$= 0.08146$$

例 1.6.4 某人在一次试验中遇到危险的概率是 0.01,如果他一年里每天都要重复独立地做一次这样的试验,那么他在一年中至少遇到一次危险的概率是多少?

解 此试验可看成 365 重伯努利试验,设 A 表示"在一年中至少遇到一次危险",则所求概率为

$$P(A) = 1 - P_{365}(0) = 1 - (1 - 0.01)^{365}$$
$$= 1 - 0.99^{365} = 0.9745$$

此结果表明,即使在一次试验中很难遇到危险,当试验经常重复时,至少遇到一次危险的概率仍然可以达到很大。

另外,可以看到 $1 - 0.99^{365}$ 的计算是很麻烦的,下面介绍一个当 n 很大、p 很小时的近似计算公式。

定理 1.6.2(泊松定理) 在 n 重伯努利试验中,设事件 A 在每次试验中发生的概率为 p,如果 $n \to \infty$,$p \to 0$,使得 $np = \lambda$ 保持为正常数,则当 $n \to \infty$ 时,有

$$C_n^k p^k (1-p)^{n-k} \to \frac{\lambda^k}{k!} e^{-\lambda}, \quad k = 0, 1, \cdots, n$$

由定理的条件 $np = \lambda$(常数)知,当 n 很大时,p 必然很小。因此有下面的近似公式

$$P_n(k) = C_n^k p^k (1-p)^{n-k} \approx \frac{\lambda^k}{k!} e^{-\lambda}, \quad k = 0, 1, \cdots, n \qquad (1.6.1)$$

其中 $\lambda = np$。

在实际计算中,当 $n \geqslant 10$,$p \leqslant 0.1$ 时就可以应用公式(1.6.1)。

例 1.6.5(寿命保险问题) 某保险公司里有 2500 个同龄和同社会阶层的人参加了人寿保险。每个参加保险的人,一年交付保险费 12 元,一年内死亡时,家属可到公司领取 2000 元丧葬费。设一年内每人死亡的概率为 0.002,求:

(1) 保险公司亏本的事件 A 的概率;

(2) 保险公司获利不少于 10000 元的事件 B 的概率。

解 (1) 保险公司一年内的总收入是 $2500 \times 12 = 30000$ 元(不计利息)。若一年内死亡 x 人,则保险公司一年内应付 $2000x$,故事件 A 发生,等价于 $2000x > 30000$(即 $x > 15$)成立。参加保险的 2500 人在一年内是否死亡,可看

成是 2500 重的伯努利试验,成功(死亡)的概率为 $p=0.002$。于是

$$P(A)=\sum_{k=16}^{2500} P_{2500}(k)=\sum_{k=16}^{2500} \mathrm{C}_{2500}^{k} 0.002^{k} 0.998^{2500-k}$$

由于 n 很大,p 很小,$\lambda=np=2500\times0.002=5$,故由式(1.6.1)得

$$P(A)\approx\sum_{k=16}^{2500}\frac{5^{k}\mathrm{e}^{-5}}{k!}\approx\sum_{k=16}^{\infty}\frac{5^{k}\mathrm{e}^{-5}}{k!}=0.00007$$

由此可见,保险公司在一年内亏本的概率是非常小的。

(2) 保险公司获利不少于 10000 元的事件 B 等价于 $30000-2000x\geqslant$ 10000(即 $x\leqslant10$)成立,x 为一年内死亡的人数,则

$$P(B)=\sum_{k=0}^{10} P_{2500}(k)=\sum_{k=0}^{10} \mathrm{C}_{2500}^{k} 0.002^{k} 0.998^{2500-k}$$
$$\approx\sum_{k=0}^{10}\frac{5^{k}\mathrm{e}^{-5}}{k!}=1-\sum_{k=11}^{\infty}\frac{5^{k}\mathrm{e}^{-5}}{k!}$$
$$=1-0.01370=0.98630$$

由此可见,保险公司获利不少于 10000 元的概率在 98% 以上。

CHAPTER

第2章 随机变量

2.1 随机变量及其分布函数

为了方便研究随机试验的各种结果及结果发生的概率,我们常把随机试验的结果与实数对应起来,即把随机试验的结果进行数量化。因此,我们引入随机变量的概念,并对它进行研究。本章介绍随机变量的相关概念,例如分布函数、分布律和密度函数,并讨论其相关性质。

2.1.1 随机变量的定义

我们注意到,随机试验的结果往往确定一个随机取值的量。例如,观察一段时间内某路口的车流量,这个量可以取任一非负整数;测试一批灯泡的使用寿命,这个量可能在 $[0,+\infty)$ 中取值;掷一颗骰子,观察出现的点数,这个量是在 $1,2,3,4,5,6$ 中取值。另外一些随机试验的结果虽然表面上与数值无关,如掷一枚硬币,观察正面或反面,但可以通过某种方法将这个随机试验的结果与数值对应起来,如出现正面用 1 表示,出现反面用 0 表示。

上述例子表明,随机试验的结果可以用一个实数来表示,这个数随着试验结果的不同而不同,因而,它是样本点的函数,这个函数就是下面要引入的随机变量。

定义 2.1.1 设 E 是随机试验,Ω 是其样本空间。如果对每个 $\omega \in \Omega$,总有一个实数 X 与之对应,即 $X = X(\omega)$,则称 $X(\omega)$ 为 E 的一个随机变量。

本书中用大写字母 X,Y,Z 等表示随机变量,它们的取值用相应的小写字母 x,y,z 等表示。

例 2.1.1 抛一枚均匀硬币,观察币面是否朝上,若记 $\omega_1 = \{$币面朝上$\}$,

$\omega_2 = \{$币面朝下$\}$，则样本空间 $\Omega = \{\omega_1, \omega_2\}$。于是试验有两个可能结果：$\omega_1$，$\omega_2$。引入随机变量

$$X(\omega) = \begin{cases} 1, & \omega = \omega_1 \\ 0, & \omega = \omega_2 \end{cases}$$

对样本空间中不同的元素 ω_1, ω_2 随机变量 $X(\omega)$ 取不同的值 1 和 0，由于试验结果的出现是随机的，所以随机变量 $X(\omega)$ 的取值也是随机的。

例 2.1.2　在装有 m 个红球、n 个白球的袋子中，随机取一球，观察球的颜色。若记 $\omega_1 = \{$取到红球$\}$，$\omega_2 = \{$取到白球$\}$，则试验有两个可能结果：ω_1，ω_2。引入随机变量

$$X(\omega) = \begin{cases} 1, & \omega = \omega_1 \\ 0, & \omega = \omega_2 \end{cases}$$

通过第 1 章的学习，我们可以得到取到红球和取到白球的概率分别为

$$P\{X = 1\} = P\{取到红球\} = \frac{m}{m+n}$$

$$P\{X = 0\} = P\{取到白球\} = \frac{n}{m+n}$$

注 1　随机变量不同于普通意义下的变量，它是由随机试验的结果所决定的量，实验前无法预知如何取值，但其取值的可能性大小有确定的统计规律性。

注 2　$\{X \leqslant x\} = \{X(\omega) \leqslant x\}$ 表示使得随机变量 X 的取值小于或等于 x 的那些基本事件 ω 所组成的随机事件，从而有相应的概率。

2.1.2　随机变量的分布函数

随机变量 X 的所有可能取值不一定能一一列举出来，如用随机变量 X 表示灯泡的寿命，则 X 的取值为 $[0, +\infty)$ 上全体正实数。因此，为了研究随机变量取值的概率规律，需要研究随机变量 X 的取值落在某个区间 $(x_1, x_2]$ 中的概率，即求 $P\{x_1 < X \leqslant x_2\}$，下面引入随机变量 X 的分布函数的概念。

定义 2.1.2　设 X 是一个随机变量，对任意的 $x \in \mathbb{R}$，称函数

$$F(x) = P\{X \leqslant x\}, \quad -\infty < x < +\infty$$

为随机变量 X 的分布函数。

分布函数是一个普通的函数，它的定义域是整个数轴，如将 X 看成是数轴上随机点的坐标，那么 $F(x)$ 在点 x 处的函数值就表示随机变量 X 在 $(-\infty, x]$ 上取值的概率。

例 2.1.3 设一口袋中有依次标有 $-1, 2, 2, 2, 3, 3$ 数字的 6 个球。从中任取一球,记随机变量 X 为取得的球上标有的数字,求 X 的分布函数。

解 X 的可能取值为 $-1, 2, 3$,由古典概型的计算公式,可知 X 取这些值的概率依次为 $\dfrac{1}{6}, \dfrac{1}{2}, \dfrac{1}{3}$。

当 $x < -1$ 时,$\{X \leqslant x\}$ 是不可能事件,因此 $F(x) = 0$;

当 $-1 \leqslant x < 2$ 时,$\{X \leqslant x\}$ 等同于 $\{X = -1\}$,因此 $F(x) = \dfrac{1}{6}$;

当 $2 \leqslant x < 3$ 时,$\{X \leqslant x\}$ 等同于 $\{X = -1$ 或 $X = 2\}$,因此 $F(x) = \dfrac{1}{6} + \dfrac{1}{2} = \dfrac{2}{3}$;

当 $x \geqslant 3$ 时,$\{X \leqslant x\}$ 是必然事件,因此 $F(x) = 1$。

综合起来,X 的分布函数 $F(x)$ 的表达式为

$$F(x) = \begin{cases} 0, & x < -1 \\ \dfrac{1}{6}, & -1 \leqslant x < 2 \\ \dfrac{2}{3}, & 2 \leqslant x < 3 \\ 1, & x \geqslant 3 \end{cases}$$

它的图形如图 2.1.1 所示。

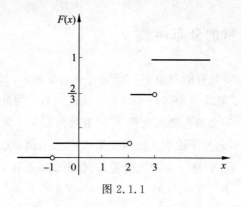

图 2.1.1

按分布函数的定义,对于任意实数 $x_1, x_2 (x_1 < x_2)$,都有

$$P\{x_1 < X \leqslant x_2\} = P\{X \leqslant x_2\} - P\{X \leqslant x_1\} = F(x_2) - F(x_1)$$

因此,若已知随机变量 X 的分布函数,就知道 X 落在区间 $(x_1, x_2]$ 上的概率,

这样,分布函数就能完整地描述随机变量的统计规律。

分布函数的性质:

(1) $0 \leqslant F(x) \leqslant 1 (-\infty < x < +\infty)$;

(2) $F(x)$ 是 x 的不减函数,即若 $x_1 < x_2$,则 $F(x_1) \leqslant F(x_2)$;

(3) $F(+\infty) = \lim\limits_{x \to +\infty} F(x) = 1, F(-\infty) = \lim\limits_{x \to -\infty} F(x) = 0$;

(4) $F(x)$ 关于 x 是右连续的,即 $\lim\limits_{x \to x_0^+} F(x) = F(x_0) (-\infty < x_0 < +\infty)$。

例 2.1.4　设随机变量 X 的分布函数为

$$F(x) = \begin{cases} A + \dfrac{B}{2} e^{-3x}, & x > 0 \\ 0, & x \leqslant 0 \end{cases}$$

求:(1) 常数 A, B;(2) $P\{2 < x \leqslant 3\}$。

解　(1) 由题意可知

$$\begin{cases} F(+\infty) = \lim\limits_{x \to +\infty} \left(A + \dfrac{B}{2} e^{-3x} \right) = 1 \\ F(0^+) = \lim\limits_{x \to 0^+} \left(A + \dfrac{B}{2} e^{-3x} \right) = F(0) \end{cases}$$

即

$$\begin{cases} A = 1 \\ A + \dfrac{B}{2} = 0 \end{cases}$$

解得

$$\begin{cases} A = 1 \\ B = -2 \end{cases}$$

故

$$F(x) = \begin{cases} 1 - 3e^{-3x}, & x > 0 \\ 0, & x \leqslant 0 \end{cases}$$

(2) $P\{2 < x \leqslant 3\} = F(3) - F(2) = (1 - e^{-9}) - (1 - e^{-6}) = e^{-6} - e^{-9}$。

2.2　离散型随机变量

有一类随机变量,可能的取值是有限个或无限可数个数值,这样的随机变量称为离散型随机变量,它的分布称为离散型分布。

2.2.1　离散型随机变量的概率分布

不妨设离散型随机变量 X 所有可能的取值为 $x_1,x_2,\cdots$，为了全面地了解随机变量 X，仅仅知道它的可能取值是不够的，若已知事件的概率为 $p_k(k=1,2,\cdots)$，那么可以用表 2.2.1 来表示 X 取值的规律。

表 2.2.1　随机变量 X 的分布律

X	x_1	x_2	$\cdots$	x_k	$\cdots$
P	p_2	p_2	$\cdots$	p_k	$\cdots$

表 2.2.1 所表示的函数称为离散型随机变量 X 的**分布律**。

由概率的定义，$p_k(k=1,2,\cdots)$ 必须满足下列两个条件：

(1) $p_k \geqslant 0, k=1,2,\cdots$；

(2) $\displaystyle\sum_{k=1}^{\infty} p_k = 1$。

反之，满足条件(1)和(2)的 $p_k(k=1,2,\cdots)$ 均可作为某个离散型随机变量的分布律。

例 2.2.1　袋中有 5 个球，分别编号 1,2,3,4,5，从中同时取出 3 个球，以 X 表示取出的球的最大号码，求 X 的分布律与分布函数。

解　由于 X 表示取出的 3 个球中的最大号码，因此 X 的所有可能取值为 3,4,5，$\{X=3\}$ 表示 3 个球中的最大号码为 3，另外两个球只能是 1 号球和 2 号球，这样的取法只有一种；$\{X=4\}$ 表示 3 个球中的最大号码为 4，另外两个球可在 1,2,3 号球中任取 2 个，这样的取法有 C_3^2 种；$\{X=5\}$ 表示 3 个球中的最大号码为 5，另外两个球可在 1,2,3,4 号球中任取 2 个，这样的取法有 C_4^2 种。由古典概型的定义得

$$P\{X=3\}=\frac{1}{C_5^3}=\frac{1}{10}, \quad P\{X=4\}=\frac{C_3^2}{C_5^3}=\frac{3}{10}, \quad P\{X=5\}=\frac{C_4^2}{C_5^3}=\frac{3}{5}$$

因此，所求的分布律为

X	3	4	5
P	$\dfrac{1}{10}$	$\dfrac{3}{10}$	$\dfrac{3}{5}$

下面求 X 的分布函数 $F(x)$：

(1) 当 $x<3$ 时，$\{X\leqslant x\}$ 为不可能事件，因此 $F(x)=0$；

(2) 当 $3\leqslant x<4$ 时，$\{X\leqslant x\}=\{X=3\}$，因此 $F(x)=P\{X=3\}=0.1$；

(3) 当 $4\leqslant x<5$ 时，$\{X\leqslant x\}=\{X=3$ 或 $X=4\}=\{X=3\}\bigcup\{X=4\}$，因此

$$F(x)=P\{X=3\}+P\{X=4\}=0.1+0.3=0.4$$

(4) 当 $x\geqslant 5$ 时，$\{X\leqslant x\}$ 为必然事件，因此 $F(x)=1$。

综合起来有

$$F(x)=\begin{cases}0, & x<3 \\ 0.1, & 3\leqslant x<4 \\ 0.4, & 4\leqslant x<5 \\ 1, & x\geqslant 5\end{cases}$$

由例 2.2.1 可以知道，分布律和分布函数对于描述离散型随机变量的取值规律是等价的，但对于离散型随机变量而言，使用分布律来刻画其直观规律比使用分布函数更方便、直观。

2.2.2　常见的离散型随机变量的概率分布

在理论和应用上，所遇到的离散型随机变量的分布很多，但其中最重要的是两点分布、二项分布和泊松分布，在本节中我们将对这三种离散型分布进行详细讨论。

1. 两点分布或 0-1 分布

在一次随机试验中，若随机变量只可能取 0 或 1 两个值，且它们的分布律为

X	0	1
P	$1-p$	p

则称随机变量 X 服从两点分布或 0-1 分布。

两点分布可以作为描述试验只有两个基本事件的数学模型，例如，在打靶中的"命中"与"不中"；产品抽查中的"正品"与"次品"；投篮中的"中"与"不中"；机器的"正常工作"与"发生故障"；一批种子的"发芽"与"不发芽"，等等。

总之,一个随机试验中如果我们只关心某事件 A 发生或其对立事件 $\overline{A}$ 发生的情况,那么可以用一个服从两点分布的随机变量来描述。

2. 二项分布

在 n 重伯努利试验中,如果随机变量 X 表示 n 次试验中事件发生的次数,则 X 的取值为 $0,1,2,\cdots,n$,且由二项概率得到 X 取 k 值的概率为

$$P\{X=k\}=C_n^k p^k (1-p)^{n-k}, \quad k=0,1,2,\cdots,n$$

因此,X 的分布律为

X	0	1	...	n
P	$C_n^0 p^0 (1-p)^n$	$C_n^1 p (1-p)^{n-1}$	...	$C_n^n p^n (1-p)^0$

且称随机变量 X 服从参数为 n,p 的二项分布,记作 $X \sim B(n,p)$,这里 $0 < p < 1, p = P(A)$。

注 当 $n=1$ 时,二项分布就是 0-1 分布,因而 0-1 分布就是二项分布的特殊情形。

二项分布是一类非常重要的分布,它用于描述 n 重伯努利试验中 A 恰好发生 k 次的概率。例如,n 次投篮试验中投中的次数,n 次射击中击中目标的次数等都服从二项分布。

例 2.2.2 已知一批产品的次品率为 0.01,今从产品中任取 10 件,问其中至少有两件次品的概率。

解 令 X 表示取出的 10 件产品中的次品数,根据题意知 $X \sim B(10, 0.01)$ 且事件"取得的产品中至少有两件次品"可表示为 $\{X \geqslant 2\}$,故

$$P\{X \geqslant 2\} = 1 - P\{X=0\} - P\{X=1\}$$
$$= 1 - C_{10}^0 0.01^0 0.99^{10} - C_{10}^1 0.01^1 0.99^9 \approx 0.07$$

例 2.2.3 从学校乘汽车到火车站的途中有 3 个交通岗,假设在各个交通岗遇到红灯的事件是相互独立的,并且概率都为 $\frac{1}{3}$,设 X 为途中遇到红灯的次数,求随机变量 X 的分布律及至多遇到一次红灯的概率。

解 从学校到火车站的途中有 3 个交通岗且每次遇到红灯的概率为 $\frac{1}{3}$,可认为做 3 次重复独立的试验,每次试验中事件 A 发生的概率为 $\frac{1}{3}$,因此途

中遇到红灯的次数 X 服从参数为 $3, \frac{1}{3}$ 的二项分布 $X \sim B\left(3, \frac{1}{3}\right)$，其分布律为

$$P\{X=k\} = C_3^k \left(\frac{1}{3}\right)^k \left(\frac{2}{3}\right)^{3-k}, \quad k=0,1,2,3$$

即为

$$P\{X=0\} = C_3^0 \left(\frac{1}{3}\right)^0 \left(\frac{2}{3}\right)^3 = \frac{8}{27}, \quad P\{X=1\} = C_3^1 \left(\frac{1}{3}\right)\left(\frac{2}{3}\right)^2 = \frac{4}{9}$$

$$P\{X=2\} = C_3^2 \left(\frac{1}{3}\right)^2 \left(\frac{2}{3}\right) = \frac{2}{9}, \quad P\{X=3\} = C_3^3 \left(\frac{1}{3}\right)^3 \left(\frac{2}{3}\right)^0 = \frac{1}{27}$$

即列表为

X	0	1	2	3
P	$\frac{8}{27}$	$\frac{4}{9}$	$\frac{2}{9}$	$\frac{1}{27}$

至多遇到一次红灯的概率为

$$P\{X \leqslant 1\} = P\{X=0\} + P\{X=1\} = \frac{8}{27} + \frac{4}{9} = \frac{20}{27}$$

3. 泊松分布

如果随机变量 X 的概率分布为

$$P\{X=k\} = \frac{\lambda^k}{k!} e^{-\lambda}, \quad k=0,1,2,\cdots$$

则称随机变量 X 服从参数为 λ 的 **泊松分布**，其中 $\lambda > 0$，并记泊松分布为 $X \sim P(\lambda)$。

例 2.2.4 某城市每天发生火灾的次数 X 服从参数 $\lambda = 0.8$ 的泊松分布，求该城市一天内发生 3 次或 3 次以上火灾的概率。

解 由概率的性质即泊松分布的定义可知

$$P\{X \geqslant 3\} = 1 - P\{X < 3\}$$
$$= 1 - P\{X=0\} - P\{X=1\} - P\{X=2\}$$
$$= 1 - e^{-0.8}\left(\frac{0.8^0}{0!} + \frac{0.8^1}{1!} + \frac{0.8^2}{2!}\right)$$
$$\approx 0.0474$$

例 2.2.5 设每 1min 通过交叉路口的汽车流量 X 服从参数为 λ 的泊松

概率统计理论与实践

分布,且已知在 1min 内无车辆通过与恰有一辆车通过的概率相同,求在 1min 内至少有两辆车通过的概率。

解 由题意,X 服从参数为 λ 的泊松分布,即

$$P\{X=0\}=P\{X=1\}$$

即

$$\frac{\lambda^0}{0!}e^{-\lambda}=\frac{\lambda^1}{1!}e^{-\lambda}$$

可解得

$$\lambda=1$$

因此,至少有两辆车通过的概率为

$$P\{X\geqslant 2\}=1-P\{X<2\}=1-P\{X=0\}-P\{X=1\}$$
$$=1-\frac{1^0}{0!}e^{-1}-\frac{1^1}{1!}e^{-1}$$
$$=1-2e^{-1}$$

通过定理 1.6.2 可以知道,当 n 很大,p 很小,且 λ 适中时,二项分布 $B(n,p)$ 可以用泊松分布近似计算。

例 2.2.6 设某保险公司的某人寿保险险种有 1000 人投保,每个人在一年内死亡的概率为 0.005,且每个人在一年内是否死亡是相互独立的,试求在未来一年中这 1000 个投保人中死亡人数不超过 10 人的概率。

解 设 X 为 1000 个投保人中在未来一年内死亡的人数,对每个人而言,在未来一年内是否死亡相当于做一次伯努利试验,1000 人就是做 1000 重伯努利试验,因此 $X\sim B(1000,0.005)$,而这 1000 个投保人中死亡人数不超过 10 人的概率为

$$P\{X\leqslant 10\}=\sum_{k=0}^{10}C_{1000}^k 0.005^k\cdot 0.995^{1000-k}$$

在上面式子中,要直接计算 $C_{1000}^k 0.005^k\cdot 0.995^{1000-k}(k=0,1,\cdots,10)$ 是相当麻烦的。下面介绍一种简便的近似算法,即二项分布的逼近。

设 $X\sim B(n,p)$,当 n 很大,p 很小,且 $\lambda=np$ 适中时,有

$$P\{X=k\}\approx\frac{\lambda^k}{k!}e^{-\lambda},\quad k=0,1,2,\cdots$$

回到例 2.2.6,有 $\lambda=1000\times 0.005=5$,因此

$$P\{X\leqslant 10\}\approx\sum_{k=0}^{10}\frac{5^k}{k!}e^{-5}\approx 0.986$$

30

2.3　连续型随机变量

离散型随机变量并不能描述所有的随机试验,如加工零件的长度与规定的长度的偏差可以取值于包含原点的某一区间,对于这类可在某一区间内任意取值的随机变量,由于它的值不是集中在有限个或可数个点上,因此只有知道其取值区间上的概率,才能掌握它取值的概率分布情况。对于这种非离散型的随机变量,其中有一类很重要的常见类型,就是所谓的连续型随机变量,它的分布称为连续型分布。

2.3.1　连续型随机变量的概率分布

定义 2.3.1　设随机变量 X 的分布函数为 $F(x)$,若存在非负可积函数 $f(x)$,使得对于任意实数 x 有

$$F(x) = P\{X \leqslant x\} = \int_{-\infty}^{x} f(t)\,\mathrm{d}t$$

则称 X 为**连续型随机变量**或具有**连续型分布**,称 $f(x)$ 为 X 的**分布密度**或**密度函数**或**概率密度**。易知连续型随机变量的分布函数是连续函数。

显然,密度函数具有如下性质:

(1) $f(x) \geqslant 0$(非负性)。

(2) $\int_{-\infty}^{+\infty} f(x)\,\mathrm{d}x = 1$。

(3) $P\{a < X \leqslant b\} = F(b) - F(a) = \int_{a}^{b} f(x)\,\mathrm{d}x$。

注 1　直观上,以 x 轴上的区间 $(a,b]$ 为底、曲线 $y = f(x)$ 为顶的曲边梯形的面积就是 $P\{a < X \leqslant b\}$ 的值(见图 2.3.1)。

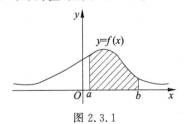

图 2.3.1

(4) 若 $f(x)$ 在点 x 处连续,则 $F'(x) = f(x)$。

(5) 对于任意实数 a,有 $P\{X = a\} = 0$。

注 2 性质(5)表明对连续型随机变量 X 而言,取任意一个常数值的概率为 0,这正是连续型随机变量与离散型随机变量的最大区别。

(6) 对于任意实数 a, b, $-\infty < a < b < +\infty$,有

$$P\{a < X < b\} = P\{a \leqslant X < b\} = P\{a < X \leqslant b\}$$
$$= P\{a \leqslant X \leqslant b\} = \int_a^b f(x) \mathrm{d}x$$

例 2.3.1 假设 X 是连续型随机变量,其密度函数为

$$f(x) = \begin{cases} cx^2, & 0 < x < 2 \\ 0, & \text{其他} \end{cases}$$

求:(1) c 的值;(2) $P\{-1 < X < 1\}$。

解 (1) 因为 $f(x)$ 是密度函数,所以必须满足 $\int_{-\infty}^{+\infty} f(x) \mathrm{d}x = 1$,于是有

$$c \int_0^2 x^2 \mathrm{d}x = 1$$

解得

$$c = \frac{3}{8}$$

(2) $P\{-1 < X < 1\} = \int_{-1}^1 f(x) \mathrm{d}x = \int_{-1}^0 0 \mathrm{d}x + \int_0^1 f(x) \mathrm{d}x = \int_0^1 \frac{3}{8} x^2 \mathrm{d}x$

$= \dfrac{1}{8}$。

例 2.3.2 假设 X 是连续型随机变量,其密度函数为

$$f(x) = \begin{cases} k\mathrm{e}^{-3x}, & x > 0 \\ 0, & x \leqslant 0 \end{cases}$$

求:(1) 常数 k;(2) 分布函数 $F(x)$;(3) $P\{X > 1\}$。

解 (1) 因为 $f(x)$ 是密度函数,所以必须满足 $\int_{-\infty}^{+\infty} f(x) \mathrm{d}x = 1$,于是有

$$\int_0^{+\infty} k\mathrm{e}^{-3x} \mathrm{d}x = 1$$

解得

$$k = 3$$

从而

$$f(x) = \begin{cases} 3e^{-3x}, & x > 0 \\ 0, & x \leqslant 0 \end{cases}$$

（2）当 $x \leqslant 0$ 时，$F(x) = P\{X \leqslant x\} = \int_{-\infty}^{x} f(x)\mathrm{d}x = \int_{-\infty}^{x} 0\mathrm{d}x = 0$；

当 $x > 0$ 时，$F(x) = P\{X \leqslant x\} = \int_{-\infty}^{x} f(x)\mathrm{d}x = \int_{-\infty}^{0} 0\mathrm{d}x + \int_{0}^{x} 3e^{-3x}\mathrm{d}x = 1 -$ e^{-3x}。从而分布函数为

$$F(x) = \begin{cases} 1 - e^{-3x}, & x > 0 \\ 0, & x \leqslant 0 \end{cases}$$

（3）$P\{X > 1\} = 1 - P\{X \leqslant 1\} = 1 - F(1) = 1 - (1 - e^{-3}) = e^{-3}$。

2.3.2　常见的连续型随机变量的概率分布

在理论和应用上，所遇到的连续型随机变量的分布很多，但其中最重要的是均匀分布、指数分布和正态分布，在本节中将对这 3 种连续型分布进行详细讨论。

1. 均匀分布

设连续型随机变量 X 在有限区间 $[a,b]$ 上均匀取值，且其密度函数为

$$f(x) = \begin{cases} \dfrac{1}{b-a}, & a \leqslant x \leqslant b \\ 0, & \text{其他} \end{cases}$$

则称 X 在 $[a,b]$ 上服从**均匀分布**，记为 $X \sim U(a,b)$。容易求得其分布函数为

$$F(x) = \begin{cases} 0, & x \leqslant a \\ \dfrac{x-a}{b-a}, & a < x < b \\ 1, & x \geqslant b \end{cases}$$

例 2.3.3　某公共汽车站从上午 7 时起，每 15min 来一辆车，即 7:00，7:15,7:30,7:45 等时刻有汽车到站，如果某乘客到达此站的时间是 7:00～7:30 之间的服从均匀分布的随机变量，试求他等候时间少于 5min 就能乘车的概率。（设汽车到达后，乘客必须上车）

解　设乘客于 7 时 X min 到达此站，由题意知，X 在 $[0,30]$ 上服从均匀分布，其密度函数为

$$f(x)=\begin{cases}\dfrac{1}{30}, & 0\leqslant x\leqslant 30\\ 0, & \text{其他}\end{cases}$$

为使等候时间少于 5min，此乘客必须且只需在 7:10～7:15 之间或在 7:25～7:30 之间到达此站，因此，所求概率为

$$P\{10<X<15\}+P\{25<X<30\}=\int_{10}^{15}\frac{1}{30}\mathrm{d}x+\int_{25}^{30}\frac{1}{30}\mathrm{d}x=\frac{1}{3}$$

2. 指数分布

设连续型随机变量 X 的密度函数为

$$f(x)=\begin{cases}\lambda\mathrm{e}^{-\lambda x}, & x\geqslant 0,\\ 0, & x<0,\end{cases}\quad \lambda>0\text{ 为参数}$$

则称 X 服从参数为 λ 的指数分布，记为 $X\sim E(\lambda)$。容易求得其分布函数为

$$F(x)=\begin{cases}1-\mathrm{e}^{-\lambda x}, & x\geqslant 0\\ 0, & x<0\end{cases}$$

指数分布有着重要的应用，如在可靠性问题中，电子元件的寿命常常服从指数分布；随机服务系统中的服务时间也可以认为服从指数分布。

例 2.3.4 已知连续型随机变量 X 的密度函数为

$$f(x)=\begin{cases}0.015\mathrm{e}^{-0.015x}, & x\geqslant 0\\ 0, & x<0\end{cases}$$

求：(1) $P\{X>100\}$；(2) x 取何值时，才能使 $P\{X>x\}<0.1$。

解　(1) $P\{X>100\}=\displaystyle\int_{100}^{+\infty}f(x)\mathrm{d}x=\int_{100}^{+\infty}0.015\mathrm{e}^{-0.015x}\mathrm{d}x$

$$=-\mathrm{e}^{-0.015x}\Big|_{100}^{+\infty}=\mathrm{e}^{-1.5}$$

(2) 要使

$$P\{X>x\}=\int_{x}^{+\infty}0.015\mathrm{e}^{-0.015x}\mathrm{d}x=\mathrm{e}^{-0.015x}<0.1$$

只需

$$-0.015x<\ln 0.1$$

即

$$x>\frac{-\ln 0.1}{0.015}\approx 153.5$$

例 2.3.5 设打一次电话所用的时间(单位：min)服从参数为 0.2 的指数分布，如果有人刚好在你前面走进公用电话间并开始打电话(假定公用电话

间只有一部电话机可供通话),试求你将等待(1) 超过 5min 的概率;(2)5～10min 之间的概率。

解　令 X 表示电话间中那个人打电话所占用的时间,由题意知,X 服从参数为 0.2 的指数分布,因此 X 的密度函数为

$$f(x)=\begin{cases}0.2\mathrm{e}^{-0.2x}, & x>0\\0, & \text{其他}\end{cases}$$

所求概率分别为

$$P\{X>5\}=\int_5^{+\infty}0.2\mathrm{e}^{-0.2x}\mathrm{d}x=-\mathrm{e}^{-0.2x}\Big|_5^{+\infty}=\mathrm{e}^{-1}$$

$$P\{5<X<10\}=\int_5^{10}0.2\mathrm{e}^{-0.2x}\mathrm{d}x=-\mathrm{e}^{-0.2x}\Big|_5^{10}=\mathrm{e}^{-1}-\mathrm{e}^{-2}$$

3. 正态分布

在实际问题中常常有这样的随机变量,它是由许多相互独立的因素叠加而成的,而每个因素所起的作用是微小的,这种随机变量都具有"中间大,两头小"的特点。例如人的身高,特别高的人很少,特别矮的人也很少,不高不矮的人很多。类似还有农作物的亩产,海洋波浪的高度,测试中的误差,学生的成绩,等等。一般地,我们用所谓的正态分布来近似地描述这种随机变量。

定义 2.3.2　如果连续型随机变量 X 的密度函数为

$$f(x)=\frac{1}{\sqrt{2\pi}\sigma}\mathrm{e}^{-\frac{(x-\mu)^2}{2\sigma^2}}\quad -\infty<x<+\infty$$

其中 μ,σ 均为常数且 $\sigma>0$,则称 X 服从参数为 μ,σ 的正态分布,记为 $X\sim N(\mu,\sigma^2)$。

正态分布的密度函数 $f(x)$ 的性质:

(1) $f(x)$ 的图形关于直线 $x=\mu$ 是对称的,即 $f(\mu+x)=f(\mu-x)$。

(2) $f(x)$ 在 $(-\infty,\mu)$ 内单调递增,在 $(\mu,+\infty)$ 内单调减少,在 $x=\mu$ 处取得最大值 $\dfrac{1}{\sqrt{2\pi}\sigma}$。且当 $x\to\pm\infty$ 时,$f(x)\to0$,这表明对于同样长度的区间,当区间离 μ 越远时,X 落在该区间上的概率越小(见图 2.3.2)。

(3) $f(x)$ 在 $x=\mu\pm\sigma$ 处有拐点,以 X 轴为渐近线。

(4) X 的分布函数为

$$F(x)=\frac{1}{\sqrt{2\pi}\sigma}\int_{-\infty}^x\mathrm{e}^{-\frac{(t-\mu)^2}{2\sigma^2}}\mathrm{d}t$$

它的图像如图 2.3.3 所示。

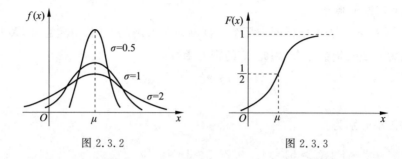

图 2.3.2   图 2.3.3

若在正态分布 $N(\mu,\sigma^2)$ 中,取 $\mu=0,\sigma=1$,则得到标准正态分布 $N(0,1)$。由 $N(\mu,\sigma^2)$ 的密度函数和分布函数立即得到标准正态分布的密度函数为

$$\varphi(x)=\frac{1}{\sqrt{2\pi}}\mathrm{e}^{-\frac{x^2}{2}},\quad x\in(-\infty,+\infty) \qquad (2.3.1)$$

分布函数为

$$\Phi(x)=\frac{1}{\sqrt{2\pi}}\int_{-\infty}^{x}\mathrm{e}^{-\frac{t^2}{2}}\mathrm{d}t \qquad (2.3.2)$$

由式(2.3.1)可知 $\varphi(x)$ 是偶函数,由此即得

$$\varphi(-x)=\varphi(x) \qquad (2.3.3)$$

$$\Phi(-x)=1-\Phi(x) \qquad (2.3.4)$$

式(2.3.4)成立是因为

$$\Phi(-x)=\int_{-\infty}^{-x}\varphi(t)\mathrm{d}t\xrightarrow{\text{令}\,t=-u}\int_{x}^{+\infty}\varphi(u)\mathrm{d}u$$

$$=\int_{-\infty}^{+\infty}\varphi(u)\mathrm{d}u-\int_{-\infty}^{x}\varphi(u)\mathrm{d}u$$

$$=1-\Phi(x)$$

故对 $\varphi(x)$ 及 $\Phi(x)$ 来说,当自变量取负值时所对应的函数值,可用自变量取相应的正值时所对应的函数值来表示。其中 $\Phi(x)$ 的值可查附录 1 标准正态分布表。

正态分布在理论上与实际应用中都是一个极其重要的分布,Gauss 在研究误差理论时曾用它来刻画误差的分布。经验表明,当一个变量受到大量微小的、独立的随机因素的影响时,这个变量一般服从或者近似服从正态分布。例如,某地区成年男性的身高、自动机床生产的产品尺寸、材料的断裂强度等均近似服从正态分布。

例 2.3.6　设 $X \sim N(0,1)$，求 $P\{X \leqslant 1.2\}$，$P\{X \leqslant -1.2\}$，$P\{1.2 \leqslant X \leqslant 3\}$，$P\{|X| < 2\}$。

解　$P\{X \leqslant 1.2\} = \Phi(1.2) = 0.8849$

$P\{X \leqslant -1.2\} = \Phi(-1.2) = 1 - \Phi(1.2) = 0.1151$

$P\{1.2 \leqslant X \leqslant 3\} = \Phi(3) - \Phi(1.2) = 0.9987 - 0.8849 = 0.1138$

$$P\{|X| < 2\} = P\{-2 < X < 2\} = \Phi(2) - \Phi(-2)$$
$$= \Phi(2) - [1 - \Phi(2)] = 2\Phi(2) - 1$$
$$= 2 \times 0.9772 - 1 = 0.9544$$

当 $X \sim N(\mu, \sigma^2)$ 时，由于 X 的分布函数

$$F(x) = \frac{1}{\sqrt{2\pi}\,\sigma} \int_{-\infty}^{x} e^{-\frac{(t-\mu)^2}{2\sigma^2}} dt$$

令 $u = \dfrac{t-\mu}{\sigma}$，则

$$F(x) = \frac{1}{\sqrt{2\pi}} \int_{-\infty}^{\frac{x-\mu}{\sigma}} e^{-\frac{u^2}{2}} du = \Phi\left(\frac{x-\mu}{\sigma}\right)$$

因此

$$P\{a < X \leqslant b\} = F(b) - F(a) = \Phi\left(\frac{b-\mu}{\sigma}\right) - \Phi\left(\frac{a-\mu}{\sigma}\right)$$

例 2.3.7　设 $X \sim N(1,4)$，求 $P\{1.2 \leqslant X \leqslant 4\}$，$P\{X \leqslant 0\}$，$P\{X \geqslant 4\}$。

解　$P\{1.2 \leqslant X \leqslant 4\} = F(4) - F(12) = \Phi\left(\dfrac{4-1}{2}\right) - \Phi\left(\dfrac{1.2-1}{2}\right)$

$$= \Phi(1.5) - \Phi(0.1) = 0.9332 - 0.5398 = 0.3934$$

$$P\{X \leqslant 0\} = P\{-\infty < X \leqslant 0\} = F(0) = \Phi\left(\frac{0-1}{2}\right) - 0$$

$$= \Phi(-0.5) = 1 - \Phi(0.5) = 1 - 0.6915 = 0.3085$$

$$P\{X \geqslant 4\} = P\{4 \leqslant X < +\infty\} = 1 - F(4) = 1 - \Phi\left(\frac{4-1}{2}\right)$$

$$= 1 - \Phi(1.5) = 1 - 0.9332 = 0.0688$$

注　这里用到了 $\Phi(-\infty) = 0$，$\Phi(+\infty) = 1$。

例 2.3.8　某人上班所需的时间（单位：min）$X \sim N(50,100)$。已知上班时间为早晨 8 时，他每天 7：00 出门。试求：

（1）某天迟到的概率；

(2) 某周(以 5 天计)最多迟到 1 天的概率。

解 (1) 所求概率为

$$P\{X>60\}=1-\Phi\left(\frac{60-50}{10}\right)=1-\Phi(1)=1-0.8413=0.1587\approx0.16$$

(2) 设一周内迟到的天数为 Y,则离散型随机变量 $Y\sim B(5,0.16)$。所求概率为

$$P\{Y\leqslant1\}=P_5(0)+P_5(1)=0.84^5+C_5^1\times0.16\times0.84^4=0.82$$

为了数理统计的需要,下面引入标准正态分布的上侧 α 分位数的概念。

定义 2.3.3 设随机变量 X 服从标准正态分布,对给定的实数 $\alpha(0<\alpha<1)$,若实数 u_α 满足

$$P\{X>u_\alpha\}=\alpha$$

则称 u_α 为随机变量 X 的上侧 α 分位数(见图 2.3.4)。

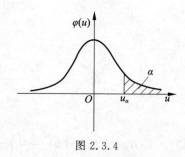

图 2.3.4

例 2.3.9 设 $\alpha=0.025$,求标准正态分布的上侧 α 分位数 $u_{0.025}$。

解 由于 $\Phi(u_{0.025})=1-0.025=0.975$,则通过查标准正态分布函数值表可得

$$u_{0.025}=1.96$$

2.4 随机变量函数的分布

在分析及解决实际问题时,经常要用到一些由随机变量经过运算或变换而得到的某些新变量,即随机变量函数,它们也是随机变量。例如某商店某种商品的销售量是一个随机变量 X,销售该商品的利润 Y 也是随机变量,它是 X 的函数 $g(X)$,即 $Y=g(X)$。再例如,若分子运动的速率为 X,则分子运动

的动能 $Y = \dfrac{1}{2} m X^2$（m 为分子的质量）也是随机变量。本节主要说明如何从一些随机变量的分布来导出这些随机变量的函数的分布。

设 $g(x)$ 是定义在随机变量 X 的一切可能取值 x 的集合上的函数。若随机变量 Y 随着 X 的取值 x 而取值为 $y = g(x)$，则称随机变量 Y 为随机变量 X 的函数，记为 $Y = g(X)$。

2.4.1　离散型随机变量函数的分布

例 2.4.1　当 X 为离散型随机变量时，$Y = g(X)$ 的分布可由 X 的分布决定。

X	-1	0	1	2
P	$\dfrac{1}{10}$	$\dfrac{2}{10}$	$\dfrac{3}{10}$	$\dfrac{4}{10}$

求 $Y_1 = 2X + 1$ 及 $Y_2 = X^2$ 的分布律。

解　由于

X	-1	0	1	2
Y_1	-1	1	3	5
Y_2	1	0	1	4

故 $Y_1 = 2X + 1$ 的分布律为

Y_1	-1	1	3	5
P	$\dfrac{1}{10}$	$\dfrac{2}{10}$	$\dfrac{3}{10}$	$\dfrac{4}{10}$

$Y_2 = X^2$ 的分布律为

Y_2	0	1	4
P	$\dfrac{2}{10}$	$\dfrac{4}{10}$	$\dfrac{4}{10}$

注 在求 Y_2 的分布律时,所取的值是有重复的,此时应当把相同的值所对应的概率按概率的加法公式相加。

2.4.2 连续型随机变量函数的分布

若 X 是连续型随机变量,$y=g(x)$ 是连续函数,当 $Y=g(X)$ 是连续型随机变量时,Y 的密度函数可由 X 的密度函数求出。基本思想是,首先由已知的 X 的密度函数 $f_X(x)$ 求出 Y 的分布函数 $F_Y(y)$,然后用微分法求出 Y 的密度函数 $f_Y(y)$。

由分布函数的定义得 Y 的分布函数为

$$F_Y(y)=P\{Y\leqslant y\}=P\{g(X)\leqslant y\}=P\{X\in I_g\}=\int_{I_g}f_X(x)\mathrm{d}x$$

其中 $I_g=\{x\mid g(x)\leqslant y\}$ 是实数轴上的某集合。

随机变量 Y 的密度函数 $f_Y(y)$ 可由下式得到:

$$f_Y(y)=F'_Y(y)$$

例 2.4.2 设 X 服从区间 $[0,1]$ 上的均匀分布。求 X^2 的密度函数。

解 由已知条件知

$$f_X(x)=\begin{cases}1, & 0\leqslant x\leqslant 1\\0, & 其他\end{cases}$$

(1) 当 $y\leqslant 0$ 时,$P\{X^2\leqslant y\}=0$;

(2) 当 $0<y<1$ 时,$P\{X^2\leqslant y\}=P\{-\sqrt{y}\leqslant X\leqslant \sqrt{y}\}$

$$=\int_{-\sqrt{y}}^0 f_X(x)\mathrm{d}x+\int_0^{\sqrt{y}}f_X(x)\mathrm{d}x$$

$$=\int_0^{\sqrt{y}}1\mathrm{d}x=\sqrt{y}$$

(3) 当 $y\geqslant 1$ 时,$P\{X^2\leqslant y\}=P\{-\sqrt{y}\leqslant X\leqslant\sqrt{y}\}=\int_{-\sqrt{y}}^{\sqrt{y}}f_X(x)\mathrm{d}x$

$$=\int_{-\sqrt{y}}^0 f_X(x)\mathrm{d}x+\int_0^1 f_X(x)\mathrm{d}x+\int_1^{\sqrt{y}}f_X(x)\mathrm{d}x$$

$$=\int_0^1 1\mathrm{d}x=1$$

因此

$$P\{X^2\leqslant y\}=\begin{cases}0, & y\leqslant 0\\\sqrt{y}, & 0<y<1\\1, & y\geqslant 1\end{cases}$$

即 X^2 的分布函数为

$$F_Y(y) = \begin{cases} 0, & y \leqslant 0 \\ \sqrt{y}, & 0 < y < 1 \\ 1, & y \geqslant 1 \end{cases}$$

所以 X^2 的密度函数为

$$f_Y(y) = F'_Y(y) = \begin{cases} \dfrac{1}{2\sqrt{y}}, & 0 < y < 1 \\ 0, & \text{其他} \end{cases}$$

例 2.4.3 设随机变量 X 服从正态分布 $N(0,1)$，求随机变量的函数 $Y = |X|$ 的密度函数 $f_Y(y)$。

解 X 的密度函数为 $f_X(x) = \dfrac{1}{\sqrt{2\pi}} e^{-\frac{x^2}{2}}$ $(-\infty < x < +\infty)$，于是 Y 的分布函数为

$$F_Y(y) = P\{Y \leqslant y\} = P\{|X| \leqslant y\} = \begin{cases} P\{-y \leqslant X \leqslant y\}, & y > 0 \\ 0, & y \leqslant 0 \end{cases}$$

$$P\{-y \leqslant X \leqslant y\} = \int_{-y}^{y} f_X(x)\,dx = \int_{-y}^{y} \frac{1}{\sqrt{2\pi}} e^{-\frac{x^2}{2}}\,dx$$

$$= \frac{1}{\sqrt{2\pi}} e^{-\frac{y^2}{2}} - \left(-\frac{1}{\sqrt{2\pi}} e^{-\frac{y^2}{2}}\right)$$

$$= \sqrt{\frac{2}{\pi}} e^{-\frac{y^2}{2}}$$

因此

$$f_Y(y) = F'_Y(y) = \begin{cases} -\sqrt{\dfrac{2}{\pi}} y e^{-\frac{y^2}{2}}, & y > 0 \\ 0, & \text{其他} \end{cases}$$

注 如果 $y = g(x)$ 是一个单调且有一阶连续导数的函数，则随机变量的函数的密度函数 $Y = g(X)$ 具有如下性质：

设连续型随机变量 X 的密度函数为 $f_X(x)$，$y = g(x)$ 是一个单调函数，且具有一阶连续导数，$x = h(y)$ 是 $y = g(x)$ 的反函数，则 $Y = g(X)$ 的密度函数为

$$f_Y(y) = f_X(h(y))|h'(y)| \tag{2.4.1}$$

上述性质的证明用求 Y 的密度函数 $f_Y(y)$ 的基本方法即可得到。

41

注 利用式(2.4.1),我们还可得到一条关于服从正态分布的随机变量 X 的线性函数的分布性质,具体结果如下:

设随机变量 $X \sim N(\mu, \sigma^2)$,$Y = kX + b$,$k \neq 0$,则 $Y \sim N(k\mu + b, k^2\sigma^2)$,特别当 $k = \dfrac{1}{\sigma}$,$b = -\dfrac{\mu}{\sigma}$ 时,$Y = kX + b \sim N(0, 1)$,即 $\dfrac{X - \mu}{\sigma} \sim N(0, 1)$。

证 由于 $y = kx + b$ 为一个单调函数,具有一阶连续导数,$x = h(y) = \dfrac{y - b}{k}$,因此 $h'(y) = \dfrac{1}{k}$。由式(2.4.1)得

$$f_Y(y) = f_X(h(y)) |h'(y)| = \frac{1}{\sqrt{2\pi}\,\sigma} \mathrm{e}^{-\frac{\left(\frac{y-b}{k}-\mu\right)^2}{2\sigma^2}} \left| \frac{1}{k} \right|$$

$$= \frac{1}{\sqrt{2\pi}\,|k|\,\sigma} \mathrm{e}^{-\frac{(y-k\mu-b)^2}{2k^2\sigma^2}}, \quad -\infty < y < +\infty$$

因此 $Y \sim N(k\mu + b, k^2\sigma^2)$。

特别地,当 $k = \dfrac{1}{\sigma}$,$b = -\dfrac{\mu}{\sigma}$ 时,$Y \sim N(0, 1)$。

例 2.4.4 设随机变量 X 服从参数 $\lambda = 1$ 的指数分布,求随机变量 $Y = \mathrm{e}^X$ 的密度函数 $f_Y(y)$。

解 由于 X 服从参数为 $\lambda = 1$ 的指数分布,因此其密度函数为

$$f_X(x) = \begin{cases} \mathrm{e}^{-x}, & x > 0 \\ 0, & \text{其他} \end{cases}$$

函数 $y = \mathrm{e}^x$ 为一个单调增加且具有一阶连续导数的函数,其反函数为 $h(y) = \ln y$,$h'(y) = \dfrac{1}{y}$,于是 Y 的密度函数为

$$f_Y(y) = f_X(h(y)) |h'(y)| = \begin{cases} \dfrac{1}{y^2}, & y > 1 \\ 0, & y \leqslant 1 \end{cases}$$

CHAPTER

第3章　随机变量的数字特征与极限定理

前面讨论了随机变量的概率分布(分布函数、分布律和密度函数),我们知道,随机变量的概率分布是能够完整地描述随机变量的统计规律的,但在许多实际问题中,人们并不需要去全面考察随机变量的变化情况,而只要知道它的某些数字特征即可。本章将要介绍的数字特征有数学期望和方差。

3.1　数　学　期　望

3.1.1　离散型随机变量的数学期望

在随机试验的重复进行过程中,随机变量可以取不同的值,即随机变量是带有随机波动性质的。但是人们发现,在大量的重复试验中,随机变量取值的算数平均值也具有稳定性,即它围绕着某一常数作微小的摆动,一般来说,试验次数越多,摆动幅度越小。因此,可以认为该常数是随机变量取值的"平均值"。

定义 3.1.1　设离散型随机变量 X 的分布律为

$$P\{X=x_i\}=p_i,\quad i=1,2,\cdots$$

若记

$$E(X)=\sum_{i=1}^{n}x_ip_i$$

则称 $E(X)$ 为随机变量 X 的数学期望,简称为期望或均值。其中当求和为无限项时,在数学上要求

$$\sum_{i=1}^{\infty}|x_i|p_i<+\infty$$

概率统计理论与实践

保证 $E(X)$ 的值不因求和次序改变而改变。

例 3.1.1(0-1 分布) 设随机变量 X 的分布律为

X	0	1
P	$1-p$	p

求 $E(X)$。

解 $E(X)=0 \cdot (1-p)+1 \cdot p=p$。

例 3.1.2(二项分布) 设随机变量 X 的分布律为
$$P\{X=k\}=\mathrm{C}_n^k p^k q^{n-k}, \quad k=0,1,2,\cdots,n$$
其中 $q=1-p$，求 $E(X)$。

解
$$E(X)=\sum_{k=0}^n k\mathrm{C}_n^k p^k q^{n-k}$$
$$=\sum_{k=0}^n k\,\frac{n(n-1)(n-2)\cdots[n-(k-1)]}{k!}p^k q^{n-k}$$
$$=np\sum_{k=0}^n \frac{n(n-1)(n-2)\cdots[n-1-(k-2)]}{k!}p^{k-1}q^{n-1-(k-1)}$$
$$=np\sum_{k-1=0}^{n-1} \mathrm{C}_{n-1}^{k-1} p^{k-1}q^{n-1-(k-1)}$$
$$=np(p+q)^{n-1}$$
$$=np$$

例 3.1.3(泊松分布) 设随机变量 X 的分布律为
$$P\{X=k\}=\frac{\lambda^k}{k!}\mathrm{e}^{-\lambda}, \quad k=0,1,2,\cdots$$
求 $E(X)$。

解 $E(X)=\sum_{k=0}^\infty k\,\frac{\lambda^k}{k!}\mathrm{e}^{-\lambda}=\lambda \mathrm{e}^{-\lambda}\sum_{k=1}^\infty \frac{\lambda^{k-1}}{(k-1)!}=\lambda \mathrm{e}^{-\lambda}\mathrm{e}^{\lambda}=\lambda$。

由此可见，泊松分布的参数 λ 就是相应随机变量 X 的数学期望。

注 离散型随机变量的数学期望可以推广到一般情形：设 X 有分布律 $p_i=P\{X=x_i\}(i=1,2,\cdots)$，对任意实值函数 $g(\cdot)$，$Y=g(X)$ 的数学期望为
$$E(g(X))=\sum_{i=1}^n g(x_i)p_i$$

44

当上式的求和号项数为无限时,在数学上要求

$$\sum_{i=1}^{\infty} | g(x_i) | p_i < +\infty$$

例 3.1.4　设随机变量 X 的分布律为

X	-1	0	3
P	0.1	0.6	0.3

求 $E(X), E(X^2), E(3X-1)$。

解　首先列表如下:

X	-1	0	3
X^2	1	0	9
$3X-1$	-4	-1	8
P	0.1	0.6	0.3

于是

$$E(X) = -1 \times 0.1 + 0 \times 0.6 + 3 \times 0.3 = 0.8$$
$$E(X^2) = 1 \times 0.1 + 0 \times 0.6 + 9 \times 0.3 = 2.8$$
$$E(3X-1) = (-4) \times 0.1 + (-1) \times 0.6 + 8 \times 0.3 = 1.4$$

3.1.2　连续型随机变量的数学期望

对以 $f(x)$ 为密度函数的连续型随机变量 X 而言,值 x 和 $f(x)\mathrm{d}x$ 分别相当于离散型随机变量情况下的"x_i"和"p_i",于是可以得到连续型随机变量的数学期望的定义。

定义 3.1.2　设 X 为连续型随机变量,$f(x)$ 为 X 的密度函数,若记

$$E(X) = \int_{-\infty}^{+\infty} x f(x) \mathrm{d}x$$

则称 $E(X)$ 为随机变量 X 的**数学期望**,简称为**期望**或**均值**。数学上要求

$$\int_{-\infty}^{+\infty} | x | f(x) \mathrm{d}x < +\infty$$

注　连续型随机变量的数学期望也可以推广到一般情形:对任意实值函数 $g(x)$,$f(x)$ 为 X 的密度函数,则 $Y = g(X)$ 的数学期望为

$$E(g(X)) = \int_{-\infty}^{+\infty} g(x) f(x) \mathrm{d}x$$

其中 $f(x)$ 为 X 的密度函数,且数学上要求

$$\int_{-\infty}^{+\infty} |g(x)| f(x) \mathrm{d}x < +\infty$$

例 3.1.5(均匀分布) 设随机变量 X 的密度函数为

$$f(x) = \begin{cases} \dfrac{1}{b-a}, & a \leqslant x \leqslant b \\ 0, & \text{其他} \end{cases}$$

求 $E(X)$。

解

$$E(X) = \int_{-\infty}^{+\infty} x f(x) \mathrm{d}x = \int_a^b \frac{x}{b-a} \mathrm{d}x = \frac{a+b}{2}$$

这个结果是可以预料的,因为 X 在 (a,b) 上均匀分布,它取值的平均值当然应该是 (a,b) 的中点。

例 3.1.6(指数分布) 设随机变量 X 的密度函数为

$$f(x) = \begin{cases} \lambda \mathrm{e}^{-\lambda x}, & x \geqslant 0 \\ 0, & x < 0 \end{cases}$$

其中 $\lambda > 0$,求 $E(X)$。

解

$$E(X) = \int_{-\infty}^{+\infty} x f(x) \mathrm{d}x = \int_0^{+\infty} x \lambda \mathrm{e}^{-\lambda x} \mathrm{d}x = -\int_0^{+\infty} x \mathrm{d}(\mathrm{e}^{-\lambda x}) = \int_0^{+\infty} \mathrm{e}^{-\lambda x} \mathrm{d}x = \frac{1}{\lambda}$$

例 3.1.7(正态分布) 设 $X \sim N(\mu, \sigma^2)$,求 $E(X)$。

解

$$E(X) = \int_{-\infty}^{+\infty} x f(x) \mathrm{d}x = \int_{-\infty}^{+\infty} x \, \frac{1}{\sigma \sqrt{2\pi}} \mathrm{e}^{-\frac{(x-\mu)^2}{2\sigma^2}} \mathrm{d}x$$

令

$$t = \frac{x-\mu}{\sigma}$$

于是有

$$E(X) = \int_{-\infty}^{+\infty} \frac{\mu + \sigma t}{\sqrt{2\pi}} \mathrm{e}^{-\frac{t^2}{2}} \mathrm{d}t = \frac{\mu}{\sqrt{2\pi}} \int_{-\infty}^{+\infty} \mathrm{e}^{-\frac{t^2}{2}} \mathrm{d}t + \frac{\sigma}{\sqrt{2\pi}} \int_{-\infty}^{+\infty} t \mathrm{e}^{-\frac{t^2}{2}} \mathrm{d}t = \mu$$

故正态分布中的参数 μ 表示相应随机变量 X 的数学期望。

例 3.1.8　设随机变量 X 的密度函数为

$$f(x) = \begin{cases} \dfrac{2x}{\pi^2}, & 0 < x < \pi \\ 0, & \text{其他} \end{cases}$$

求 $E(\sin X)$。

解

$$
\begin{aligned}
E(\sin X) &= \int_{-\infty}^{+\infty} \sin x\, f(x)\, \mathrm{d}x = \int_0^{\pi} \sin x\, \frac{2x}{\pi^2}\, \mathrm{d}x \\
&= \frac{2}{\pi^2} \int_0^{\pi} x \sin x\, \mathrm{d}x = -\frac{2}{\pi^2} \int_0^{\pi} x\, \mathrm{d}(\cos x) \\
&= -\frac{2}{\pi^2} \left(x \cos x \,\Big|_0^{\pi} - \int_0^{\pi} \cos x\, \mathrm{d}x \right) \\
&= -\frac{2}{\pi^2} (x \cos x - \sin x) \,\Big|_0^{\pi} \\
&= \frac{2}{\pi}
\end{aligned}
$$

3.1.3　数学期望的性质

性质 3.1.1　若 C 是常数,则 $E(C) = C$。

性质 3.1.2　若 C 是常数,X 为随机变量,则 $E(CX) = CE(X)$。

性质 3.1.3　X,Y 为随机变量,则 $E(X+Y) = E(X) + E(Y)$。

性质 3.1.4　若 X 与 Y 相互独立,则 $E(XY) = E(X)E(Y)$。

注　性质 3.1.4 可以推广到多个随机变量的情形,结论仍然成立。

这些性质都可以由定义直接给出证明,也都可以推广到任意有限个随机变量的情形。

例 3.1.9　设 $X \sim B(n,p)$,求 $E(X)$。

解　由于随机变量 X 相当于伯努利试验中成功的次数,而每次试验成功的概率为 p,若设 X_i 表示在第 $i(i=1,2,\cdots,n)$ 次伯努利试验中成功的次数,则 X_i 有分布律

X_i	0	1
P	$1-p$	p

且

$$X = \sum_{i=1}^{n} X_i$$

由于 X_i 的分布律 $E(X_i) = p(i=1,2,\cdots,n)$，又由于 $X_1, X_2, \cdots, X_n$ 相互独立，故由数学期望的性质 3.1.3 得

$$E(X) = E\left(\sum_{i=1}^{n} X_i\right) = \sum_{i=1}^{n} EX_i = np$$

例 3.1.10 一民航客车载有 20 位旅客自机场开出，旅客有 10 个车站可以下车，如果到达一个车站没有旅客下车就不停车，以 X 表示停车的次数，设每位旅客在每个车站下车是等可能的，且每个旅客是否下车相互独立，求 $E(X)$。

解 设随机变量

$$X_i = \begin{cases} 0, & \text{在第 } i \text{ 站没旅客下车,} \\ 1, & \text{在第 } i \text{ 站有旅客下车,} \end{cases} \quad i=1,2,\cdots,10$$

则

$$X = X_1 + X_2 + \cdots + X_{10}$$

由于每位旅客在任一站不下车的概率为 $\dfrac{9}{10}$，所以 20 位旅客都不在第 i 站下车的概率为 $\left(\dfrac{9}{10}\right)^{20}$，故

$$P\{X_i = 0\} = \left(\frac{9}{10}\right)^{20}$$

$$P\{X_i = 1\} = 1 - \left(\frac{9}{10}\right)^{20}, \quad i=1,2,\cdots,10$$

于是

$$E(X_i) = 1 - \left(\frac{9}{10}\right)^{20}, \quad i=1,2,\cdots,10$$

从而

$$E(X) = E(X_1 + X_2 + \cdots + X_{10}) = E(X_1) + E(X_2) + \cdots + E(X_{10})$$

$$= 10 \times \left[1 - \left(\frac{9}{10}\right)^{20}\right] = 8.784$$

例 3.1.11　已知在一块试验田里种了 10 粒种子,种子发芽的概率为 0.9,用 X 表示发芽种子的粒数,求 $E(X^2)$。

解　显然 $X \sim B(10, 0.9)$,故
$$E(X) = 10 \times 0.9 = 9, \quad D(X) = 10 \times 0.9 \times 0.1 = 0.9$$
$$E(X^2) = D(X) + [E(X)]^2 = 0.9 + 81 = 81.9$$

3.2　方差和标准差

随机变量的数学期望反映了随机变量的平均值,而随机变量取值的稳定性是判断随机现象性质的另一个重要指标。例如,甲、乙两人同时向目标靶射击 10 次,射击结果都是平均 7 环,所以仅用数学期望分不清甲、乙的技术差异。这时还可以观察甲、乙二人各次命中环数的偏离程度,偏离少,则说明技术发挥稳定。本节引入方差的概念,来反映随机变量对数学期望的偏离程度。

定义 3.2.1　设 X 为一个随机变量,若 $E[X - E(X)]^2$ 存在,则称 $E[X - E(X)]^2$ 是 X 的方差,记作 $D(X)$,即
$$D(X) = E[X - E(X)]^2$$
同时称 $\sqrt{D(X)}$ 是 X 的**标准差**或**均方差**。

注 1　方差刻画了随机变量 X 的取值与数学期望的偏离程度,它的大小可以衡量随机变量取值的稳定性。

注 2　方差的一般计算公式为
$$D(X) = E(X^2) - [E(X)]^2$$
证
$$\begin{aligned}
D(X) &= E[X - E(X)]^2 \\
&= E[X^2 - 2XE(X) + (EX)^2] \\
&= E(X^2) - 2[E(X)]^2 + [E(X)]^2 \\
&= E(X^2) - [E(X)]^2
\end{aligned}$$

3.2.1　离散型随机变量的方差

根据方差的定义可得离散型随机变量的计算公式。

若 X 是离散型随机变量,分布律 $P\{X = x_i\} = p_i (i = 1, 2, \cdots)$,则
$$D(X) = \sum_{i=1}^{\infty} [x_i - E(X)]^2 p_i$$

例 3.2.1 设随机变量 X 的分布律为

X	0	1
P	$1-p$	p

求 $D(X)$。

解
$$E(X)=0 \cdot (1-p)+1 \cdot p=p$$
$$E(X^2)=0^2 \cdot (1-p)+1^2 \cdot p=p$$

故
$$D(X)=E(X^2)-[E(X)]^2=p-p^2=pq, \quad q=1-p$$

例 3.2.2 设随机变量 X 的分布律为
$$P\{X=k\}=\frac{\lambda^k}{k!}e^{-\lambda}, \quad k=0,1,2,\cdots$$

求 $D(X)$。

解 由例 3.1.3 可知
$$E(X)=\sum_{k=0}^{\infty} k \frac{\lambda^k}{k!}e^{-\lambda}=\lambda$$

而
$$E(X^2)=\sum_{k=0}^{\infty} k^2 \frac{\lambda^k}{k!}e^{-\lambda}=\sum_{k=0}^{\infty}(k^2-k)\frac{\lambda^k}{k!}e^{-\lambda}+\sum_{k=0}^{\infty} k \frac{\lambda^k}{k!}e^{-\lambda}$$
$$=\sum_{k=0}^{\infty} k(k-1)\frac{\lambda^k}{k!}e^{-\lambda}+\lambda=\lambda^2 e^{-\lambda}\sum_{k=2}^{\infty}\frac{\lambda^{k-2}}{(k-2)!}+\lambda$$
$$=\lambda^2 e^{-\lambda}e^{\lambda}+\lambda=\lambda^2+\lambda$$

从而有
$$D(X)=E(X^2)-[E(X)]^2=\lambda^2+\lambda-\lambda^2=\lambda$$

可见,泊松分布中的参数 λ 既是相应随机变量 X 的数学期望,又是它的方差。

3.2.2 连续型随机变量的方差

若 X 是连续型随机变量,密度函数为 $f(x)$,则
$$D(X)=\int_{-\infty}^{+\infty}[x-E(X)]^2 f(x)\mathrm{d}x$$

例 3.2.3 设随机变量 X 的密度函数为

50

$$f(x) = \begin{cases} \dfrac{1}{b-a}, & a < x < b \\ 0, & \text{其他} \end{cases}$$

求 $D(X)$。

解　由例 3.1.5 可知

$$E(X) = \frac{a+b}{2}$$

而

$$E(X^2) = \int_a^b x^2 f(x)\,\mathrm{d}x = \int_a^b \frac{x^2}{b-a}\,\mathrm{d}x = \frac{a^2+ab+b^2}{3}$$

故

$$\begin{aligned} D(X) &= E(X^2) - [E(X)]^2 \\ &= \frac{a^2+ab+b^2}{3} - \left(\frac{a+b}{2}\right)^2 \\ &= \frac{(b-a)^2}{12} \end{aligned}$$

例 3.2.4　设随机变量 X 的密度函数为

$$f(x) = \begin{cases} \lambda\mathrm{e}^{-\lambda x}, & x \geq 0 \\ 0, & x < 0 \end{cases}$$

其中 $\lambda > 0$，求 $D(X)$。

解　由例 3.1.6 可知

$$E(X) = \frac{1}{\lambda}$$

而

$$\begin{aligned} E(X^2) &= \int_{-\infty}^{+\infty} x^2 f(x)\,\mathrm{d}x = \int_0^{+\infty} x^2 \lambda\mathrm{e}^{-\lambda x}\,\mathrm{d}x \\ &= -\int_0^{+\infty} x^2\,\mathrm{d}(\mathrm{e}^{-\lambda x}) = \int_0^{+\infty} 2x\mathrm{e}^{-\lambda x}\,\mathrm{d}x = \frac{2}{\lambda^2} \end{aligned}$$

故

$$D(X) = E(X^2) - [E(X)]^2 = \frac{2}{\lambda^2} - \left(\frac{1}{\lambda}\right)^2 = \frac{1}{\lambda^2}$$

例 3.2.5　设 $X \sim N(\mu, \sigma^2)$，求 $D(X)$。

解

$$D(X) = \int_{-\infty}^{+\infty} (x-\mu)^2 f(x)\,\mathrm{d}x = \int_{-\infty}^{+\infty} (x-\mu)^2 \frac{1}{\sigma\sqrt{2\pi}}\mathrm{e}^{-\frac{(x-\mu)^2}{2\sigma^2}}\,\mathrm{d}x$$

令

$$t = \frac{x - \mu}{\sigma}$$

于是有

$$D(X) = \frac{\sigma^2}{\sqrt{2\pi}} \int_{-\infty}^{+\infty} t^2 \mathrm{e}^{-\frac{t^2}{2}} \mathrm{d}t$$

$$= \frac{\sigma^2}{\sqrt{2\pi}} \left(-t\mathrm{e}^{-\frac{t^2}{2}} \Big|_{-\infty}^{+\infty} + \int_{-\infty}^{+\infty} \mathrm{e}^{-\frac{t^2}{2}} \mathrm{d}t \right)$$

$$= \frac{\sigma^2}{\sqrt{2\pi}} \int_{-\infty}^{+\infty} \mathrm{e}^{-\frac{t^2}{2}} \mathrm{d}t$$

$$= \sigma^2$$

故正态分布中的参数 μ 和 σ^2 分别表示相应随机变量 X 的数学期望和方差。

3.2.3　方差的性质

性质 3.2.1　若 C 是常数，则 $D(C) = C$。

性质 3.2.2　若 C 是常数，则 $D(CX) = C^2 D(X)$。

性质 3.2.3　若 X 与 Y 相互独立，则 $D(X \pm Y) = D(X) + D(Y)$。

注　性质 3.2.3 可以推广到多个随机变量的情形，结论仍然成立。

例 3.2.6（例 3.1.9 续）　设 $X \sim B(n, p)$，求 $D(X)$。

解　由于随机变量 X 相当于伯努利试验中成功的次数，而每次试验成功的概率为 p，若设 X_i 表示在第 $i(i = 1, 2, \cdots, n)$ 次伯努利试验中成功的次数，则 X_i 的分布律为

X_i	0	1
P	$1-p$	p

且

$$X = \sum_{i=1}^{n} X_i$$

由于

$$D(X) = E(X^2) - [E(X)]^2$$

可知

$$D(X_i) = p(1-p), \quad i = 1, 2, \cdots, n$$

又由于 $X_1, X_2, \cdots, X_n$ 相互独立,故由方差的性质 3.2.3 得

$$D(X) = D(\sum_{i=1}^{n} X_i) = \sum_{i=1}^{n} D(X_i) = npq(q = 1-p)$$

6 种常用分布及它们的数学期望和方差如表 3.2.1 所示。

表 3.2.1　6 种常用分布及它们的数学特征

分布	分布律或密度函数	数学期望	方差
0-1 分布	$P\{X=k\} = p^k q^{1-k}, \quad k = 0,1$ $0 < p < 1, p + q = 1$	p	pq
二项分布	$P\{X=k\} = C_n^k p^k q^{n-k}, \quad k = 0,1,\cdots,n$ $0 < p < 1, p + q = 1$	np	npq
泊松分布	$P\{X=k\} = \dfrac{\lambda^k}{k!} e^{-\lambda}, \quad k = 0,1,2,\cdots$ $\lambda > 0$	λ	λ
均匀分布	$f(x) = \begin{cases} \dfrac{1}{b-a}, & a \leqslant x \leqslant b \\ 0, & \text{其他} \end{cases}$	$\dfrac{a+b}{2}$	$\dfrac{(b-a)^2}{12}$
指数分布	$f(x) = \begin{cases} \lambda e^{-\lambda x}, & x > 0 \\ 0, & \text{其他} \end{cases}$	$\dfrac{1}{\lambda}$	$\dfrac{1}{\lambda^2}$
正态分布	$f(x) = \dfrac{1}{\sigma\sqrt{2\pi}} e^{-\frac{(x-\mu)^2}{2\sigma^2}},$ $-\infty < \mu < +\infty, \sigma > 0$	μ	σ^2

3.3　大　数　定　律

本节介绍的大数定律与中心极限定理是概率论中的基本定理,它们在概率统计的理论研究和实际应用中都十分重要。前者以严格的数学形式表述了随机变量的平均结果及频率的稳定性;后者则论证了在相当广泛的条件下,大量独立的随机变量的极限分布是正态分布。

3.3.1 切比雪夫不等式

为了证明大数定律,下面先介绍一个重要的不等式——切比雪夫不等式。

定理 3.3.1(切比雪夫不等式) 对随机变量 X,若它的数学期望 $E(X)=\mu$,方差 $D(X)=\sigma^2$ 都存在,则对任意 $\varepsilon>0$,有

$$P\{|X-\mu|\geqslant\varepsilon\}\leqslant\frac{\sigma^2}{\varepsilon^2} \qquad (3.3.1)$$

或

$$P\{|X-\mu|<\varepsilon\}\geqslant1-\frac{\sigma^2}{\varepsilon^2} \qquad (3.3.2)$$

成立。

证 设 X 是连续型随机变量,概率密度为 $f(x)$,则

$$P\{|X-\mu|\geqslant\varepsilon\}=\int_{|x-\mu|\geqslant\varepsilon}f(x)\mathrm{d}x\leqslant\int_{|x-\mu|\geqslant\varepsilon}\frac{(x-\mu)^2}{\varepsilon^2}f(x)\mathrm{d}x$$

$$\leqslant\frac{1}{\varepsilon^2}\int_{-\infty}^{+\infty}(x-\mu)^2f(x)\mathrm{d}x=\frac{\sigma^2}{\varepsilon^2}$$

当 X 是离散型随机变量时,只需在上述证明中把概率密度换成分布律,把积分号换成求和号即可。

由于

$$P\{|X-\mu|<\varepsilon\}=1-P\{|X-\mu|\geqslant\varepsilon\}$$

故式(3.3.1)与

$$P\{|X-\mu|<\varepsilon\}\geqslant1-\frac{\sigma^2}{\varepsilon^2}$$

等价。式(3.3.1)和式(3.3.2)都称为**切比雪夫不等式**。

切比雪夫不等式是一个很重要的不等式,由切比雪夫不等式可以知道,随机变量 X 的方差 σ^2 越小,事件 $|X-\mu|\geqslant\varepsilon$ 发生的概率就越小,即事件 $|X-\mu|<\varepsilon$ 发生的概率就越大,随机变量 X 的取值就越集中在它的数学期望 μ 附近。另外,如果随机变量 X 的方差 σ^2 已知,无需知道随机变量 X 的分布,利用式(3.3.1)就能对 $|X-\mu|\geqslant\varepsilon$ 的概率进行估计。

例 3.3.1 若随机变量 X 服从正态分布 $N(\mu,\sigma^2)$,则由式(3.3.1)可知

$$P\{|X-\mu|\geqslant3\sigma\}\leqslant\frac{\sigma^2}{(3\sigma)^2}=\frac{1}{9}\approx0.1111$$

即

$$P\{|X-\mu|<3\sigma\}\geqslant 0.8889 \qquad (3.3.3)$$

由于 $X\sim N(\mu,\sigma^2)$ 时

$$P\{|X-\mu|<3\sigma\}=P\{\mu-3\sigma<X<\mu+3\sigma\}$$
$$=F(\mu+3\sigma)-F(\mu-3\sigma)$$
$$=\Phi\left(\frac{\mu+3\sigma-\mu}{\sigma}\right)-\Phi\left(\frac{\mu-3\sigma-\mu}{\sigma}\right)$$
$$=\Phi(3)-\Phi(-3)=2\Phi(3)-1$$

查表可知 $\Phi(3)=0.99865$，所以

$$P\{|X-\mu|<3\sigma\}=0.9973 \qquad (3.3.4)$$

比较式(3.3.3)与式(3.3.4)可知，切比雪夫不等式给出的估计精确度并不高。这是因为切比雪夫不等式只利用了数学期望与方差，并没有完整地利用随机变量分布的信息。

例 3.3.2　设电站供电网有 10000 盏电灯，夜晚每一盏灯开灯的概率都是 0.7，而假定灯的开、关时间彼此独立，估计夜晚同时开着的灯数在 6800~7200 之间的概率。

解　设 X 表示在夜晚同时开着的灯的数目，它服从参数为 $n=10000$，$p=0.7$ 的二项分布。若要准确计算，应用伯努利公式得

$$P\{6800<X<7200\}=\sum_{k=6801}^{7199}C_{10000}^{k}\times 0.7^k\times 0.3^{10000-k}$$

如果用切比雪夫不等式估计，则有

$$E(X)=np=10000\times 0.7=7000$$

$$D(X)=npq=10000\times 0.7\times 0.3=2100$$

$$P\{6800<X<7200\}=P\{|X-7200|<200\}\geqslant 1-\frac{2100}{200^2}\approx 0.95$$

可见，虽然有 10000 盏灯，但是只要有供应 7200 盏灯的电力就能够以相当大的概率保证够用。事实上，切比雪夫不等式的估计只说明概率大于 0.95，后面将具体求出这个概率约为 0.99999。切比雪夫不等式在理论上具有重大意义，但估计的精确度不高。

切比雪夫不等式作为一个理论工具，在大数定律证明中，可使证明过程非常简洁。

3.3.2　大数定律

定理 3.3.2(伯努利大数定律)　设在 n 重伯努利试验中,随机变量 X_1, $X_2,\cdots,X_n$ 服从参数为 n,p 的二项分布,其中事件 A 发生的次数为 $Y_n=\sum_{k=1}^{n}X_k$,事件 A 在每次试验中发生的概率为 $p(0<p<1)$,则对任意 $\varepsilon>0$,有

$$\lim_{n\to\infty}P\left\{\left|\frac{Y_n}{n}-p\right|\geqslant\varepsilon\right\}=0 \tag{3.3.5}$$

或等价地有

$$\lim_{n\to\infty}P\left\{\left|\frac{Y_n}{n}-p\right|<\varepsilon\right\}=1 \tag{3.3.6}$$

证　因为 $X_k\sim B(n,p)$,故 $E(X_k)=np$,$D(X_k)=npq$,其中 $q=1-p$。将

$$E\left(\frac{Y_n}{n}\right)=\frac{np}{n}=p$$

$$D\left(\frac{Y_n}{n}\right)=\frac{1}{n^2}D(Y_n)=\frac{npq}{n^2}=\frac{pq}{n}$$

代入式(3.3.1)得

$$P\left\{\left|\frac{Y_n}{n}-p\right|\geqslant\varepsilon\right\}\leqslant\frac{pq}{n\varepsilon^2}$$

故

$$\lim_{n\to\infty}P\left\{\left|\frac{Y_n}{n}-p\right|\geqslant\varepsilon\right\}=0$$

利用 $P\left\{\left|\frac{Y_n}{n}-p\right|<\varepsilon\right\}=1-P\left\{\left|\frac{Y_n}{n}-p\right|\geqslant\varepsilon\right\}$,显然可得式(3.3.5)的等价形式为

$$\lim_{n\to\infty}P\left\{\left|\frac{Y_n}{n}-p\right|<\varepsilon\right\}=1$$

频率的稳定性:在式(3.3.5)中,$\frac{Y_n}{n}$ 是在 n 重伯努利试验中事件 A 发生的频率,而 p 是事件 A 发生的概率。因此,由伯努利大数定律可知,当试验次数 n 足够大时,事件 A 发生的频率与发生的概率接近的可能性很大(概率趋

近于 1），即随着试验次数的增加，事件发生的频率将逐渐稳定于一个确定的常数值附近。这为在实际应用中，当试验次数 n 很大时，可以用事件的频率来近似地代替事件的概率提供了理论依据。

　　定义 3.3.1　如果对任意 $n>1$，$X_1,X_2,\cdots,X_n$ 是相互独立的随机变量。若 $X_1,X_2,\cdots,X_n,\cdots$ 又具有相同的分布，则称为 $X_1,X_2,\cdots,X_n,\cdots$ 是**独立同分布的随机变量序列**。

　　一般地，设 $X_1,X_2,\cdots,X_n,\cdots$ 是一个随机变量序列，a 是一个常数。若对任意 $\varepsilon>0$，有

$$\lim_{n\to\infty}P\{|X_n-a|<\varepsilon\}=1$$

则称序列 $X_1,X_2,\cdots,X_n,\cdots$**依概率收敛于** a，记为

$$\lim_{n\to\infty}X_n=a\quad 或\quad X_n\xrightarrow{P}a\,(n\to\infty)$$

　　定理 3.3.3（切比雪夫大数定律）　设 $X_1,X_2,\cdots,X_n,\cdots$ 是相互独立的随机变量序列，其数学期望和方差都存在，且方差一致有界，即存在常数 $C>0$，使得

$$D(X_i)\leqslant C,\quad i=1,2,\cdots$$

则对任意 $\varepsilon>0$，有

$$\lim_{n\to\infty}P\left\{\left|\frac{1}{n}\sum_{i=1}^n X_i-\frac{1}{n}\sum_{i=1}^n E(X_i)\right|\geqslant\varepsilon\right\}=0 \tag{3.3.7}$$

或

$$\lim_{n\to\infty}P\left\{\left|\frac{1}{n}\sum_{i=1}^n X_i-\frac{1}{n}\sum_{i=1}^n E(X_i)\right|<\varepsilon\right\}=1 \tag{3.3.8}$$

　　证

$$E\left(\frac{1}{n}\sum_{i=1}^n X_i\right)=\frac{1}{n}\sum_{i=1}^n E(X_i)$$

$$D\left(\frac{1}{n}\sum_{i=1}^n X_i\right)=\frac{1}{n^2}\sum_{i=1}^n D(X_i)\leqslant\frac{1}{n^2}nC=\frac{C}{n}$$

由式（3.3.1）得

$$P\left\{\left|\frac{1}{n}\sum_{i=1}^n X_i-\frac{1}{n}\sum_{i=1}^n E(X_i)\right|\geqslant\varepsilon\right\}\leqslant\frac{C}{\varepsilon^2 n}$$

则

$$\lim_{n\to\infty}P\left\{\left|\frac{1}{n}\sum_{i=1}^n X_i-\frac{1}{n}\sum_{i=1}^n E(X_i)\right|\geqslant\varepsilon\right\}=0$$

因为

$$P\left\{\left|\frac{1}{n}\sum_{i=1}^{n}X_i-\frac{1}{n}\sum_{i=1}^{n}E(X_i)\right|<\varepsilon\right\}=1-P\left\{\left|\frac{1}{n}\sum_{i=1}^{n}X_i-\frac{1}{n}\sum_{i=1}^{n}E(X_i)\right|\geqslant\varepsilon\right\}$$

所以

$$\lim_{n\to\infty}P\left\{\left|\frac{1}{n}\sum_{i=1}^{n}X_i-\frac{1}{n}\sum_{i=1}^{n}E(X_i)\right|<\varepsilon\right\}=1$$

因为 $\frac{1}{n}\sum_{i=1}^{n}E(X_i)=\frac{1}{n}n\mu=\mu$，所以可以得到重要的推论如下：

推论 设 $X_1,X_2,\cdots,X_n,\cdots$ 是独立同分布的随机变量序列，且具有有限的数学期望和方差

$$E(X_i)=\mu,\quad D(X_i)=\sigma^2,\quad i=1,2,\cdots$$

则对任意 $\varepsilon>0$，有

$$\lim_{n\to\infty}P\left\{\left|\frac{1}{n}\sum_{i=1}^{n}X_i-\mu\right|\geqslant\varepsilon\right\}=0 \tag{3.3.9}$$

或

$$\lim_{n\to\infty}P\left\{\left|\frac{1}{n}\sum_{i=1}^{n}X_i-\mu\right|<\varepsilon\right\}=1 \tag{3.3.10}$$

算术平均值稳定性：该推论说明，在定理的条件下，当 n 充分大时，随机变量 $X_1,X_2,\cdots,X_n$ 的算术平均值 $\overline{X}=\frac{1}{n}\sum_{i=1}^{n}X_i$ 接近于数学期望 μ，即 $\overline{X}$ 依概率收敛于 μ，所以大量测量值的算术平均值也具有稳定性。它的直观含义是，在条件不变的情况下，进行足够多次的重复测量就可以减小测量的随机误差，即在测量中常用多次重复测得的值的算术平均值来作为测量值的近似值。

注 切比雪夫大数定律是大数定律中的一个相当普遍的定理，而伯努利大数定律可以看成它的推论。

事实上，在伯努利大数定律中，令

$$X_i=\begin{cases}0,&\text{在第 } i \text{ 次试验中事件 } A \text{ 不发生,}\\1,&\text{在第 } i \text{ 次试验中事件 } A \text{ 发生,}\end{cases}\quad i=1,2,\cdots$$

由于 X_i 只依赖于第 i 次试验，而各次试验是相互独立的。因此，$X_1,X_2,\cdots,X_n$ 是 n 个相互独立的随机变量，所以 $X_i\sim B(1,p)$，即 X_i 服从 0-1 分布。故有 $\sum_{i=1}^{n}X_i=Y_n$，且

$$E(X_i)=p,\quad E\left(\frac{1}{n}\sum_{i=1}^{n}X_i\right)=p$$

由式(3.3.10)可知

$$\lim_{n\to\infty} P\left\{ \left| \frac{1}{n}\sum_{i=1}^{n} X_i - p \right| < \varepsilon \right\} = 1$$

即

$$\lim_{n\to\infty} P\left\{ \left| \frac{Y_n}{n} - \mu \right| < \varepsilon \right\} = 1$$

通过上述过程可以看出,伯努利大数定律是切比雪夫大数定律的特例。需要指出的是,不同的大数定律应满足不同的条件。切比雪夫大数定律中虽然只要求 $X_1, X_2, \cdots, X_n$ 相互独立,而不要求具有相同的分布,但方差应一致有界;伯努利大数定律则要求 $X_1, X_2, \cdots, X_n$ 不仅独立同分布,而且服从同参数的 0-1 分布。各大数定律都要求 X_i 的数学期望和方差存在,但进一步研究表明,方差存在这个条件并不是必要的,现不加证明地介绍下面的定理。

定理 3.3.4(辛钦大数定律)　设 $X_1, X_2, \cdots, X_n, \cdots$ 是独立同分布的随机变量序列,且具有有限的数学期望 $E(X_i) = \mu, i = 1, 2, \cdots$,则对任意 $\varepsilon > 0$,有

$$\lim_{n\to\infty} P\left\{ \left| \frac{1}{n}\sum_{i=1}^{n} X_i - \mu \right| \geqslant \varepsilon \right\} = 0$$

或

$$\lim_{n\to\infty} P\left\{ \left| \frac{1}{n}\sum_{i=1}^{n} X_i - \mu \right| < \varepsilon \right\} = 1$$

成立。

辛钦大数定律在应用中具有很重要的地位,它是数量统计中矩估计的理论基础。

例 3.3.3　设总体 X 服从参数为 2 的指数分布,$X_1, X_2, \cdots, X_n$ 为来自总体 X 的简单随机样本,问:当 $n \to \infty$ 时,$Y_n = \frac{1}{n}\sum_{i=1}^{n} X_i^2$ 依概率收敛的极限是多少?

解　由题意知 $X_1, X_2, \cdots, X_n$ 为来总体 X 的简单随机样本,则 X_1^2,$X_2^2, \cdots, X_n^2$ 也为 n 个相互独立且同分布的随机变量。又 $X_i \sim E(2)$,所以

$$E(X_i) = \frac{1}{2}, \quad D(X_i) = \frac{1}{2^2}$$

$$E(X_i^2) = D(X_i) + [E(X_i)]^2 = \frac{1}{4} + \left(\frac{1}{2} \right)^2 = \frac{1}{2}$$

因此

$$E(X_i^2) = \frac{1}{2} < +\infty, \quad i=1,2,\cdots,n$$

利用辛钦大数定律可得

$$\frac{1}{n}\sum_{i=1}^{n}X_i^2 \xrightarrow{P} E(X_i^2) = E(X^2) = \frac{1}{2}$$

3.4　中心极限定理

3.3节告诉我们，当 $n \to \infty$ 时，独立同分布的随机变量序列的算术平均值 $\frac{1}{n}\sum_{i=1}^{n}X_i(n=1,2,\cdots)$ 依概率收敛于 X_i 的数学期望 μ，即对于固定的 $\varepsilon > 0$，n 充分大时，$P\left\{\left|\frac{1}{n}\sum_{i=1}^{n}X_i - \mu\right| \geqslant \varepsilon\right\} \to 0$。但是事件 $\left\{\left|\frac{1}{n}\sum_{i=1}^{n}X_i - \mu\right| \geqslant \varepsilon\right\}$ 的概率究竟有多大，又是怎么分布的，大数定律并没有给出答案。本节的中心极限定理将给出更加"精准"的结论。

定理 3.4.1（林德伯格-莱维中心极限定理）　如果随机变量序列 X_1，$X_2,\cdots,X_n,\cdots$ 独立同分布，并且具有有限的数学期望 $E(X_i)=\mu$ 和方差 $D(X_i)=\sigma^2 \neq 0 (i=1,2,\cdots)$，则随机变量

$$Y_n = \frac{\sum_{i=1}^{n}X_i - E(\sum_{i=1}^{n}X_i)}{\sqrt{D(\sum_{i=1}^{n}X_i)}} = \frac{\sum_{i=1}^{n}X_i - n\mu}{\sqrt{n}\sigma}$$

的分布函数 $F_n(x)$ 对于任意 x 都有

$$\lim_{n\to\infty}F_n(x) = \lim_{n\to\infty}P\left\{\frac{1}{\sqrt{n}\sigma}\left(\sum_{i=1}^{n}X_i - n\mu\right) \leqslant x\right\} = \int_{-\infty}^{x}\frac{1}{\sqrt{2\pi}}e^{-\frac{t^2}{2}}dt = \Phi(x)$$

$$(3.4.1)$$

从定理 3.4.1 可以看出，不管 $X_i(i=1,2,\cdots)$ 服从什么分布，只要 X_1，$X_2,\cdots,X_n,\cdots$ 是独立同分布的随机变量序列，并且具有数学期望和方差（方差大于0），则当 n 充分大时，近似地有随机变量

$$Y_n = \frac{\sum_{i=1}^{n}X_i - n\mu}{\sqrt{n}\sigma} \sim N(0,1)$$

或者当 n 充分大时,近似地有随机变量

$$\sum_{i=1}^{n} X_i \sim N(n\mu, n\sigma^2)$$

林德伯格-莱维中心极限定理又称为独立同分布的中心极限定理。通过该定理,我们就可以利用正态分布对 $\sum_{i=1}^{n} X_i$ 进行理论分析或实际计算。

例 3.4.1　某射击运动员在一次射击中所得的环数 X 具有如下的分布概率:

X	10	9	8	7	6
P	0.5	0.3	0.1	0.05	0.05

求在 100 次独立射击中所得环数不超过 930 的概率。

解　设 X_i 表示第 $i(i=1,2,\cdots,100)$ 次射击的得分数,则 $X_1, X_2, \cdots,$ X_{100} 相互独立并且都与 X 的分布相同,计算可知

$$E(X_i)=9.15, \quad D(X_i)=1.2275, \quad i=1,2,\cdots,100$$

于是由独立同分布的中心极限定理,所求概率为

$$p = P\left\{\sum_{i=1}^{100} X_i \leqslant 930\right\}$$

$$= P\left\{\frac{\sum\limits_{i=1}^{100} X_i - 100 \times 9.15}{\sqrt{100 \times 1.2275}} \leqslant \frac{930 - 100 \times 9.15}{\sqrt{100 \times 1.2275}}\right\}$$

$$\approx \Phi(1.35) = 0.9115$$

例 3.4.2　某车间有 150 台同类型的机器,每台出现故障的概率都为 0.02,假设各台机器的工作状态相互独立,求机器出现故障的台数不少于 2 的概率。

解　设 X 为机器出现故障的台数,依题意,$X \sim B(150, 0.02)$,且

$$E(X)=3, \quad D(X)=2.94, \quad \sqrt{D(X)}=1.715$$

由独立同分布的中心极限定理,可知

$$P\{X \geqslant 2\} = 1 - P\{X \leqslant 1\}$$

$$= 1 - P\left\{\frac{X-3}{1.715} \leqslant \frac{1-3}{1.715}\right\}$$

$$\approx 1 - \Phi(-1.1662)$$

$$=0.879$$

例 3.4.3 一生产线生产的产品成箱包装,每箱的重量是一个随机变量,平均每箱重 50kg,标准差为 5kg。若用最大载重量为 5t 的卡车承运,利用中心极限定理说明每辆车最多可装多少箱,才能保证不超载的概率大于 0.977?

解 设每辆车最多可装 n 箱,记 $X_i(i=1,2,\cdots,n)$ 为装运的第 i 箱的重量(单位:kg),则 $X_1,X_2,\cdots,X_n$ 相互独立且分布相同,且

$$E(X_i)=50, \quad D(X_i)=25, \quad i=1,2,\cdots,n$$

于是 n 箱的总重量记为

$$T_n=X_1+X_2+\cdots+X_n$$

由独立同分布的中心极限定理,有

$$P\{T_n \leqslant 5000\}=P\left\{\frac{\sum_{i=1}^{n}X_i-50n}{\sqrt{25n}} \leqslant \frac{5000-50n}{\sqrt{25n}}\right\}$$

$$\approx \Phi\left(\frac{5000-50n}{\sqrt{25n}}\right)$$

由题意,令

$$\Phi\left(\frac{5000-50n}{\sqrt{25n}}\right)>0.977=\Phi(2)$$

有 $\frac{5000-50n}{\sqrt{25n}}>2$,解得 $n<98.02$,即每辆车最多可装 98 箱,才能保证不超载的概率大于 0.977。

例 3.4.4 一个复杂的系统由 n 个相互独立起作用的部件组成,每个部件的可靠性为 0.9,必须有至少 80% 的部件正常工作才能使系统工作,问 n 至少为多少时,才能使系统的可靠性为 0.95?

解 引入随机变量

$$X_i=\begin{cases}0, & 第\,i\,个部件不正常工作,\\1, & 第\,i\,个部件正常工作,\end{cases} \quad i=1,2,\cdots,n$$

则这些 X_i 相互独立,且服从相同的 0-1 分布,那么

$$E(X_i)=0.9, \quad D(X_i)=0.09, \quad i=1,2,\cdots,n$$

现要使

$$P\left\{\sum_{i=1}^{n}X_i \geqslant 0.8n\right\}=0.95$$

即

$$P\left\{\dfrac{\sum\limits_{i=1}^{n}X_i-n\cdot 0.9}{0.3\sqrt{n}}\geqslant\dfrac{0.8n-0.9n}{\sqrt{n\times0.09}}\right\}=P\left\{\dfrac{\sum\limits_{i=1}^{n}X_i-n\cdot 0.9}{0.3\sqrt{n}}\geqslant\dfrac{-0.1n}{0.3\sqrt{n}}\right\}=0.95$$

由独立同分布的中心极限定理,$\dfrac{\sum\limits_{i=1}^{n}X_i-n\cdot 0.9}{0.3\sqrt{n}}$ 近似地服从 $N(0,1)$,于是

上式成为

$$1-\Phi\left(\dfrac{-0.1n}{0.3\sqrt{n}}\right)=0.95$$

查表得

$$\dfrac{\sqrt{n}}{3}=1.65$$

所以

$$\sqrt{n}=4.95,\quad n=24.5$$

于是当 n 至少为 25 时,才能使系统的可靠性为 0.95。

定理 3.4.2(棣莫弗-拉普拉斯定理)　设在 n 重伯努利试验中,随机变量 Y_n 服从参数为 n,p 的二项分布,事件 A 发生的次数为 Y_n,每次试验中 A 发生的概率为 $p(0<p<1)$,则对一切 x 有

$$\lim_{n\to\infty}P\left\{\dfrac{Y_n-np}{\sqrt{npq}}\leqslant x\right\}=\int_{-\infty}^{x}\dfrac{1}{\sqrt{2\pi}}\mathrm{e}^{-\frac{t^2}{2}}\mathrm{d}t=\Phi(x)\qquad(3.4.2)$$

其中 $q=1-p$。

证　令

$$X_i=\begin{cases}0,&\text{在第 }i\text{ 次试验中事件 }A\text{ 不发生,}\\1,&\text{在第 }i\text{ 次试验中事件 }A\text{ 发生,}\end{cases}\quad i=1,2,\cdots$$

由于 X_i 只依赖于第 i 次试验,而各次试验是相互独立的,因此,X_1,$X_2,\cdots,X_n$ 是 n 个相互独立的随机变量,所以 $X_i\sim B(1,p)$,即 X_i 服从 0-1 分布,故有

$$\sum_{i=1}^{n}X_i=Y_n,\quad E(X_i)=p,\quad D(X_i)=pq$$

所以

$$\lim_{n\to\infty}P\left\{\dfrac{1}{\sqrt{n}\sigma}\left(\sum_{i=1}^{n}X_i-n\mu\right)\leqslant x\right\}=\lim_{n\to\infty}P\left\{\dfrac{1}{\sqrt{npq}}(Y_n-np)\leqslant x\right\}$$

由定理 3.4.1 可知

$$\lim_{n \to \infty} P\left\{\frac{1}{\sqrt{npq}}(Y_n - np) \leqslant x\right\} = \int_{-\infty}^{x} \frac{1}{\sqrt{2\pi}} e^{-\frac{t^2}{2}} dt = \Phi(x)$$

推论 设随机变量 $X \sim B(n,p)$，对于任意实数 $a,b(a < b)$，当 n 充分大时，有

$$P\{a < Y_n \leqslant b\} \approx \Phi\left(\frac{b-np}{\sqrt{npq}}\right) - \Phi\left(\frac{a-np}{\sqrt{npq}}\right) \tag{3.4.3}$$

其中 $q = 1 - p$。

证 因为

$$P\{a < Y_n \leqslant b\} = P\left\{\frac{a-np}{\sqrt{npq}} < \frac{Y_n - np}{\sqrt{npq}} \leqslant \frac{b-np}{\sqrt{npq}}\right\}$$

$$= P\left\{\frac{Y_n - np}{\sqrt{npq}} \leqslant \frac{b-np}{\sqrt{npq}}\right\} - P\left\{\frac{Y_n - np}{\sqrt{npq}} \leqslant \frac{a-np}{\sqrt{npq}}\right\}$$

当 n 充分大时，由定理 3.4.2 可得

$$P\{a < Y_n \leqslant b\} \approx \Phi\left(\frac{b-np}{\sqrt{npq}}\right) - \Phi\left(\frac{a-np}{\sqrt{npq}}\right)$$

由定理 3.4.2 及其推论可知，二项分布以正态分布为极限分布，即当 n 充分大时，服从二项分布的随机变量 Y_n 的概率可用正态分布 $N(np, npq)$ 的概率来近似计算。这将使计算量大大减小，例如当 n 很大时，若要计算 $P\{a < Y_n \leqslant b\} = \sum_{a < k \leqslant b} C_n^k p^k q^{n-k}$，其工作量是惊人的。但是用式（3.4.3）进行计算，只需要查一下正态分布函数表就可轻松地求出 $P\{a < Y_n \leqslant b\}$ 的近似值。

例 3.4.5 重复投掷硬币 100 次，设每次出现正面的概率均为 0.5，问"正面出现次数小于 61 大于 50"的概率是多少？

解 设出现正面次数为 Y_n，现 $n = 100$，$p = 0.5$，$np = 50$，$\sqrt{npq} = \sqrt{25} = 5$，故由式（3.4.3）得

$$P\{50 < Y_n \leqslant 60\} \approx \Phi\left(\frac{60-50}{5}\right) - \Phi\left(\frac{50-50}{5}\right)$$

$$= \Phi(2) - \Phi(0) = 0.9772 - 0.5 = 0.4772$$

注 定理 3.4.2 及其推论中的 Y_n 是仅取非负整数值 $0,1,\cdots,n$ 的随机变量，而正态分布为连续型分布，所以在求概率 $P\{Y_n \leqslant m\}$（m 为正整数）时，为了得到较好的近似值，可用下列近似公式：

$$P\{Y_n \leqslant m\} = P\left\{Y_n \leqslant m + \frac{1}{2}\right\} \approx \Phi\left(\frac{m+1/2-np}{\sqrt{npq}}\right)$$

例 3.4.6　以 X 表示将一枚匀称硬币重复投掷 40 次中出现正面的次数,试用正态分布求 $P\{X=20\}$ 的近似值,再与精确值比较。

解　(1) 由题可知 $n=40$, $p=\frac{1}{2}$, $q=\frac{1}{2}$, 故

$$P\{X=20\} = P\{19.5 < x \leqslant 20.5\}$$
$$\approx \Phi\left(\frac{20.5-20}{\sqrt{10}}\right) - \Phi\left(\frac{19.5-20}{\sqrt{10}}\right)$$
$$\approx \Phi(0.16) - \Phi(-0.16)$$
$$= 2\Phi(0.16) - 1 = 0.1272$$

(2) 精确解为

$$P\{X=20\} = C_{40}^{20}\left(\frac{1}{2}\right)^{20}\left(\frac{1}{2}\right)^{20} = 0.1268$$

例 3.4.7　一复杂系统由 100 个相互独立工作的部件组成,每个部件正常工作的概率为 0.9,已知整个系统中至少有 84 个部件正常工作时,系统工作才能正常。求系统正常工作的概率。

解　设 X 为 100 个部件中正常工作的部件数,则

$$X \sim B(100, 0.9), \quad np = 100 \times 0.9 = 90, \quad \sqrt{np(1-p)} = \sqrt{100 \times 0.9 \times 0.1} = 3$$

所求概率为

$$P\{X \geqslant 84\} = 1 - P\{X < 84\} = 1 - P\left\{\frac{X-90}{3} < \frac{84-90}{3}\right\}$$
$$\approx 1 - \Phi(-2) = \Phi(2) = 0.97725$$

定理 3.4.3(棣莫弗-拉普拉斯局部极限定理)　设随机变量 X 服从参数为 n, $p(0<p<1)$ 的二项分布,当 $n \to \infty$ 时

$$P\{X=k\} \approx \frac{1}{\sqrt{2\pi npq}} e^{-\frac{(k-np)^2}{2npq}} = \frac{1}{\sqrt{npq}} \varphi\left(\frac{k-np}{\sqrt{npq}}\right)$$

其中 $p+q=1$, $k=0,1,2,\cdots,n$, $\varphi(x) = \frac{1}{\sqrt{2\pi}} e^{-\frac{x^2}{2}}$。

用棣莫弗-拉普拉斯局部极限定理计算例 3.4.6,可得

$$P\{X=20\} \approx \frac{1}{\sqrt{npq}} \varphi\left(\frac{k-np}{\sqrt{npq}}\right) = \frac{1}{\sqrt{10}} \varphi\left(\frac{20-20}{\sqrt{10}}\right)$$
$$= \frac{1}{\sqrt{10}} \varphi(0) = \frac{1}{\sqrt{10}} \frac{1}{\sqrt{2\pi}} \approx 0.1262$$

由上述计算过程可知,3 种方法计算结果相差较小。

例 3.4.8 10 部机器独立工作,每部停机的概率为 0.2,求 3 部机器同时停机的概率。

解 10 部机器同时停机的数目 X 服从二项分布,$n=10$,$p=0.2$。

(1) 直接计算:$P\{X=3\}=C_{10}^3 \times 0.2^3 \times 0.8^7 \approx 0.2013$。

(2) 用局部极限定理近似计算:

$$P\{X=3\} \approx \frac{1}{\sqrt{npq}} \varphi\left(\frac{k-np}{\sqrt{npq}}\right) = \frac{1}{\sqrt{1.6}} \varphi\left(\frac{3-2}{\sqrt{1.6}}\right) \approx \frac{1}{1.265}\varphi(0.79)=0.2308$$

两种计算结果相差较大的原因是 n 不够大。

由例 3.4.7 和例 3.4.8 可知,对二项分布而言,当 n 充分大,以致 npq 较大时,正态近似效果较好。进一步的分析表明,当 p 接近于 0 和 1 时,即当 $p \leq 0.1$(或 $p \geq 0.9$)且 $n \geq 10$ 时,用正态近似效果不好,这时需要采用泊松近似。

通过本节的学习可知,在某些条件下,即使原来并不服从正态分布的一些独立的随机变量,当随机变量的个数无限增加时,它们的和的分布也趋于正态分布。在客观实际中,有许多随机变量是由大量的相互独立的随机因素的综合影响所形成的。其中每一个别因素在总的影响中所起的作用都是微小的,这种随机变量往往近似地服从正态分布。例如测量误差、射击弹着点的横坐标、人的身高等都是由大量随机因素综合影响的结果,因而是近似服从正态分布的。

CHAPTER 4

第4章 数理统计的基础知识

从本章起,我们进入数理统计部分。数理统计是研究如何合理地获取数据资料,并建立有效的数学方法,对数据资料进行处理,进而对随机现象的客观规律作出尽可能准确可靠的统计推断。

本章介绍数理统计的基本概念,主要有总体、样本、统计量及常用统计量的分布。

4.1 总体与样本

定义 4.1.1 在数理统计中,通常把被研究的对象的全体称为**总体**,记为 X,它是一个随机变量。组成总体的每个基本单位称为**个体**,它也是一个随机变量,一般用 $X_1, X_2, \cdots, Y_1, Y_2, \cdots$ 来表示。总体所含个体的数量称为总体容量,当总体容量有限时,称为有限总体,否则为无限总体。

从总体 X 中随机抽取的 n 个个体组成的集合称为容量为 n 的样本,记为 $X_1, X_2, \cdots, X_n$,样本中所含个体的数量 n 称为样本容量。若 $X_1, X_2, \cdots, X_n$ 是容量为 n 的样本,可将它看成是 n 维随机向量 $(X_1, X_2, \cdots, X_n)$,而每次具体抽样所得的数据即为这个 n 维随机变量的一个观测值 $(x_1, x_2, \cdots, x_n)$,称为样本值。

数理统计方法实质上是由局部来推断整体的方法,即通过一些个体的特征来推断总体的特征。因此,抽取样本的目的就是要根据样本的信息推断总体的某些特征。所以,我们必须要考虑如何从总体中抽取样本使它尽可能地反映总体特征。

定义 4.1.2 如果从总体 X 中随机抽取的 n 个个体 $X_1, X_2, \cdots, X_n$ 满足:

(1) $X_1, X_2, \cdots, X_n$ 相互独立;

(2) $X_1, X_2, \cdots, X_n$ 与总体 X 有相同的概率分布,

则称 $(X_1, X_2, \cdots, X_n)$ 为**简单随机样本**,简称为**样本**。

如无特别说明,本书所提到的样本均指简单随机样本,得到简单随机样本的方法称为简单随机抽样。我们将概率论中关于独立随机变量的结论作为数理统计的基础。

设总体 X 的分布函数为 $F(x)$,则其样本 $(X_1, X_2, \cdots, X_n)$ 的概率分布函数为

$$F^*(x_1, x_2, \cdots, x_n) = F(x_1)F(x_2)\cdots F(x_n) = \prod_{i=1}^{n} F(x_i)$$

若总体 X 是离散型随机变量,其分布律为

$$P\{X = x_i\} = p_i, \quad i = 1, 2, \cdots$$

则 $(X_1, X_2, \cdots, X_n)$ 的联合分布律为

$$P\{X_1 = x_1, X_2 = x_2, \cdots, X_n = x_n\} = \prod_{i=1}^{n} p_i, \quad i = 1, 2, \cdots, n$$

若总体 X 是连续型随机变量,其概率密度为 $f(x)$,则 $(X_1, X_2, \cdots, X_n)$ 的联合概率密度

$$f^*(x_1, x_2, \cdots, x_n) = \prod_{i=1}^{n} f(x_i)$$

例 4.1.1 设总体 X 服从 0-1 分布,即 $X \sim B(1, p)$,$X_1, X_2, \cdots, X_n$ 为该总体的样本,记

$$f(x) = \begin{cases} p^x (1-p)^{1-x}, & x = 0, 1; 0 < p < 1 \\ 0, & \text{其他} \end{cases}$$

则样本 $X_1, X_2, \cdots, X_n$ 的联合概率分布为

$$\prod_{i=1}^{n} f(x_i) = \prod_{i=1}^{n} p^{x_i} (1-p)^{1-x_i} = p^{n\bar{x}} (1-p)^{n-n\bar{x}}$$

其中 $\bar{x} = \dfrac{1}{n} \sum_{i=1}^{n} x_i$。

例 4.1.2 假设灯泡的使用寿命 X 服从指数分布,其密度函数为

$$f(x) = \begin{cases} \lambda e^{-\lambda x}, & x \geqslant 0 \\ 0, & x \leqslant 0 \end{cases}$$

则样本的联合分布密度为

$$\prod_{i=1}^{n} f(x_i) = \prod_{i=1}^{n} \lambda e^{-\lambda x_1} = \lambda^n e^{-\lambda \sum_{i=1}^{n} x_i} = \lambda^n e^{-n\bar{x}\lambda}, \quad x_i \geqslant 0; i = 1, 2, \cdots, n,$$

$$\bar{x} = \frac{1}{n} \sum_{i=1}^{n} x_i 。$$

4.2　统　计　量

1. 统计量的概念

样本是进行推断的依据,但在利用样本对总体进行推断时,却很少直接使用样本所提供的原始数据,而是针对所要解决的问题将样本进行加工处理,以便获得所需要的有关总体的信息。这样便有了统计量的概念。

定义 4.2.1　设 $X_1, X_2, \cdots, X_n$ 是总体 X 的样本,$g = g(X_1, X_2, \cdots, X_n)$ 是样本的函数,若 g 中不含任何未知参数,则称 $g(X_1, X_2, \cdots, X_n)$ 是一个统计量。

显然,统计量是随机变量,当样本观测值为 $x_1, x_2, \cdots, x_n$ 时,称 $g(x_1, x_2, \cdots, x_n)$ 为 $g(X_1, X_2, \cdots, X_n)$ 的一个观测值。

例 4.2.1　设总体 $X \sim N(\mu, \sigma^2)$,其中 μ, σ^2 未知,$X_1, X_2, \cdots, X_n$ 是取自总体 X 的一个样本,则 $\frac{1}{n} \sum_{i=1}^{n} X_i$ 和 $X_1 + X_2^3$ 都是统计量,而 $X_1 + X_2 - \mu$ 与 $\frac{X_1}{\sigma}$ 都不是统计量。

2. 几个常用的统计量

设 $X_1, X_2, \cdots, X_n$ 是来自总体 X 的样本。

(1) 样本均值

$$\bar{X} = \frac{1}{n} \sum_{i=1}^{n} X_i$$

(2) 样本方差

$$S^2 = \frac{1}{n-1} \sum_{i=1}^{n} (X_i - \bar{X})^2 = \frac{1}{n-1} \left(\sum_{i=1}^{n} X_i^2 - n\bar{X}^2 \right)$$

（3）样本标准差

$$S = \sqrt{\frac{1}{n-1}\sum_{i=1}^{n}(X_i - \overline{X})^2} = \sqrt{\frac{1}{n-1}\left(\sum_{i=1}^{n}X_i^2 - n\overline{X}^2\right)}$$

（4）样本 k 阶原点矩

$$A_k = \frac{1}{n}\sum_{i=1}^{n}X_i^k, \quad k = 1, 2, \cdots, n$$

（5）样本 k 阶中心矩

$$B_k = \frac{1}{n}\sum_{i=1}^{n}(X_i - \overline{X})^k, \quad k = 1, 2, \cdots, n$$

显然，$B_2 = \dfrac{n-1}{n}S^2$，当容量 n 较大时，$B_2 \approx S^2$。

4.3 抽 样 分 布

统计量的分布称为抽样分布。本节将介绍几种重要的抽样分布——χ^2 分布、t 分布和 F 分布。在此之前，我们首先介绍正态总体的样本均值分布。

1. 样本均值分布

定理 4.3.1 设总体 X 服从正态分布 $N(\mu, \sigma^2)$，$X_1, X_2, \cdots, X_n$ 是来自总体 X 的一个样本，则样本均值 $\overline{X}$ 服从正态分布 $N\left(\mu, \dfrac{\sigma^2}{n}\right)$，即

$$\overline{X} = \frac{1}{n}\sum_{i=1}^{n}X_i \sim N\left(\mu, \frac{\sigma^2}{n}\right)$$

证 易知 $X_1, X_2, \cdots, X_n$ 相互独立且都服从同一正态分布 $N(\mu, \sigma^2)$。根据数学期望和方差的性质，有

$$E(\overline{X}) = E\left(\frac{1}{n}\sum_{i=1}^{n}X_i\right) = \frac{1}{n}\sum_{i=1}^{n}E(X_i) = \frac{1}{n}\sum_{i=1}^{n}\mu = \mu$$

$$D(\overline{X}) = D\left(\frac{1}{n}\sum_{i=1}^{n}X_i\right) = \frac{1}{n^2}\sum_{i=1}^{n}D(X_i) = \frac{1}{n^2}\sum_{i=1}^{n}\sigma^2 = \frac{\sigma^2}{n}$$

所以 $\overline{X} \sim N\left(\mu, \dfrac{\sigma^2}{n}\right)$。

若 $X_1, X_2, \cdots, X_n$ 为来自任意总体 X 的一个样本，且 $E(X) = \mu$，$D(X) = \sigma^2$，则当 n 充分大时，根据中心极限定理，$\overline{X}$ 近似服从正态分布 $N\left(\mu, \dfrac{\sigma^2}{n}\right)$。

推论 4.3.1　设总体 X 服从正态分布 $N(\mu,\sigma^2)$，$X_1,X_2,\cdots,X_n$ 是来自总体 X 的一个样本，则

$$U=\frac{\overline{X}-\mu}{\sigma/\sqrt{n}}\sim N(0,1)$$

推论 4.3.2　设 $X_1,X_2,\cdots,X_{n_1},Y_1,Y_2,\cdots,Y_{n_2}$ 分别是两个相互独立的正态总体 $N(\mu_1,\sigma_1^2)$ 及 $N(\mu_2,\sigma_2^2)$ 的样本，$\overline{X},\overline{Y}$ 分别为两样本的均值，则

$$U=\frac{\overline{X}-\overline{Y}-(\mu_1-\mu_2)}{\sqrt{\dfrac{\sigma_1^2}{n_1}+\dfrac{\sigma_2^2}{n_2}}}\sim N(0,1)$$

2. χ^2 分布

设 $X_1,X_2,\cdots,X_n$ 为 n 个独立且都服从标准正态分布的随机变量。记 $\chi^2=\sum\limits_{i=1}^{n}X_i^2$，则称随机变量 χ^2 服从自由度为 n 的 χ^2（卡方）分布，记为 $\chi^2\sim\chi^2(n)$。可以证明，χ^2 有如下的密度函数：

$$f(x,n)=\begin{cases}\dfrac{1}{2^{\frac{n}{2}}\Gamma\left(\dfrac{n}{2}\right)}x^{\frac{n}{2}-1}\mathrm{e}^{-\frac{x}{2}}, & x>0\\[4mm]0, & x\leqslant0\end{cases}$$

其中 $\Gamma\left(\dfrac{n}{2}\right)$ 是 Gamma 函数 $\Gamma(\alpha)=\displaystyle\int_0^{+\infty}x^{\alpha-1}\mathrm{e}^{-x}\mathrm{d}x$ 在 $\dfrac{n}{2}$ 的值，$f(x,n)$ 的密度函数曲线如图 4.3.1 所示。

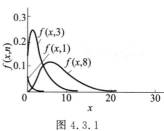

显然，随机变量 χ^2 是一个非负的连续型随机变量。图 4.3.1 中给出了三条参数，分别为 x 取 $1,3,8$ 的卡方密度函数曲线。

卡方分布具有如下两个重要性质：

（1）设 $\chi^2\sim\chi^2(n)$，则 $E(\chi^2)=n$，$D(\chi^2)=2n$；

图 4.3.1

（2）（线性可加性）设 $\chi_1^2\sim\chi^2(n_1)$，$\chi_2^2\sim\chi^2(n_2)$，且随机变量 χ_1^2 和 χ_2^2 相互独立，则 $\chi_1^2+\chi_2^2\sim\chi^2(n_1+n_2)$。

证　（1）因为 $\chi^2=\sum\limits_{i=1}^{n}X_i^2$，其中 $X_1,X_2,\cdots,X_n$ 为 n 个相互独立的标准正态分布 $N(0,1)$ 的随机变量，则

$$E(\chi^2) = \sum_{i=1}^{n} E(X_i^2) = \sum_{i=1}^{n} [D(X_i) + E^2(X_i)] = \sum_{i=1}^{n} (1+0) = n$$

又因为

$$E(X_i^4) = \frac{1}{\sqrt{2\pi}} \int_{-\infty}^{+\infty} x^4 e^{-\frac{x^2}{2}} \, dx = 3$$

所以

$$D(X_i^2) = E(X_i^4) - E^2(X_i^2) = E(X_i^4) - D(X_i) - E^2(X_i) = 3 - 1 = 2$$

$$D(\chi^2) = \sum_{i=1}^{n} D(X_i^2) = \sum_{i=1}^{n} 2 = 2n$$

(2) 由卡方分布的定义可以直接证明(略)。

推论 4.3.3 设总体 X 服从 $N(\mu, \sigma^2)$, $X_1, X_2, \cdots, X_n$ 是来自总体 X 的样本,则样本均值 $\overline{X}$ 与样本方差 S^2 相互独立,且

$$\frac{(n-1)S^2}{\sigma^2} = \frac{1}{\sigma^2} \sum_{i=1}^{n} (X_i - \overline{X})^2 \sim \chi^2(n-1)$$

定义 4.3.1 设连续随机变量 X 的分布函数为 $F(x)$,密度函数为 $f(x)$,对任意的 $\alpha \in (0,1)$,称满足条件 $P\{X > x_\alpha\} = \alpha$ 的 x_α 为此分布的上 α 分位点。

在 χ^2 分布中,对于给定的正数 $\alpha \in (0,1)$,满足条件 $P\{\chi^2 > \chi_\alpha^2(n)\} = \alpha$ 的点 $\chi_\alpha^2(n)$ 称为 χ^2 分布的上 α 分位点,分位数 $\chi_\alpha^2(n)$ 的数值可查表得到。

3. t 分布

设 $X \sim N(0,1)$, $Y \sim \chi^2(n)$,且 X 与 Y 相互独立,则随机变量

$$T = \frac{X}{\sqrt{Y/n}}$$

服从自由度为 n 的 t 分布,记为 $T \sim t(n)$。同样可以证明,T 的密度函数为

$$f(x, n) = \frac{\Gamma\left(\frac{n+1}{2}\right)}{\sqrt{n\pi}\,\Gamma\left(\frac{n}{2}\right)} \left(1 + \frac{x^2}{n}\right)^{-\frac{n+1}{2}} \quad (x \in \mathbb{R})$$

易知 $f(x, n)$ 是变量 x 的偶函数,$f(x, n)$ 的曲线如图 4.3.2 所示。

t 分布有如下性质:

(1) 当 $n > 1$ 时,$E(T) = 0$,密度函数曲线关于轴 $x = 0$ 对称;

(2) 当 $n > 2$ 时,$D(T) = \dfrac{n}{n-2}$;

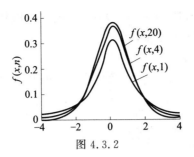

图 4.3.2

(3) 当 $n=1$ 时,T 的密度函数为 $f(x,n)=\dfrac{1}{\pi}\dfrac{1}{1+x^2}(x\in\mathbb{R})$;

(4) 当 $n\to\infty$ 时,$f(x,n)\to\dfrac{1}{\sqrt{2\pi}}\mathrm{e}^{-\frac{x^2}{2}}(x\in\mathbb{R})$。

性质(4)说明当 n 充分大时,随机变量 t 近似服从标准正态分布。

在 t 分布中,对于给定的正数 $\alpha\in(0,1)$,满足条件 $P\{T>t_\alpha(n)\}=\alpha$ 的点 $t_\alpha(n)$ 称为 t 分布的上 α 分位点。分位数 $t_\alpha(n)$ 的数值可查 t 分布表得到。

定理 4.3.2　设总体 X 服从正态分布 $N(\mu,\sigma^2)$,$X_1,X_2,\cdots,X_n$ 是来自总体 X 的一个样本,$\overline{X}$ 与 S^2 分别是样本均值与样本方差,则

$$T=\frac{\overline{X}-\mu}{S/\sqrt{n}}\sim t(n-1)$$

证　由推论 4.3.1 可知

$$\frac{\overline{X}-\mu}{\sigma/\sqrt{n}}\sim N(0,1)$$

由推论 4.3.3 可知

$$\frac{(n-1)S^2}{\sigma^2}=\frac{1}{\sigma^2}\sum_{i=1}^{n}(X_i-\overline{X})^2\sim\chi^2(n-1)$$

因为 $\dfrac{\overline{X}-\mu}{\sigma/\sqrt{n}}$ 与 $\dfrac{(n-1)S^2}{\sigma^2}$ 相互独立,由 t 分布的定义知

$$\frac{\dfrac{\overline{X}-\mu}{\sigma/\sqrt{n}}}{\sqrt{\dfrac{(n-1)S^2}{\sigma^2}\Big/(n-1)}}=\frac{\overline{X}-\mu}{S/\sqrt{n}}\sim t(n-1)$$

定理 4.3.3　设 $X_1,X_2,\cdots,X_m$ 和 $Y_1,Y_2,\cdots,Y_n(m,n\geqslant2)$ 分别是来自

两个相互独立的正态总体 $N(\mu_1,\sigma^2)$ 及 $N(\mu_2,\sigma^2)$ 的样本，$\overline{X},\overline{Y},S_1^2,S_2^2$ 分别表示两个样本均值和样本方差，则

$$\frac{(\overline{X}-\overline{Y})-(\mu_1-\mu_2)}{S_\omega\sqrt{\dfrac{1}{m}+\dfrac{1}{n}}}\sim t(m+n-2)$$

其中 $S_\omega^2=\dfrac{(m-1)S_1^2+(n-1)S_2^2}{m+n-2}$。

例 4.3.1 设 X_1,X_2,X_3,X_4 独立同分布于 $N(0,2^2)$，令

$$Y_1=a(X_1-2X_2)^2+b(3X_3-4X_4)^2$$

$$Y_2=c\frac{X_1-X_2}{\sqrt{X_3^2+X_4^2}}$$

(1) 求参数 a,b，使 Y_1 服从 χ^2 分布，并求其自由度；

(2) 求参数 c，使 Y_2 服从 t 分布，并求其自由度。

解 (1) 因为 $X_1-2X_2\sim N(0,20)$，$3X_3-4X_4\sim N(0,100)$，则 $\dfrac{X_1-2X_2}{\sqrt{20}}$ 与 $\dfrac{3X_3-4X_4}{10}$ 相互独立，且都服从标准正态分布 $N(0,1)$，根据卡方分布的定义，有

$$\left(\frac{X_1-2X_2}{\sqrt{20}}\right)^2+\left(\frac{3X_3-4X_4}{10}\right)^2\sim\chi^2(2)$$

即参数 $a=\dfrac{1}{20},b=\dfrac{1}{100}$，使

$$Y_1=\frac{1}{20}(X_1-2X_2)^2+\frac{1}{100}(3X_3-4X_4)^2\sim\chi^2(2)$$

并且自由度为 2。

(2) 因为 $X_1-X_2\sim N(0,8)$，$\dfrac{1}{2^2}(X_3^2+X_4^2)\sim\chi^2(2)$，由 t 分布的定义知

$$\frac{X_1-X_2}{\sqrt{8}}\Bigg/\sqrt{\frac{X_3^2+X_4^2}{2\times2^2}}\sim t(2)$$

当参数 $c=1$ 时，$Y_2=\dfrac{X_1-X_2}{\sqrt{X_3^2+X_4^2}}\sim t(2)$，并且 t 分布的自由度为 2。

4. F 分布

设 $X\sim\chi^2(m)$，$Y\sim\chi^2(n)$，且 X 与 Y 独立，记 $F=\dfrac{X/m}{Y/n}$，则称 F 服从参

数为(m,n)的 F 分布,记为 $F\sim F(m,n)$,称参数 m,n 分别为第一自由度和第二自由度。

$F(m,n)$分布的概率密度函数如下:

$$f(x,m,n)=\begin{cases}\dfrac{\Gamma\left(\dfrac{m+n}{2}\right)}{\Gamma\left(\dfrac{m}{2}\right)\Gamma\left(\dfrac{n}{2}\right)}\left(\dfrac{m}{n}\right)^{\frac{m}{2}}x^{\frac{m}{2}-1}\left(1+\dfrac{mx}{n}\right)^{-\frac{n+m}{2}}, & x>0\\[4mm]0, & x\leqslant0\end{cases}$$

其图形见图 4.3.3。

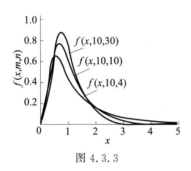

图 4.3.3

易见,F 分布具有如下性质:

(1) 当 $F\sim F(m,n)$时,$\dfrac{1}{F}\sim F(n,m)$;

(2) 当 $T\sim t(n)$时,$T^2\sim F(1,n)$。

在 F 分布中,对于给定的正数 $\alpha\in(0,1)$,满足条件 $P\{F>F_\alpha(m,n)\}=\alpha$ 的点 $F_\alpha(m,n)$ 称为 F 分布的上 α 分位点。分位数 $F_\alpha(m,n)$ 的数值可查 F 分布表得到。

定理 4.3.4　设 $X_1,X_2,\cdots,X_m$ 和 $Y_1,Y_2,\cdots,Y_n(m,n\geqslant2)$分别是来自两个相互独立的正态总体 $N(\mu_1,\sigma_1^2)$ 及 $N(\mu_2,\sigma_2^2)$的样本,S_1^2,S_2^2 分别表示两样本方差,则

$$\frac{S_1^2/\sigma_1^2}{S_2^2/\sigma_2^2}\sim F(m-1,n-1)$$

例 4.3.2　已知 $F\sim F(10,15)$,试确定 λ_1,λ_2 的值,使之满足

(1) $P\{F>\lambda_1\}=0.01$;　　　　　　(2) $P\{F<\lambda_2\}=0.01$。

解　(1) 由题意得 $\alpha=0.01,m=10,n=15$,查表得

$$\lambda_1=F_{0.01}(10,15)=3.80$$

(2) 由 $P\{F<\lambda_2\}=0.01$ 可得

$$P\left\{\frac{1}{F}>\frac{1}{\lambda_2}\right\}=0.01$$

由于 $F\sim F(10,15)$，所以 $\frac{1}{F}\sim F(15,10)$，查表得

$$\frac{1}{\lambda_2}=F_{0.01}(15,10)=4.56$$

所以 $\lambda_2=\frac{1}{4.56}\approx 0.22$。

CHAPTER 5

第5章　参数估计

　　统计推断是数理统计的重要组成部分,它包括统计估计和假设检验两类基本问题,统计估计是根据样本的信息对总体分布的概率特性(分布类型、参数等)作出的估计,主要有参数估计和非参数估计两类。

　　参数估计是数理统计的重要内容之一。在实际问题中,经常遇到随机变量 X(即总体)的分布函数的形式已知,但它的一个或者多个参数未知的情形,此时就很难确定 X 的概率密度函数。如果通过简单随机抽样,可以得到总体 X 的一个样本观测值 $(x_1, x_2, \cdots, x_n)$,我们会自然想到利用这一组数据来估计这一个或者多个未知参数。因此,利用样本估计总体未知参数的问题,称为参数估计问题。如果随机变量 X 的分布函数的形式未知,通过样本来估计分布函数的形式,则属于非参数估计问题。

　　本章只讨论参数估计问题。参数估计问题有两类,分别是点估计和区间估计。

5.1　点　估　计

　　下面来看一个参数估计的例子。

　　例 5.1.1　某地区一天中发生的火灾次数 X 是一个随机变量,假设它服从以 $\lambda > 0$ 为参数的泊松分布,参数 λ 为未知。现有以下的样本值,试估计参数 λ。

火灾次数 k	0	1	2	3	4	5	6
发生 k 次火灾的天数 n_k	75	90	54	22	6	2	1

解 由于 $X \sim P(\lambda)$，所以 $\lambda = E(X)$，我们利用样本均值 $\bar{x}$ 来估计总体的均值 $E(X)$。

$$\bar{x} = \frac{\sum_{k=0}^{6} k n_k}{\sum_{k=0}^{6} n_k} = 1.22$$

则 λ 的估计值为 1.22。

1. 点估计的概念

在例 5.1.1 中用一个数值来估计某个参数，这种估计就是点估计。点估计用途很广，例如考察某医院新出生婴儿的男女比例，可以随机抽取 100 个婴儿，如果计算出这个比例值为 0.8，那么这个数值就是"比例"这个未知参数的点估计值。

定义 5.1.1 设总体 X 的分布函数 $F(x,\theta)$ 形式已知，其中 θ 为待估计的参数。点估计就是利用样本 $(X_1, X_2, \cdots, X_n)$，构造一个统计量 $\hat{\theta} = \hat{\theta}(X_1, X_2, \cdots, X_n)$ 来估计 θ，我们称 $\hat{\theta}(X_1, X_2, \cdots, X_n)$ 为 θ 的点估计量。将样本观测值 $(x_1, x_2, \cdots, x_n)$ 代入估计量 $\hat{\theta} = \hat{\theta}(X_1, X_2, \cdots, X_n)$，得到的具体数值 $\hat{\theta}(x_1, x_2, \cdots, x_n)$ 称为 θ 的点估计值。

点估计常用的方法有两种：矩估计法和极大似然估计法。

2. 矩估计法

由大数定律可知，当总体的 k 阶原点（中心）矩存在时，样本的 k 阶原点（中心）矩依概率收敛于总体的 k 阶原点（中心）矩。因此，矩估计法的基本思想是用样本矩估计总体矩。

矩估计的一般做法：设总体 X 的分布函数为 $F(x; \theta_1, \theta_2, \cdots, \theta_l)$，其中 $\theta_1, \theta_2, \cdots, \theta_l$ 为未知参数。

(1) 如果总体 X 的 k 阶原点（中心）矩 $\mu_k = E(X^k)(1 \leq k \leq l)$ 均存在，则
$$\mu_k = \mu_k(\theta_1, \theta_2, \cdots, \theta_l), \quad 1 \leq k \leq l$$

(2) 令
$$\begin{cases} \mu_1(\theta_1, \theta_2, \cdots, \theta_l) = A_1 \\ \mu_2(\theta_1, \theta_2, \cdots, \theta_l) = A_2 \\ \vdots \\ \mu_l(\theta_1, \theta_2, \cdots, \theta_l) = A_l \end{cases}$$

其中 $A_k(1 \leq k \leq l)$ 为样本 k 阶原点（中心）矩。

（3）求出方程组的解 $\hat{\theta}_1,\hat{\theta}_2,\cdots,\hat{\theta}_l$，我们称 $\hat{\theta}_k=\hat{\theta}_k(X_1,X_2,\cdots,X_n)$ 为参数 $\theta_k(1\leqslant k\leqslant l)$ 的矩估计量，$\hat{\theta}_k=\hat{\theta}_k(x_1,x_2,\cdots,x_n)$ 为参数 θ_k 的矩估计值。

例 5.1.2　设总体 X 在 $[a,b]$ 上服从均匀分布，即密度函数为

$$f(x;a,b)=\begin{cases}\dfrac{1}{b-a}, & a\leqslant x\leqslant b\\[2mm] 0, & \text{其他}\end{cases}$$

其中 a,b 未知，$(X_1,X_2,\cdots,X_n)$ 是总体 X 的一个样本，试求 a,b 的矩估计量。

解　易得

$$\begin{cases}\mu_1=E(X)=\dfrac{a+b}{2}\\[3mm] \mu_2=E(X^2)=D(X)+E^2(X)=\dfrac{(b-a)^2}{12}+\left(\dfrac{a+b}{2}\right)^2\end{cases}$$

解方程组可得

$$\begin{cases}a=\mu_1-\sqrt{3(\mu_2-\mu_1^2)}\\[2mm] b=\mu_1+\sqrt{3(\mu_2-\mu_1^2)}\end{cases}$$

用样本一阶原点矩 A_1、二阶原点矩 A_2 分别替换总体一阶原点矩 μ_1、二阶原点矩 μ_2，则 a,b 的矩估计量分别为

$$\begin{cases}\hat{a}=A_1-\sqrt{3(A_2-A_1^2)}\\[2mm] \hat{b}=A_1+\sqrt{3(A_2-A_1^2)}\end{cases}$$

注　由于 $\begin{cases}A_1=\dfrac{1}{n}\sum\limits_{i=1}^{n}X_i=\overline{X}\\[3mm] A_2=\dfrac{1}{n}\sum\limits_{i=1}^{n}X_i^2\end{cases}$，所以

$$\begin{cases}\hat{a}=\overline{X}-\sqrt{3\left(\dfrac{1}{n}\sum\limits_{i=1}^{n}X_i^2-\overline{X}^2\right)}=\overline{X}-\sqrt{\dfrac{3}{n}\sum\limits_{i=1}^{n}(X_i-\overline{X})^2}\\[5mm] \hat{b}=\overline{X}+\sqrt{3\left(\dfrac{1}{n}\sum\limits_{i=1}^{n}X_i^2-\overline{X}^2\right)}=\overline{X}+\sqrt{\dfrac{3}{n}\sum\limits_{i=1}^{n}(X_i-\overline{X})^2}\end{cases}$$

例 5.1.3　在某班期末英语考试成绩中随机抽取 9 人的成绩，结果如下：

序号	1	2	3	4	5	6	7	8	9
分数	94	89	85	78	75	71	65	63	55

试求该班英语成绩的平均分数、标准差的估计值。

解 设 X 为该班英语成绩,$\mu=E(X)$,$\sigma^2=D(X)$,易得

$$
\begin{cases}
\mu_1=E(X)=\mu \\
\mu_2=E(X^2)=D(X)+E^2(X)=\sigma^2+\mu^2
\end{cases}
$$

解方程组得

$$
\begin{cases}
\mu=\mu_1 \\
\sigma=\sqrt{\mu_2-\mu_1^2}
\end{cases}
$$

则 $\hat{\mu},\hat{\sigma}$ 的矩估计量为

$$
\begin{cases}
\hat{\mu}=A_1 \\
\hat{\sigma}=\sqrt{A_2-A_1^2}
\end{cases}
$$

即

$$
\begin{cases}
\hat{\mu}=\overline{X} \\
\hat{\sigma}=\sqrt{\dfrac{1}{n}\sum_{i=1}^{n}X_i^2-\overline{X}^2}=\sqrt{\dfrac{1}{n}\sum_{i=1}^{n}(X_i-\overline{X})^2}
\end{cases}
$$

所以该班英语成绩平均分的估计值 $\hat{\mu}=\dfrac{1}{9}\sum_{i=1}^{9}x_i=75$,标准差的估计值 $\hat{\sigma}=$

$\sqrt{\dfrac{1}{9}\sum_{i=1}^{9}(x_i-\overline{x})^2}=12.14$。

例 5.1.4 设总体 X 服从泊松分布 $P(\lambda)$,其中 $\lambda>0$ 未知,$X_1,X_2,\cdots,$ X_n 是从该总体中抽取的样本,求参数 λ 的矩估计。

解 因为 $E(X)=\lambda$,所以

$$\hat{\lambda}=\overline{X}$$

因为 $D(X)=E(X^2)-E^2(X)=\lambda$,则 $A_2-A_1^2=\hat{\lambda}$,即

$$\hat{\lambda}=\frac{1}{n}\sum_{i=1}^{n}X_i^2-\overline{X}^2=\frac{1}{n}\sum_{i=1}^{n}(X_i-\overline{X})^2$$

由此可见,一个参数 λ 有两个不同的矩估计。

矩估计方法简单易行,适用性广。对于总体的数字特征采用矩估计法无需知道总体分布的具体形式,使用起来尤为方便,但缺点是要求总体矩必须存在,对于某些参数的矩估计量可能不唯一,如例 5.1.4。

3. 极大似然估计法

我们先通过一个例子来了解极大似然估计的基本思想。

例 5.1.5　设有外形完全相同的两个箱子,甲箱里有 99 个白球 1 个黑球,乙箱里有 99 个黑球 1 个白球。今随机地抽取一箱,再从取出的一箱中抽取一球,结果抽到白球。问这球从哪一个箱子中取出,并以此估计从该箱中有放回抽取到白球的概率 θ。

解　明显地,从甲箱抽到白球的概率为 0.99,从乙箱抽到白球的概率为 0.01。白球从甲箱中抽到的概率远大于从乙箱中抽到的概率,所以我们可以推断此球是从甲箱中取出的,容易估计从该箱中有放回抽取到白球的概率 $\hat{\theta}$ 为 0.99。

这个例子体现了"概率最大的事件最可能出现"的思想,所做的推断体现了极大似然估计法的基本思想:在已经得到实验结果的情况下,应该寻找使这个结果出现的可能性最大的 θ 作为 θ 的估计 $\hat{\theta}$。同样的思想也可以估计连续型总体参数。

定义 5.1.2　设总体 X 的密度函数为 $f(x;\theta_1,\theta_2,\cdots,\theta_l)$(或 X 的分布律为 $p(x;\theta_1,\theta_2,\cdots,\theta_l)$),其中 $\theta_1,\theta_2,\cdots,\theta_l$ 为未知参数,$(X_1,X_2,\cdots,X_n)$ 为样本,它的联合密度函数为 $\prod\limits_{i=1}^{n} f(x_i;\theta_1,\theta_2,\cdots,\theta_l)$(或联合分布律为 $\prod\limits_{i=1}^{n} p(x_i;\theta_1,\theta_2,\cdots,\theta_l)$),称函数 $L(\theta_1,\theta_2,\cdots,\theta_l)=\prod\limits_{i=1}^{n} f(x_i;\theta_1,\theta_2,\cdots,\theta_l)$(或 $L(\theta_1,\theta_2,\cdots,\theta_l)=\prod\limits_{i=1}^{n} p(x_i;\theta_1,\theta_2,\cdots,\theta_l)$)为 $\theta_1,\theta_2,\cdots,\theta_l$ 的**似然函数**。

定义 5.1.3　若存在 $\hat{\theta}_1,\hat{\theta}_2,\cdots,\hat{\theta}_l$ 使得

$$L(\hat{\theta}_1,\hat{\theta}_2,\cdots,\hat{\theta}_l)=\max_{(\theta_1,\theta_2,\cdots,\theta_l)}\{L(\theta_1,\theta_2,\cdots,\theta_l)\}$$

成立,则称 $\hat{\theta}_i=\hat{\theta}_i(x_1,x_2,\cdots,x_n)(i=1,2,\cdots,l)$ 为 θ_i 的**极大似然估计值**,相应的统计量 $\hat{\theta}_i=\hat{\theta}_i(X_1,X_2,\cdots,X_n)(i=1,2,\cdots,l)$ 为 θ_i 的**极大似然估计量**。

由多元函数求极值的方法可知,如果 L 对 $\theta_1,\theta_2,\cdots,\theta_l$ 的偏导数存在,方程组

$$\frac{\partial L}{\partial \theta_i}=0,\quad i=1,2,\cdots,l$$

的解可能为参数 θ_i 的极大似然估计量。

由于 $\ln L$ 是 L 的增函数，所以 L 与 $\ln L$ 有相同的极大值点，所以上述方程组可用下列方程组来代替：

$$\frac{\partial \ln L}{\partial \theta_i} = 0, \quad i = 1, 2, \cdots, l$$

例 5.1.6 设总体 X 服从参数为 λ 的泊松分布，$(x_1, x_2, \cdots, x_n)$ 为 X 的一组样本观测值，求未知参数 λ 的极大似然估计 $\hat{\lambda}$。

解 因泊松分布总体是离散型的，其概率分布为

$$P\{X = x\} = \frac{\lambda^x}{x!} e^{-\lambda}$$

似然函数为

$$L(\lambda) = L(x_1, x_2, \cdots, x_n; \lambda) = \prod_{i=1}^{n} \frac{\lambda^{x_i}}{x_i!} e^{-\lambda} = e^{-\lambda n} \cdot \lambda^{\sum_{i=1}^{n} x_i} \prod_{i=1}^{n} \frac{1}{x_i!}$$

$$\ln L(\lambda) = -\lambda n + \left(\sum_{i=1}^{n} x_i\right) \ln \lambda - \sum_{i=1}^{n} \ln x_i!$$

$$\frac{d}{d\lambda} \ln L(\lambda) = -n + \left(\sum_{i=1}^{n} x_i\right) \frac{1}{\lambda}$$

令 $\dfrac{d}{d\lambda} \ln L(\lambda) = 0$，得

$$\hat{\lambda} = \frac{1}{n} \sum_{i=1}^{n} x_i = \bar{x}$$

因为 $\dfrac{d^2}{d\lambda^2} \ln L(\lambda) \Big|_{\lambda=\hat{\lambda}} = -\dfrac{1}{\hat{\lambda}^2} \sum_{i=1}^{n} x_i < 0$，则 $\hat{\lambda}$ 是 $\ln L(\lambda)$ 也就是 $L(\lambda)$ 的极

大值点，故参数 λ 的极大似然估计值为 $\hat{\lambda} = \bar{x}$，极大似然估计量为 $\hat{\lambda} = \bar{X}$。

例 5.1.7 设总体 X 服从参数为 $\lambda (\lambda > 0)$ 的指数分布，求未知参数 λ 的极大似然估计 $\hat{\lambda}$。

解 X 的概率密度为

$$f(x; \lambda) = \begin{cases} \lambda e^{-\lambda x}, & x \geqslant 0 \\ 0, & x < 0 \end{cases}$$

样本 $(x_1, x_2, \cdots, x_n)$ 的似然函数为

$$L(\lambda) = \prod_{i=1}^{n} \lambda e^{-\lambda x_i} = \lambda^n e^{-\lambda \sum_{i=1}^{n} x_i}, \quad x_i \geqslant 0$$

$$\ln L(\lambda) = n \ln \lambda - \lambda \sum_{i=1}^{n} x_i$$

$$\frac{\mathrm{d}}{\mathrm{d}\lambda} \ln L(\lambda) = \frac{n}{\lambda} - \sum_{i=1}^{n} x_i$$

令 $\dfrac{\mathrm{d}}{\mathrm{d}\lambda} \ln L(\lambda) = 0$,得

$$\hat{\lambda} = \frac{n}{\sum\limits_{i=1}^{n} x_i} = \frac{1}{\overline{x}}$$

因为 $\dfrac{\mathrm{d}^2}{\mathrm{d}\lambda^2} \ln L(\lambda)\Big|_{\lambda=\hat{\lambda}} = -\dfrac{n}{\hat{\lambda}^2} < 0$,所以 $\hat{\lambda}$ 是 $L(\lambda)$ 的极大值点,故参数 λ 的

极大似然估计值为 $\hat{\lambda} = \dfrac{1}{\overline{x}}$,极大似然估计量为 $\hat{\lambda} = \dfrac{1}{\overline{X}}$。

5.2　估计量的评价标准

通过学习点估计方法我们知道,常用的估计方法有矩估计法和极大似然估计法,同一参数采用不同估计方法时,得到的估计量可能不同。而且矩估计法本身的估计量也不唯一,如例 5.1.4 泊松分布 λ 的矩估计量可以为 $\hat{\lambda} = \overline{X}$,$\hat{\lambda} = \dfrac{1}{n} \sum_{i=1}^{n} (X_i - \overline{X})^2$,两者都是 $\hat{\lambda}$ 的估计量,选择哪个估计量更合理呢? 这就涉及衡量估计量好坏标准的问题。

1. 无偏估计

大家都知道,采用估计量的估计值 $\hat{\theta}$ 与真实值 θ 肯定存在一定的误差,但我们希望估计值 $\hat{\theta}$ 的平均值等于真实值 θ,这就要求 $E(\hat{\theta} - \theta) = 0$,于是就产生了无偏估计这一概念。

定义 5.2.1　若估计量 $\hat{\theta}(X_1, X_2, \cdots, X_n)$ 的数学期望等于未知参数 θ,即

$$E(\hat{\theta}) = \theta$$

则称 $\hat{\theta}$ 为 θ 的无偏估计量。

例 5.2.1 设 $X_1, X_2, \cdots, X_n$ 为总体 X 的一个样本，$E(X) = \mu$，则 $\overline{X} = \frac{1}{n} \sum_{i=1}^{n} X_i$ 是 μ 的无偏估计量。

证 因为 $E(X) = \mu$，所以 $E(X_i) = \mu, i = 1, 2, \cdots, n$，故

$$E(\overline{X}) = E\left(\frac{1}{n} \sum_{i=1}^{n} X_i\right) = \frac{1}{n} \sum_{i=1}^{n} E(X_i) = \mu$$

所以样本均值 $\overline{X}$ 是总体均值的一个无偏估计。

值得注意的是，$E(\overline{X}^2) = D(\overline{X}) + E^2(\overline{X}) = \frac{\sigma^2}{n} + \mu^2$，所以 $\overline{X}^2$ 不是 μ^2 的无偏估计量。

例 5.2.2 设 $X_1, X_2, \cdots, X_n$ 为总体 X 的一个样本，$E(X) = \mu$，$D(X) = \sigma^2$，则样本方差 $S^2 = \frac{1}{n-1} \sum_{i=1}^{n} (X_i - \overline{X})^2$ 是总体方差 σ^2 的无偏估计量。

证 由数学期望性质可知 $E(\overline{X}) = \mu$，

$$E(S^2) = E\left(\frac{1}{n-1} \sum_{i=1}^{n} (X_i - \overline{X})^2\right) = E\left(\frac{1}{n-1} \sum_{i=1}^{n} (X_i^2 - n\overline{X}^2)\right)$$

$$= \frac{1}{n-1} \left(\sum_{i=1}^{n} E(X_i^2) - nE(\overline{X}^2)\right)$$

$$= \frac{1}{n-1} \left(\sum_{i=1}^{n} (D(X_i) + E^2(X_i)) - nE(\overline{X}^2)\right)$$

$$= \frac{1}{n-1} \left(\sum_{i=1}^{n} (\sigma^2 + \mu^2) - n\left(\frac{\sigma^2}{n} + \mu^2\right)\right) = \sigma^2$$

所以 $S^2 = \frac{1}{n-1} \sum_{i=1}^{n} (X_i - \overline{X})^2$ 是总体方差 σ^2 的无偏估计量。

这就是我们称 S^2 为样本方差的理由。

下面计算二阶样本中心矩 $B_2 = \frac{1}{n} \sum_{i=1}^{n} (X_i - \overline{X})^2$ 是否为总体方差 σ^2 的无偏估计。

因为 $B_2 = \frac{n-1}{n} S^2$，所以

$$E(B_2) = \frac{n-1}{n} E(S^2) = \frac{n-1}{n} \sigma^2$$

因此，B_2 不是 σ^2 的一个无偏估计。

2. 有效性

估计量的无偏性仅表明 $\hat{\theta}$ 的平均值等于真实值 θ，但是仍有可能它的取值大部分与 θ 相差很大，为保证 $\hat{\theta}$ 的取值能集中于 θ 附近，这就要求方差 $D(\hat{\theta})$ 越小越好，以保证得到稳定可靠的估计值，这就引出了估计量的有效性这一概念。

定义 5.2.2　设 $\hat{\theta}_1=\hat{\theta}_1(X_1,X_2,\cdots,X_n)$ 和 $\hat{\theta}_2=\hat{\theta}_2(X_1,X_2,\cdots,X_n)$ 都是未知参数 θ 的无偏估计，若对任意的参数 θ，有

$$D(\hat{\theta}_1)\leqslant D(\hat{\theta}_2)$$

则称 $\hat{\theta}_1$ 比 $\hat{\theta}_2$ 有效。如果 θ 的一切无偏估计中，$\hat{\theta}$ 的方差达到最小，则称 $\hat{\theta}$ 为 θ 的有效估计量。

例 5.2.3　设 $(X_1,X_2,\cdots,X_n)$ 是来自总体 X 的样本，比较无偏估计 $\overline{X}=\dfrac{1}{n}\sum\limits_{i=1}^{n}X_i$ 和 $X_i(i=1,2,\cdots,n)$ 的有效性。

解　因为 $(X_1,X_2,\cdots,X_n)$ 相互独立且服从同一分布，则

$$E(X_i)=E(X)=\mu,\quad D(X_i)=D(X)=\sigma^2$$

$$E(\overline{X})=E\left(\frac{1}{n}\sum_{i=1}^{n}X_i\right)=\mu,\quad D(\overline{X})=\frac{1}{n^2}\sum_{i=1}^{n}D(X_i)=\frac{1}{n^2}n\sigma^2=\frac{\sigma^2}{n}$$

明显地 $D(\overline{X})\leqslant D(X)$，则在无偏估计中，样本均值 $\overline{X}$ 比 X_i 有效。

由上例可以知道，样本均值 $\overline{X}$ 的方差与样本的容量有关，容量越大方差越小。这说明样本容量越大的样本均值无偏估计越有效。

3. 一致性

前面讲的无偏性与有效性都是在样本容量固定的前提下提出的。我们希望随着样本容量的增大，一个估计量的值稳定于待估计参数的真实值。这就对估计量提出了一致性的要求。

定义 5.2.3　设 $\hat{\theta}(X_1,X_2,\cdots,X_n)$ 为参数 θ 的估计量，如果当 $n\to\infty$ 时，$\hat{\theta}(X_1,X_2,\cdots,X_n)$ 依概率收敛于 θ，即对任意的 $\varepsilon>0$，有

$$\lim_{n\to\infty}P\{|\hat{\theta}-\theta|<\varepsilon\}=1$$

则称 $\hat{\theta}(X_1,X_2,\cdots,X_n)$ 为参数 θ 的一致估计量。

定理 5.2.1 设 $\hat{\theta}(X_1, X_2, \cdots, X_n)$ 是 θ 的一个估计量,若

$$\lim_{n \to \infty} E(\hat{\theta}) = \theta \quad \text{且} \quad \lim_{n \to \infty} D(\hat{\theta}) = 0$$

则 $\hat{\theta}$ 是 θ 的一致估计量。

例 5.2.4 若给定总体 X,$E(X)$ 和 $D(X)$ 都存在,则样本均值 $\overline{X}$ 是总体均值 $E(X)$ 的一致估计量。

证 因为 $E(\overline{X}) = E(X)$,且

$$\lim_{n \to \infty} D(\overline{X}) = \lim_{n \to \infty} \frac{D(X)}{n} = 0$$

所以样本均值 $\overline{X}$ 是总体均值 $E(X)$ 的一致估计量。

还可以证明,样本的方差 S^2 和二阶样本中心矩 B_2 都是总体方差 σ^2 的一致估计量。

5.3 区 间 估 计

5.3.1 区间估计的概念

参数的点估计法是用样本计算出一个确定的值去估计未知参数,这个估计值仅仅是未知参数的一个近似值,它与真实值的误差在什么范围? 点估计本身并不能回答这个问题。实际中,我们希望知道估计值的精确性和可靠性,即希望估计一个范围,以及这个范围包含参数真实值的可信程度。这种范围通常是以区间形式给出的,所以称这种形式的参数估计为**区间估计**。

定义 5.3.1 设总体 X 的分布函数为 $F(x; \theta)$,其中 θ 为未知参数,X_1, $X_2, \cdots, X_n$ 是来自总体 X 的一个样本。$\hat{\theta}_1 = \hat{\theta}_1(X_1, X_2, \cdots, X_n)$ 和 $\hat{\theta}_2 = \hat{\theta}_2(X_1, X_2, \cdots, X_n)$ 为该样本确定的两个统计量。给定 $\alpha(0 < \alpha < 1)$,如果对参数 θ 的任何值,都有

$$P\{\hat{\theta}_1 < \theta < \hat{\theta}_2\} = 1 - \alpha$$

则称随机区间 $(\hat{\theta}_1, \hat{\theta}_2)$ 为参数 θ 的置信度为 $1 - \alpha$ 的置信区间。$\hat{\theta}_1$ 和 $\hat{\theta}_2$ 分别称为置信下限和置信上限,$1 - \alpha$ 称为置信度(或置信水平),表示区间的可靠程度,α 称为显著性水平,通常取 $0.05, 0.01, 0.1$ 等值。有时候也称 $(\hat{\theta}_1, \hat{\theta}_2)$

为 θ 的区间估计。

　　因为样本是随机抽取的,所以 $(\hat{\theta}_1,\hat{\theta}_2)$ 是随机区间,置信度 $1-\alpha$ 是在求具体置信区间前给定的,置信度表示估计正确的概率。显著性水平 α 表示估计不正确的概率。

　　例如,反复抽取容量相同的样本 60 次,若 $\alpha=0.05$,则 $1-\alpha=0.95$ 时的置信区间就是表示这 60 个区间中包含真值 θ 的区间约占 95%,即 57 个左右;不包含真值 θ 的区间约占 5%,即 3 个左右。

　　又比如,估计某人的身高,甲估计在 170~180cm 之间,乙估计在 150~190cm 之间,显然乙的估计区间长度较甲的长,因而精确度较低。但是,乙的区间长包含其真正身高的概率就大,这个概率就称为区间估计的置信度或置信水平。

　　对于置信度 $1-\alpha$ 来说,α 越小,θ 落在 $(\hat{\theta}_1,\hat{\theta}_2)$ 内的置信度(可靠度)越大,但它的精确度就越低。在实际问题中,我们总是在保证置信度的条件下,尽可能地提高精确度,即选取最短的置信区间。

5.3.2　单个正态总体参数的区间估计

　　设总体 $X \sim N(\mu,\sigma^2)$,$X_1,X_2,\cdots,X_n$ 是来自总体 X 的一个样本。对于给定的置信度 $1-\alpha$,分别求参数 μ 及 σ^2 的区间估计,下面分几种情况分别讨论。

1. σ^2 已知,求总体均值 μ 的置信区间

　　通过 5.2 节学习可以知道,样本均值 $\overline{X}$ 是 μ 的一个无偏估计,由于 $\overline{X} \sim N\left(\mu,\dfrac{\sigma^2}{n}\right)$,将 $\overline{X}$ 标准化得到样本函数 $U=\dfrac{\overline{X}-\mu}{\sigma/\sqrt{n}}$ 服从标准正态分布,即

$$U=\frac{\overline{X}-\mu}{\sigma/\sqrt{n}}\sim N(0,1) \qquad (5.3.1)$$

对于给定的置信度 $1-\alpha$,由标准正态分布对称性可以知道(见图 5.3.1)

$$P\{U<u_{\frac{\alpha}{2}}\}=1-\frac{\alpha}{2},\quad P\{U<u_{1-\frac{\alpha}{2}}\}=\frac{\alpha}{2}$$

且 $u_{\frac{\alpha}{2}}=-u_{1-\frac{\alpha}{2}}\left(\text{其中 } u_{\frac{\alpha}{2}} \text{ 是标准正态分布的上}\right.$

$\left.\text{侧 } \dfrac{\alpha}{2} \text{ 分位点}\right)$,则 $P\{|U|<u_{\frac{\alpha}{2}}\}=1-\alpha$,即

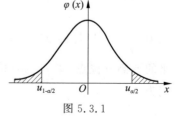

图 5.3.1

$$P\left\{-u_{\frac{\alpha}{2}}<\frac{\overline{X}-\mu}{\sigma/\sqrt{n}}<u_{\frac{\alpha}{2}}\right\}=1-\alpha$$

$$P\left\{\overline{X}-u_{\frac{\alpha}{2}}\frac{\sigma}{\sqrt{n}}<\mu<\overline{X}+u_{\frac{\alpha}{2}}\frac{\sigma}{\sqrt{n}}\right\}=1-\alpha$$

则 μ 的置信度 $1-\alpha$ 的置信区间为

$$\left(\overline{X}-u_{\frac{\alpha}{2}}\frac{\sigma}{\sqrt{n}},\overline{X}+u_{\frac{\alpha}{2}}\frac{\sigma}{\sqrt{n}}\right) \qquad (5.3.2)$$

例 5.3.1 对 50 名大学生的午餐费进行调查,得到样本均值为 4.10 元,假如午餐费服从正态分布,总体的标准差为 1.75 元,求大学生的午餐费 μ 的置信水平为 0.95 的置信区间。

解 由题可知 $\overline{x}=4.10,n=50,\sigma=1.75,1-\alpha=0.95$,则 $\alpha=0.05$。查表得 $u_{\frac{\alpha}{2}}=u_{0.025}=1.96$,则

$$\overline{x}-u_{\frac{\alpha}{2}}\frac{\sigma}{\sqrt{n}}=4.10-1.96\frac{1.75}{\sqrt{50}}=3.61$$

$$\overline{x}+u_{\frac{\alpha}{2}}\frac{\sigma}{\sqrt{n}}=4.10+1.96\frac{1.75}{\sqrt{50}}=4.59$$

由公式(5.3.2)可知 μ 的置信水平为 0.95 的置信区间为(3.61,4.59)。

2. σ^2 未知,求总体均值 μ 的置信区间

考虑到 S^2 是 σ^2 的无偏估计量,因此式(5.3.1)中 σ 用 S 来代替,则得到随机变量

$$T=\frac{\overline{X}-\mu}{S/\sqrt{n}}\sim t(n-1)$$

类似可以由 t 分布的对称性质得到(见图 5.3.2)

$$P\left\{-t_{\frac{\alpha}{2}}(n-1)<\frac{\overline{X}-\mu}{S/\sqrt{n}}<t_{\frac{\alpha}{2}}(n-1)\right\}=1-\alpha$$

$$P\left\{\overline{X}-t_{\frac{\alpha}{2}}(n-1)\frac{S}{\sqrt{n}}<\mu<\overline{X}+t_{\frac{\alpha}{2}}(n-1)\frac{S}{\sqrt{n}}\right\}=1-\alpha$$

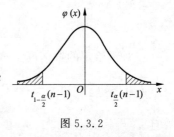

图 5.3.2

其中 $t_{\frac{\alpha}{2}}(n-1)$ 是自由度为 $n-1$ 的 t 分布的 $\frac{\alpha}{2}$ 水平的上侧分位点,则 μ 的置信度 $1-\alpha$ 的置信区间为

$$\left(\overline{X}-t_{\frac{\alpha}{2}}(n-1)\frac{S}{\sqrt{n}},\overline{X}+t_{\frac{\alpha}{2}}(n-1)\frac{S}{\sqrt{n}}\right) \qquad (5.3.3)$$

例 5.3.2　已知某地区新生婴儿的体重 $X \sim N(\mu,\sigma^2)$，μ,σ^2 均未知，随机抽查 12 个婴儿体重得到 $\overline{x}=3057,s=375.3$，求 μ 的置信度为 0.95 的置信区间。

解　由题可知 $n=12,1-\alpha=0.95$，则 $\alpha=0.05$。查表得 $t_{\frac{\alpha}{2}}(n-1)=t_{0.025}(11)=2.201$，则

$$\overline{x}-t_{\frac{\alpha}{2}}(n-1)\frac{S}{\sqrt{n}}=3057-2.201\frac{375.3}{\sqrt{12}}=2818$$

$$\overline{x}+t_{\frac{\alpha}{2}}(n-1)\frac{S}{\sqrt{n}}=3057+2.201\frac{375.3}{\sqrt{12}}=3296$$

由公式(5.3.3)可知 μ 的置信度为 0.95 的置信区间为(2818,3296)。

3. 方差 σ^2 的置信区间

因为在一般情况下，总体均值是未知的，所以这里只讨论当 μ 未知时，对方差 σ^2 的区间估计。

考虑到 S^2 是 σ^2 的无偏估计量，取样本函数

$$\chi^2 = \frac{(n-1)S^2}{\sigma^2} \sim \chi^2(n-1)$$

对于给定的置信度 $1-\alpha$，由 χ^2 分布的性质可以知道(见图 5.3.3)

$$P\left\{\chi^2 < \chi^2_{\frac{\alpha}{2}}(n-1)\right\} = 1-\frac{\alpha}{2}$$

$$P\left\{\chi^2 < \chi^2_{1-\frac{\alpha}{2}}(n-1)\right\} = \frac{\alpha}{2}$$

其中 $\chi^2_{1-\frac{\alpha}{2}}(n-1)$ 与 $\chi^2_{\frac{\alpha}{2}}(n-1)$ 分别是自由度为 $n-1$ 的 χ^2 分布的 $1-\frac{\alpha}{2}$ 水平与 $\frac{\alpha}{2}$ 水平的上侧分位点，则

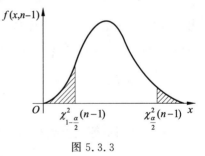

图 5.3.3

$$P\left\{\chi^2_{1-\frac{\alpha}{2}}(n-1) < \chi^2 < \chi^2_{\frac{\alpha}{2}}(n-1)\right\} = 1-\alpha$$

即

$$P\left\{\chi^2_{1-\frac{\alpha}{2}}(n-1) < \frac{(n-1)S^2}{\sigma^2} < \chi^2_{\frac{\alpha}{2}}(n-1)\right\} = 1-\alpha$$

$$P\left\{\frac{(n-1)S^2}{\chi^2_{\frac{\alpha}{2}}(n-1)} < \sigma^2 < \frac{(n-1)S^2}{\chi^2_{1-\frac{\alpha}{2}}(n-1)}\right\} = 1-\alpha$$

概率统计理论与实践

由此得总体方差 σ^2 的置信度 $1-\alpha$ 的置信区间为

$$\left(\frac{(n-1)S^2}{\chi^2_{\frac{\alpha}{2}}(n-1)},\frac{(n-1)S^2}{\chi^2_{1-\frac{\alpha}{2}}(n-1)}\right) \qquad (5.3.4)$$

例 5.3.3 随机地取某种炮弹 9 发做试验,测得炮口速度的样本标准差 $s=11$(单位:m/s),设炮口速度 $X\sim N(\mu,\sigma^2)$,求这种炮弹的炮口速度的标准差 σ 的 95% 的置信区间。

解 由题可知 $n=9,s=11,1-\alpha=0.95$,则 $\alpha=0.05$。查表得 $\chi^2_{\frac{\alpha}{2}}(n-1)=$ $\chi^2_{0.025}(8)=17.535,\chi^2_{1-\frac{\alpha}{2}}(n-1)=\chi^2_{0.975}(8)=2.18$,则

$$\sqrt{\frac{(n-1)S^2}{\chi^2_{\frac{\alpha}{2}}(n-1)}}=\sqrt{\frac{8\times11^2}{17.535}}=7.4$$

$$\sqrt{\frac{(n-1)S^2}{\chi^2_{1-\frac{\alpha}{2}}(n-1)}}=\sqrt{\frac{8\times11^2}{2.18}}=21.1$$

由公式(5.3.4)可知 σ 的置信度为 0.95 的置信区间为 $(7.4,21.1)$。

由前面的讨论和例子可以知道,对于给定的置信度 $1-\alpha$,根据样本来确定未知参数 θ 置信区间 $(\hat{\theta}_1,\hat{\theta}_2)$ 的问题就是参数的区间估计问题,基本思路如下:

(1) 设 $X_1,X_2,\cdots,X_n$ 是来自总体 X 的一个样本,取一个 θ 的较优的点估计 $\hat{\theta}(X_1,X_2,\cdots,X_n)$,最好是无偏的;

(2) 从 $\hat{\theta}$ 出发,找一个样本函数 $W=W(X_1,X_2,\cdots,X_n;\theta)$,其分布已知,且含有唯一一个未知参数 θ,W 的分位点应能从表中查到;

(3) 查表求得 W 的 $1-\frac{\alpha}{2}$ 及 $\frac{\alpha}{2}$ 分位点 a,b,使

$$P\{a<\theta<b\}=1-\alpha$$

(4) 利用不等式求解 θ,得出其等价形式

$$\hat{\theta}_1(X_1,X_2,\cdots,X_n)<\theta<\hat{\theta}_2(X_1,X_2,\cdots,X_n)$$

则 $(\hat{\theta}_1,\hat{\theta}_2)$ 为 θ 的置信度 $1-\alpha$ 的置信区间。此时,$P\{\hat{\theta}_1<\theta<\hat{\theta}_2\}=1-\alpha$。

上述区间称为双侧置信区间,也可类似求出单侧置信区间,使得

$$P\{\theta<\hat{\theta}_2\}=1-\alpha \quad 或 \quad P\{\hat{\theta}_1<\theta\}=1-\alpha$$

两个正态总体参数的区间估计思路类似,在本书中就不做讨论了。

CHAPTER 6

第 6 章 一元概率统计案例分析

6.1 有趣的概率现象

6.1.1 难以置信的概率问题

例 6.1.1 一个真实的故事：在美国的弗吉尼亚州,出现了一对"奇迹的父母",他们的 5 个孩子虽然年龄各不相同,但生日全部一样,都在 2 月 20 日出生!

解 虽然长女生日是随机的,但对于她,生日的选择是不受约束的,因而 $P_1=1$。对于次女,她要与她姐姐生日相同,就只能在全年 365 天中特定的一天出生,因而 $P_2=\dfrac{1}{365}$,同理可得其他三人在 2 月 20 日出生的概率均为 $P_3=P_4=P_5=\dfrac{1}{365}$。由于 5 个子女出生事件是相互独立的,所以 5 个子女出生日期在同一天的概率为

$$P=P_1 \cdot P_2 \cdot P_3 \cdot P_4 \cdot P_5=\left(\frac{1}{365}\right)^4=\frac{1}{1.77\times10^{10}}$$

这种现象出现的概率只有一百七十七亿分之一,是非常小的概率。这个真实故事也告诉我们,小概率事件并非不可能发生事件。

例 6.1.2 假设一个班级有 50 名同学,至少出现两人生日相同的可能性有多大?

解 将 50 位同学进行排序,第 1 位同学因为生日选择是不受约束的,因而 $P_1=1$。

第 2 位同学与第 1 位同学生日同一天的概率为 $\dfrac{1}{365}$,所以第 2 位同学与第

概率统计理论与实践

1 位同学生日不在同一天的概率 $P_2 = 1 \cdot \frac{364}{365}$；

如果前两位同学生日不同,则第 3 位同学与前两位同学生日也不相同的概率,即 3 位同学生日不相同的概率 $P_3 = 1 \cdot \frac{364}{365} \cdot \frac{363}{365}$；

以此类推,50 位同学生日都不相同的概率

$$P_{50} = 1 \cdot \frac{364}{365} \cdot \frac{363}{365} \cdot \cdots \cdot \frac{365 - 50 + 1}{365} \approx 2.96\%$$

所以 50 名同学至少出现两人生日相同的概率为 $1 - P_{50} = 97.04\%$。

可能大家觉得这么大的概率不可思议,那是因为大家混淆了"任何两人生日相同的概率"和"某两个特定人生日相同的概率"。这就好比说如果你上街买彩票,你应该能想象到自己中头奖的概率很低。但是所有购买者中"至少有一个人中头奖"的概率非常之大。

如果将生日问题中的人对应为球,生日对应为 365 个罐子,研究球落入罐子的各种分布的概率,生日问题就转化为罐子模型问题了。同样地,将生日问题中的人换成意外事件、乘客、印错的字,相应的生日换成星期几、楼层、书的页数等,便转化为应用极为广泛的其他许多生活中的实际问题,如表 6.1.1 所示。

表 6.1.1　生活中的典型概率问题

问题名称	球	罐子	概率问题举例
生日问题	r 个人	一年中的 365 个生日	恰有 $m(m \leqslant r)$ 人生于同一天
分房问题	r 个人	n 个房间	恰有 $m(m \leqslant r)$ 个房间各进一人
占位问题	r 只球	n 只盒子	指定的 $k(1 \leqslant k < n)$ 盒中各有一球
不幸事件问题	r 个意外事件	一星期中的七天	周一至少发生一起意外事件
电梯问题	r 名乘客	n 个楼层	若设 $r \geqslant n$,每个楼层都有人走出电梯
印错问题	r 个印错的字	一本书有 n 页	指定的一页上至少有两个字印错

例 6.1.3　扑克牌游戏中为何"同花顺"最大?计算扑克牌中出现"同花顺"的概率是多少?

解　容易知道,52 张牌一共有 C_{52}^5 种组合方式,对每一种花色来说,"同

92

花顺"有 AKQJ10、KQJ109、QJ1098、J10987、109876、98765、87654、76543、65432、5432A 共 10 种可能,4 种花色一共就有 40 种可能。所以出现"同花顺"的概率为

$$P = \frac{40}{C_{52}^5} \approx 0.0015\%$$

这样算来,在真实赌局中要打 6 万～7 万把牌才能遇上一把"同花顺"。类似地,"四条"(或者叫"炸弹",即其中有 4 张牌数字一样的组合)出现的概率是 0.024%;"三加二"组合,也就是三张一样的牌加上一个对,概率是 0.14%;5 张牌花色相同的概率是 0.20%;而简单的五个"顺子",不要求花色相同,概率为 0.39%。

通过计算可以知道,"同花顺"出现的概率最低,所以"同花顺"最大。"四条"出现的概率是第二低,所以是第二大的牌。

例 6.1.4　赌场为什么总是赢?以轮盘赌为例,赌场的轮盘赌机上共有 37 个小槽,编号从 0 到 36。轮盘每转一次停下后,盘上的小金属球就会落进其中某个小槽。赌注可以押在单数或双数上。假设轮盘赌机没有作弊,游戏规则公正,分析赌场赢的概率?

解　如果我们只考虑 1 至 36 这些数字,其中单数和双数各 18 个,那么我们自然会认为赌场的经营会赚赔相当:因为平均说来,一半的赌注会押在单数上,另一半赌注会押在双数上,而赌场会把从这一半上赚到的钱赔到那一半上去。

实际上,0 这个数字才是确保赌场经营轮盘赌只赚不赔的秘诀。0 在这里既不是单数也不是双数,如果金属球落进 0 号小槽,赌场就会将押在单数和双数上的所有赌注尽收囊中。因此,37 个小槽中有一个能保证赌场坐收渔翁之利。金属球落进 0 号槽的概率为 $\frac{1}{37}$,意味着收益率为 2.7%。假设轮盘每天大约转 1000 次,则平均下来赌场每天会有 27 次左右的机会通吃整场赌注。因此,从长远来看,根据大数定律,赌场总是赢。

除了轮盘赌以外,其他赌场项目也是如此。比如赌场可以把某个项目的赌客赢钱概率定为 49%,己方赢钱概率为 51%,赌客们会感觉输赢的机会几乎就是一半对一半。实际上,赌场在这个项目中有 2% 的赚头,这个赚头叫"赌场优势"。通常,"21 点"的赌场优势不到 1%,老虎机的赌场优势最低也有 2%,甚至在某些赌场可以达到 5%。赌场赚钱的真正秘密不是指望一次让你输多少,而是指望你长久赌下去。根据大数定律,只要赌场每天有一定数量的

人参与赌博,赌场一定是可以稳定盈利的。

例 6.1.5 事件的随机性意味着均匀吗? 1913 年 8 月 18 日,蒙特卡洛赌场轮盘赌双数连续出现了 26 次,计算发生的概率是多少?

解 考虑到轮盘每一次旋转可能出现的 37 个数字中有 18 个双数,某一双数在一轮中出现的概率就是 $\frac{18}{37}$,连续出现 26 次双数的概率为 $\left(\frac{18}{37}\right)^{26} \approx 7.3 \times 10^{-9}$。

这个概率非常小,但它确实发生了。人们常常错误理解随机性和大数定律——以为随机就意味着均匀。如果过去一段时间内发生的事情不那么均匀,人们就错误以为未来的事情会尽量往"抹平"过去的方向走。例如,本例中蜂拥而至的赌徒们怀着单数迟早会出现的期待(猜测会出现更多的单数平衡此前的双数),在不同时刻纷纷放弃了双数,直至最后无人能从这场赌局中获益,除了赌场之外。但大数定律的工作机制不是跟过去搞平衡,它告诉你如果未来再进行非常多次的轮盘,你会得到非常多的双数和非常多的单数,以至于它们此前的一点点差异会显得微不足道。

例 6.1.6 假设科学家们研发出了一种治疗某种疾病的新药,实验结果如下表所示。

药品	男性 (有效人数)	男性 (无效人数)	女性 (有效人数)	女性 (无效人数)	总人数
新药	35	15	45	105	200
原药	90	60	10	40	200

试判断新药比原药是否更有效?

解 由上表可知,新药对男性的有效率为 $\frac{35}{35+15}=70\%$,原药对男性的有效率为 $\frac{90}{90+60}=60\%$。因此,新药比原药对男性更有效。

新药对女性的有效率为 $\frac{45}{45+105}=30\%$,原药对女性的有效率为 $\frac{10}{10+40}=20\%$。因此,新药比原药对女性也更有效。

从总体来看,新药的有效率为 $\frac{35+45}{200}=40\%$,原药的有效率为 $\frac{90+10}{200}=$

50%。因此,原药比新药更有效。

从以上计算可以发现,局部各部分均占优,但整体却不占优,这种现象称为辛普森效应。在分组样本数据大小差异较大、发生频率差异较大时容易出现这种现象,这与我们通常的认知不一致。

6.1.2 有趣的概率问题

例 6.1.7　抽签次序是否影响抽签结果? 若 n 个阄中有 m 个彩阄, $k(k \leqslant n)$ 个人先后各取一阄,求第 $i(1 \leqslant i \leqslant n)$ 个人取到彩阄的概率。

解　令 A 表示事件"第 i 个人取到彩阄",基本事件总数为 P_n^k,A 包含的基本事件个数为 $\mathrm{C}_m^1 \mathrm{P}_{n-1}^{k-1}$,因此

$$P(A) = \frac{\mathrm{C}_m^1 \mathrm{P}_{n-1}^{k-1}}{\mathrm{P}_n^k} = \frac{m}{n}$$

由此可见,$P(A)$ 与 k,i 无关,即抓到彩阄的可能性与抓阄的次序无关。

注:该例子也可以用全概率公式得到相同的结论。

例 6.1.8　抽奖游戏:假设参赛者面前有三个盒子 A、B、C,其中一个盒子里有 10000 元,而另外两个盒子里各有 10 元。如果参赛者选择了盒子 A,但没有打开。主持人随之打开另外两个盒子中的一个,里面是 10 元。然后,主持人问参赛者是坚持原来的选择还是换成另一个没有被打开的盒子? 参赛者对这样的提议感到困惑:既然只有两个盒子没有被打开,其中一个装有10000 元大奖,那么每个盒子里装有大奖的概率各是 50%,机会是一样的,所以他可能还是坚持原来的选择。这种选择正确吗?

解　假定参赛者起初选择了盒子 A。盒子里所有可能结果如下表所示。

	盒子 A	盒子 B	盒子 C
第一种情形	10000	10	10
第二种情形	10	10000	10
第三种情形	10	10	10000

游戏的关键点是主持人知道大奖在哪个盒子里,所以他总会打开一个藏有 10 元的盒子。

(1) 如果盒子摆放情况为第一种情形,主持人将打开盒子 B 或 C,参赛者

不换盒子获得 10000 元, 获胜的可能性是 1/3。

(2) 如果盒子摆放情况为第二种情形, 主持人将打开盒子 C, 参赛者换盒子 B 则获得 10000 元。

(3) 如果盒子摆放情况为第三种情形, 主持人将打开盒子 B, 参赛者换盒子 C 则获得 10000 元。

所以, 参赛者换盒子获得 10000 元的可能性是 2/3, 即换盒子获胜概率是不换盒子获胜概率的两倍。因为所有盒子是相同的, 所以与参赛者起初选择的盒子无关, 在此规则下, 参赛者应该选择换盒子。

例 6.1.9 采用哪一种赛制获胜概率大? 甲、乙两个乒乓球运动员进行乒乓球单打比赛, 已知每一局甲胜的概率为 0.6, 乙胜的概率为 0.4。比赛时可以采用三局二胜制或五局三胜制, 问在哪一种比赛制度下甲获胜的可能性较大?

解 设 $A=$ "甲胜", $A_i=$ "第 i 局甲胜", 每局甲获胜的概率为 p, 则每局乙获胜的概率为 $1-p$。

根据题意知道 $p=0.6$, 则

(1) 三局两胜制

$$P(A) = P(A_1 A_2) + P(A_1 \overline{A_2} A_3) + P(\overline{A_1} A_2 A_3)$$
$$= p^2 + p^2(1-p) + (1-p)p^2$$
$$= 0.6 \times 0.6 + 0.6^2 \times 0.4 + 0.4 \times 0.6^2 = 0.648$$

(2) 五局三胜制

$$P(A) = P(比三局甲胜) + P(比四局甲胜) + P(比五局甲胜)$$
$$= p^3 + C_3^2 p^2 (1-p) p + C_4^2 p^2 (1-p)^2 p$$
$$= p^3 + C_3^2 p^3 (1-p) + C_4^2 p^3 (1-p)^2 \approx 0.682$$

所以, 五局三胜制甲获胜的可能性较大。

我们还可以计算采用七局四胜制甲获胜的概率:

$$P(A) = p^4 + C_4^3 p^4 (1-p) + C_5^3 p^4 (1-p)^2 + C_6^3 p^4 (1-p)^3 \approx 0.710$$

由此可知, 对于优秀运动员而言, 比赛场次越多, 获胜的概率越大。所以, 赛制的场次越多, 比赛越公平、合理, 这也解释了斯诺克台球世界锦标赛为什么实行的是 19 局 10 胜赛制。

例 6.1.10 做决策时"少数服从多数"这种方式合理吗? 在现实生活中, 决策某事时, 常常按多数人意见来决策, 这种方式合理吗? 决策正确的概率有多大?

解 设某机构有一个 9 人组成的顾问小组,若每个顾问贡献正确意见的概率为 0.7。

令 A_i="恰有 i 人贡献的意见是正确的",$i=1,2,3,\cdots,9$,B="正确决策",则

$$P(B)=P\left(\sum_{i=5}^{9}A_i\right)=\sum_{i=5}^{9}P(A_i)$$
$$=\sum_{i=5}^{9}C_9^i(0.7)^i(0.3)^{9-i}\approx0.901$$

由上述计算可知,决策正确的概率为 90.1%,所以"少数服从多数"这种方式能有效提高决策正确的概率,是合理的。

6.1.3 街头游戏的真相

我们经常能够在街头看到一些"赌局"游戏,他们稳定盈利的真相是什么呢?

例 6.1.11 "猜牌赌"真相:设局者手中有 4 张不同的扑克牌,比如 4 张不同花色的 A,反扣后让参局者猜出其中的一张黑桃 A。如果猜中,设局者给参局者 3 元,如果猜不中,参局者只需给设局者 2 元。这个赌局对双方来说,是否公平?

解 假设进行一局,设局者赢得钱数是 X,容易知道 X 的概率分布为:

X	2	-3
P	3/4	1/4

则 X 的数学期望 $E(X)=2\times\dfrac{3}{4}+(-3)\times\dfrac{1}{4}=\dfrac{3}{4}$。

即平均每局设局者赢 0.75 元,对于参局者而言,明显不公平。

例 6.1.12 "摸球赌"真相:在旅游点有人拿 8 白、8 黑的围棋子摆摊,摊主将 16 颗围棋子放入布袋,并规定交一元钱可从布袋中摸棋子一次,每次摸出 5 个棋子。获奖规则如下:摸到 5 个白棋子的彩金是 20 元;摸到 4 个白棋子的彩金是 2 元;摸到 3 个白棋子的彩金是纪念品一份(价值 0.5 元);其他情况无任何奖品。如果每天摸彩 1000 人次,请计算摊主盈利。

解 设摊主每局亏损 X,容易知道 X 的概率分布为:

X	20	2	0.5
P	$\dfrac{C_8^5}{C_{16}^5}$	$\dfrac{C_8^4 C_8^1}{C_{16}^5}$	$\dfrac{C_8^3 C_8^2}{C_{16}^5}$

则 X 的数学期望 $E(X)=20\times\dfrac{C_8^5}{C_{16}^5}+2\times\dfrac{C_8^4 C_8^1}{C_{16}^5}+0.5\times\dfrac{C_8^3 C_8^2}{C_{16}^5}\approx 0.6923$。

即平均每局摊主亏损 0.6923 元,但每局摊主收费 1 元,所以平均每局摊主实际盈利 0.3077 元。每天摸彩 1000 人次,摊主盈利 307.7 元。

与街头游戏类似的还有商家举办的一些抽奖活动,它们的真相如何呢?

例 6.1.13 商家在节假日举办"购物免费抽奖",其具体操作如下:

(1) 先将商品价格上涨 30%,即原来卖 100 元的商品,现价 130 元;

(2) 凡在商场购物满 100 元者,可免费参加抽奖一次;

(3) 抽奖方式为:箱中 20 个球,其中 10 红 10 白,任取 10 球。根据所取出的球的颜色确定中奖等级,中奖商品免费获取,具体如下表所示。

等级	颜色	奖品	价值/元
1	10 个全红或全白	微波炉一台	1000
2	1 红 9 白或 1 白 9 红	电吹风一台	100
3	2 红 8 白或 2 白 8 红	洗发水一瓶	30
4	3 红 7 白或 3 白 7 红	香皂一块	3
5	4 红 6 白或 4 白 6 红	洗衣皂一块	1.5
6	5 红 5 白	梳子一把	1

请问商家的"购物免费抽奖"活动真的免费吗?

解 记 A_i 表示任取 10 个球,有 i 个红球,$10-i$ 个白球,则

$$P(A_i)=\frac{C_{10}^i C_{10}^{10-i}}{C_{20}^{10}}, \quad i=0,1,2,\cdots,10$$

各类中奖概率如下表所示。

事件	A_0、A_{10}	A_1、A_9	A_2、A_8	A_3、A_7	A_4、A_6	A_5
概率 P	$\dfrac{1}{C_{20}^{10}}$	$\dfrac{C_{10}^1 C_{10}^9}{C_{20}^{10}}$	$\dfrac{C_{10}^2 C_{10}^8}{C_{20}^{10}}$	$\dfrac{C_{10}^3 C_{10}^7}{C_{20}^{10}}$	$\dfrac{C_{10}^4 C_{10}^6}{C_{20}^{10}}$	$\dfrac{C_{10}^5 C_{10}^5}{C_{20}^{10}}$
奖品价值/元	1000	100	30	3	1.5	1

则数学期望(单位:元)

$$E(X) = 1000 \times \frac{1}{C_{20}^{10}} \times 2 + 100 \times \frac{C_{10}^1 C_{10}^9}{C_{20}^{10}} \times 2 + 30 \times \frac{C_{10}^2 C_{10}^8}{C_{20}^{10}} \times 2 +$$

$$3 \times \frac{C_{10}^3 C_{10}^7}{C_{20}^{10}} \times 2 + 1.5 \times \frac{C_{10}^4 C_{10}^6}{C_{20}^{10}} \times 2 + 1 \times \frac{C_{10}^5 C_{10}^5}{C_{20}^{10}}$$

$$\approx 1.36$$

由计算可知,中奖的均值为 1.36 元。由于商家提价,消费者每消费 100 元,实际多消费 30 元,则商家每次获利 30 元－1.36 元＝28.64 元。

由上述计算可知,"购物免费抽奖"活动本质上是消费者平均花 28.64 元来享受这种"免费"抽奖的机会,碰一下"运气"而已。

6.2 概率应用案例分析

6.2.1 概率在医学方面的应用

例 6.2.1 某科研机构宣称,研制的新药对某种疾病的治愈率达 90%,现对 10 位临床患者试验此药,结果只有 4 人痊愈,新药的治疗效果如何?

解 假设新药治愈率 $p = 0.9$。"每位临床患者试验此药后是否治愈"可认为是独立的,因此"10 位临床患者试验此药是否治愈"可认为是 10 重伯努利试验.

设痊愈人数为随机变量 X,则 $X \sim B(10, 0.9)$,则

$$P\{X = 4\} = C_{10}^4 p^4 (1-p)^6 \approx 0.0001$$

结果表明,在假定药物治愈率 $p = 0.9$ 的情况下,平均每 10000 次药物试验,只出现 1 次 "10 位患者 4 人治愈"的情况。这是小概率事件,但它却发生了,所以有理由认为此科研机构对其新药的治愈率期望过高。

如果新药的治愈率确实能达到 0.9,10 位临床患者试验此药,会出现什么情况呢?

根据伯努利试验计算公式,可得下表。

治愈人数	概率	治愈人数	概率
10	0.3486784401	9	0.3874204890

治愈人数	概率	治愈人数	概率
8	0.1937102445	3	0.0000087480
7	0.0573956280	2	0.0000003645
6	0.0111602610	1	0.0000000090
5	0.0014880348	0	0.0000000001
4	0.0001377810		

由上表可知,10 位临床患者试验此药后治愈人数达到 8 人以上的概率达到 92.98%。

例 6.2.2 假设一个人在一年内患感冒的次数 X 服从参数为 5 的泊松分布,正在销售的一种药品对于 75% 的人可以将患感冒的次数平均降低到 3 次,而对于 25% 的人无效。现在有某人试用此药一年,结果在试用期患感冒两次,试求此药有效的概率。

解 以 X 表示一个人在一年内患感冒的次数,事件 $H_0=\{$ 服药无效 $\}$,$H_1=\{$ 服药有效 $\}$。由题意可知,X 服从参数为 5 的泊松分布,$P(H_0)=0.25$,$P(H_1)=0.75$,则

$$P\{X=k \mid H_0\}=\frac{5^k}{k!}\mathrm{e}^{-5}, \quad P\{X=k \mid H_1\}=\frac{3^k}{k!}\mathrm{e}^{-3}$$

$$P\{H_1 \mid X=2\}=\frac{P(H_1)P\{X=2 \mid H_1\}}{P\{X=2\}}$$

$$=\frac{P(H_1)P\{X=2 \mid H_1\}}{P(H_0)P\{X=2 \mid H_0\}+P(H_1)P\{X=2 \mid H_1\}}$$

$$=\frac{0.75\times\dfrac{3^2}{2!}\mathrm{e}^{-3}}{0.25\times\dfrac{5^2}{2!}\mathrm{e}^{-5}+0.75\times\dfrac{3^2}{2!}\mathrm{e}^{-3}}=\frac{27\mathrm{e}^2}{25+27\mathrm{e}^2}\approx0.8886$$

此药的有效概率为 88.86%。

例 6.2.3 假设有一种疾病较为罕见,发病率为 1%。患病时,某项指标检查结果为阳性的概率为 95%。未患病时,该指标为阴性的概率也是 95%。如果有一个人检查结果显示为阳性,那么是不是意味着他患病的可能性比较大呢?

解 设 A 表示"患病"这一事件,"B"表示"阳性结果","$\overline{B}$"表示阴性

结果。

检查结果为阳性分为两种情况：一是患病，检查结果为阳性；二是未患病，检查结果为阳性。由全概率公式可知，检查结果为阳性的概率为

$$P(B) = P(A)P(B \mid A) + P(\overline{A})P(B \mid \overline{A})$$
$$= 0.01 \times 0.95 + 0.99 \times 0.05 = 0.059$$

同理，检查结果为阴性的概率为

$$P(\overline{B}) = P(A)P(\overline{B} \mid A) + P(\overline{A})P(\overline{B} \mid \overline{A})$$
$$= 0.01 \times 0.05 + 0.99 \times 0.95 = 0.941$$

则检查结果为阳性的情况下，患病的概率为

$$P(A \mid B) = \frac{P(AB)}{P(B)} = \frac{P(A)P(B \mid A)}{P(B)} = \frac{0.01 \times 0.95}{0.059} \approx 0.161$$

由上述计算可知，检查结果为阳性的情况下，患病的概率只有 16.1%，患病的可能性并不大。这与许多人的认知是不同的，甚至专业的医生也可能在此犯错。在 1978 年，《新英格兰医学杂志》对哈佛医学院 60 位医生就这一问题进行咨询，结果几乎一半的医生认为该人患此疾病的概率为 95%。

为什么患病的概率没有预期的那么高呢？因为即使患病后检测结果为阳性的准确率高达 95%，但由于另一个重要因素——该病的发病率仅为 1%，从而使得阳性的检测结果并不能反过来决定患病。

假设有 10000 个人参与体检，其中有 100 个人患此病。按照题意，其中约有 95 人被查出阳性的结果。在另外 9900 个未患病的人群中，约有 5% 的人检查结果为阳性，即 495 人检查结果为阳性。所以，检测结果为阳性的总人数为 590 人。显然，在检测结果为阳性的人群中，真正患病的比率是 $\frac{95}{590} \approx$ 16.1%，假阳性的比率是 83.9%，这与前面的计算结果是一致的。同理，可以计算出假阴性的概率约为 0.05%。

所以，在此模型中如果罕见病检查结果为阴性，那么 99.5% 的可能性未患此病。即使检查结果为阳性，也不必特别忧心。如果罕见病患病率远低于 1% 时，假阳性的可能性则更大。

如何降低假阳性的概率呢？通常有两种方法，一是进一步提高患病后检测结果为阳性的准确率，二是进行复查。

在罕见病患病率仍为 1% 的情况下，如果检测结果为阳性的准确率提高到 99.9%，那么真阳性的概率大约为 90.98%，假阳性的概率则降低到 9.02%。现实情况是通常设备检查结果的准确率不能提高，这时候就只有通

过复查,降低误诊率。

复查时,在检测结果为阳性的特定人群中,发病率则由原来的 1‰上升为 16.7%。在这样的背景下,如果复查结果依然为阳性,则检查结果为阳性的情况下,患病的概率为

$$P(A|B) = \frac{P(AB)}{P(B)} = \frac{P(A)P(B|A)}{P(A)P(B|A) + P(\overline{A})P(B|\overline{A})}$$

$$= \frac{0.167 \times 0.95}{0.167 \times 0.95 + 0.833 \times 0.05} \approx 0.792$$

通过上述计算可知,如果复查结果依然为阳性,则患病的概率由 16.7% 提高至 79.2%,如果再做一次复查,则检查结果为阳性的情况下,患病的概率提高至 98.64%。所以复查是降低误诊率的有效方式之一。

为什么复查能有效降低误诊率呢?因为复查是将检测对象由自然人群改变为检测结果为阳性的特定人群,疾病的发病率得到了提升,使得后验概率的准确性得到了大幅提升。既然如此,将检测对象改变为高发病率的人群会如何呢?

假设检测人群的该疾病发病率为 94%,则

$$P(A|B) = \frac{P(AB)}{P(B)} = \frac{P(A)P(B|A)}{P(A)P(B|A) + P(\overline{A})P(B|\overline{A})}$$

$$= \frac{0.94 \times 0.95}{0.94 \times 0.95 + 0.06 \times 0.05} \approx 0.9967$$

由以上计算可知,同样的检测技术,检查结果为阳性的情况下,患病的概率高达 99.67%。在医学领域,通过一级级筛查,找出与疾病高度相关的人群特征是贝叶斯概率公式的重要运用。例如,运用贝叶斯概率公式进行筛查,人们发现甲蛋白含量高与肝癌高度相关。

例 6.2.4 核酸检测为什么要采用分组混检模式?分组人数越多越好吗?

解 为解决以上问题,我们将问题进行建模。假设在 N 个人的团体中普查某种疾病需要逐个验血,若血样呈阳性,则患有此种疾病;若呈阴性,则无此种疾病。因此,逐个验血需要检验 N 次,若 N 很大,那验血工作量很大。为了减少工作量,统计学家提出:把 $k(k \geq 2)$ 个人的血样混合后再检验,若呈阴性,则 k 个人都无此病,这 k 个人只需作一次检验;若呈阳性,为检查出谁患此种疾病,则需再对 k 个人分别检验,这 k 个人共计检验 $k+1$ 次。若该团体中患有此疾病的概率为 p,且得此种疾病相互独立,试问如何设计分组最

合理?

假设 k 人一组,每组验血次数 X 的分布列为

X	1	$k+1$
P	$(1-p)^k$	$1-(1-p)^k$

则 X 的数学期望

$$E(X)=(1-p)^k+(k+1)(1-(1-p)^k)=(k+1)-k(1-p)^k$$

假设该团体中的此疾病的概率 $p=0.01$,团体一共 1000 人,按照分组人数 k 代入公式,可得下表。

分组人数	每组化验次数	组数	总化验次数	分组人数	每组化验次数	组数	总化验次数
1	1.010	1000	1010	16	3.377	63	211
2	1.040	500	520	17	3.670	59	216
3	1.089	333	363	18	3.979	56	221
4	1.158	250	289	19	4.303	53	226
5	1.245	200	249	20	4.642	50	232
6	1.351	167	225	21	4.996	48	238
7	1.476	143	211	22	5.364	45	244
8	1.618	125	202	23	5.747	43	250
9	1.778	111	198	24	6.144	42	256
10	1.956	100	196	25	6.554	40	262
11	2.151	91	196	26	6.979	38	268
12	2.363	83	197	27	7.417	37	275
13	2.592	77	199	28	7.868	36	281
14	2.838	71	203	29	8.332	34	287
15	3.099	67	207	30	8.809	33	294

由上表可知,k 取 10 或 11 时总化验次数最少,因此核酸检测采用 10 人一组进行混检最为合理。

6.2.2 概率在决策中的应用

例 6.2.5 某公司计划使用 120 万元采购预防措施,防止突发事件发生。甲、乙、丙、丁四种预防措施相互独立,单独采用甲、乙、丙、丁预防措施后突发事件不发生的概率 P 和所需费用如下表所示。

预防措施	甲	乙	丙	丁
P	0.9	0.8	0.7	0.6
费用/万元	90	60	30	10

预防方案可单独采用预防措施或联合采用几种预防措施。在总费用不超过 120 万元的前提下,应该采用哪一种预防方案,使得突发事件不发生的概率最大?

解 令采用甲预防措施后突发事件不发生的概率为 $P(A)=0.9$,采用乙预防措施后突发事件不发生的概率为 $P(B)=0.8$,采用丙预防措施后突发事件不发生的概率为 $P(C)=0.7$,采用丁预防措施后突发事件不发生的概率为 $P(D)=0.6$。

方案 1:单独采用一种预防措施的费用均不超过 120 万元。由上表可知,采用甲措施,可使突发事件不发生的概率最大,概率为 $P(A)=0.9$。

方案 2:联合两种预防措施

(1) 因为预防措施相互独立,所以联合甲、丙两种措施后仍发生突发事件的概率为

$$(1-P(A))(1-P(B)) = (1-0.9) \times (1-0.7) = 0.03$$

则联合甲、丙两种措施后不发生突发事件的概率为 $1-0.03=0.97$。

(2) 联合甲、丁两种措施后不发生突发事件的概率为 $1-(1-0.9)(1-0.6)=0.96$;

(3) 联合乙、丙两种措施后不发生突发事件的概率为 $1-(1-0.8)(1-0.7)=0.94$;

(4) 联合乙、丁两种措施后不发生突发事件的概率为 $1-(1-0.8)(1-0.6)=0.92$;

(5) 联合丙、丁两种措施后不发生突发事件的概率为 $1-(1-0.7)(1-$

0.6)＝0.88。

方案 2 中联合甲、丙两种措施后不发生突发事件的概率最大,其概率为 0.97。

方案 3:联合三种预防措施

因为预防措施相互独立,所以联合乙、丙、丁三种措施后不发生突发事件的概率为

$$1-(1-P(B))(1-P(C))(1-P(D))$$
$$=1-(1-0.8)\times(1-0.7)\times(1-0.6)=0.976$$

通过以上计算可知,应采用联合乙、丙、丁三种措施,不发生突发事件的概率最大,且此方案的总费用仅为 100 万元。

例 6.2.6　袋中有 70 个白球和 30 个黑球,从中摸出一球,请猜摸球的颜色。如猜白球且猜对则得 500 分,如猜错则罚 200 分;如猜黑球且猜对则得 1000 分,如猜错则罚 150 分。为使得分最多,合理的策略是什么(猜白球还是猜黑球)?

解:猜白球的得分期望:$0.7\times500+(-200)\times0.3=290$,猜黑球的得分期望:$0.3\times1000+(-150)\times0.7=195$。显然,"猜白"方案是最优。

如果袋中有 80 个白球和 20 个黑球,则猜白球的得分期望:$0.8\times500+(-200)\times0.2=350$,猜黑球的得分期望:$0.2\times1000+(-150)\times0.8=80$。此时"猜白"方案最优。

如果袋中有 60 个白球和 40 个黑球,则猜白球的得分期望:$0.6\times500+(-200)\times0.4=220$,猜黑球的得分期望:$0.4\times1000+(-150)\times0.6=310$。此时"猜黑"方案最优。

例 6.2.7　据气象部门预报,下个月有小洪水的概率是 0.25,有大洪水的概率是 0.01。为保护设备有三种方案:(1) 转移设备,费用 3800 元;(2) 建围墙保护设备,建围墙费用为 2000 元,但围墙可防小洪水,不可防大洪水。当大洪水来临损失 6 万元;(3) 不作任何准备。当小洪水来临损失 1 万元,当大洪水来临损失 6 万元。请问,哪种方案损失最小?

解　设所受损失为 X 元,则

(1) 方案一:$X=3800$ 元;

(2) 方案二:X 的分布列为

X	2000	62000
P	0.99	0.01

则 X 的数学期望

$$E(X) = 2000 \times 0.99 + 62000 \times 0.01 = 2600$$

（3）方案三：X 的分布列为

X	0	10000	60000
P	0.74	0.25	0.01

则 X 的数学期望

$$E(X) = 0 \times 0.74 + 10000 \times 0.25 + 60000 \times 0.01 = 3100$$

所以，方案二的损失最小。

例 6.2.8 假设某公司的某种商品的需求量 X（单位：吨），服从 $[2000, 4000]$ 上的均匀分布。如果每出售商品 1 吨，可挣得 3 万元；若销售不出去而积压在仓库，则每吨需要保管费 1 万元，问公司应组织多少货源，才能使公司获得最大的经济收益。

解 设该公司组织此商品 y 吨，由于 X 服从 $[2000, 4000]$ 上的均匀分布，则 y 介于 $2000 \sim 4000$。

经济收益 Y 是 X 的函数，故

$$Y = g(X) = \begin{cases} 3y, & y \leqslant X \\ 3X - (y - X), & y > X \end{cases}$$

X 的密度函数为

$$f(x) = \begin{cases} \dfrac{1}{2000}, & 2000 \leqslant x \leqslant 4000 \\ 0, & \text{其他} \end{cases}$$

则

$$\begin{aligned}
E(Y) = E(g(X)) &= \int_{-\infty}^{+\infty} g(x) f(x) \mathrm{d}x = \int_{2000}^{4000} \frac{1}{2000} g(x) \mathrm{d}x \\
&= \int_{2000}^{y} \frac{1}{2000} g(x) \mathrm{d}x + \int_{y}^{4000} \frac{1}{2000} g(x) \mathrm{d}x \\
&= \frac{1}{2000} (2x^2 - yx) \Big|_{2000}^{y} + \frac{1}{2000} 3yx \Big|_{y}^{4000} \\
&= \frac{1}{1000} (-y^2 + 7000y - 2000^2)
\end{aligned}$$

令 $(E(Y))' = \dfrac{1}{1000}(-2y+7000) = 0$，得 $y = 3500$。

当 $y = 3500$ 时，$E(Y)$ 最大，即公司组织 3500 吨货源时获得最大的经济收益。

例 6.2.9　假设某商品每周需求量 X 是区间 $[10,30]$ 上的均匀分布随机变量，而经销商店进货数量为区间 $[10,30]$ 中的某一整数。商店每销售一单位商品可获利 500 元，若供大于求则削价处理，每处理一单位商品亏损 100 元，若供不应求可从外部调剂供应，此时每一单位商品仅获利 300 元，为使商品所获利润期望值不少于 9280 元，试确定最少进货多少。

解　设进货数量为 a，利润为 $M_a(x)$，则

$$M_a(x) = \begin{cases} 500x - 100(a-x), & 10 \leqslant x \leqslant a \\ 500a + 300(x-a), & a < x \leqslant 30 \end{cases}$$

X 的密度

$$f(x) = \begin{cases} \dfrac{1}{20}, & 10 \leqslant x \leqslant 30 \\ 0, & \text{其他} \end{cases}$$

则

$$\begin{aligned}
E(M_a) &= \int_{-\infty}^{+\infty} M_a(x) f(x) \mathrm{d}x = \int_{10}^{30} \dfrac{1}{20} M_a(x) \mathrm{d}x \\
&= \int_{10}^{a} \dfrac{1}{20}(500x - 100(a-x)) \mathrm{d}x + \int_{a}^{30} \dfrac{1}{20}(500a + 300(x-a)) \mathrm{d}x \\
&= \dfrac{1}{20}(300x^2 - 100ax)\big|_{10}^{a} + \dfrac{1}{20}(200ax + 150x^2)\big|_{a}^{30} \\
&= \dfrac{1}{2}(-15a^2 + 700a + 10500)
\end{aligned}$$

由题意可知，为使商品所获利润期望值不少于 9280 元，则 $E(M_a) \geqslant 9280$，即

$$\dfrac{1}{2}(-15a^2 + 700a + 10500) \geqslant 9280$$

解不等式得

$$20.66 \leqslant a \leqslant 26$$

为使商品所获利润期望值不少于 9280 元，最少进货 21 单位。

例 6.2.10　设商场根据以前销售情况预测未来一段时间内商品畅销概率为 0.2，滞销的概率为 0.8，现实行两种促销方案：(1) 提高服务水平，实施便民举措，预计在商品畅销时可获利 6 万元，在商品滞销时可获利 2 万元；

(2) 扩大经营场所,改善经营环境,预计在商品畅销时可获利 10 万元,在商品滞销时亏损 4 万元;经过一段时间的试营业,原来认为畅销的商品中,实际畅销与滞销的概率分别为 0.6 和 0.4;原来认为滞销的商品中,实际畅销与滞销的概率分别为 0.3 和 0.7,根据这些信息,采取哪一种促销方案会获利最大?

解 根据全概率公式可得

商品在试营业中实际畅销的概率:$p_1=0.2\times0.6+0.8\times0.3=0.36$;

商品在试营业中实际滞销的概率:$p_2=0.2\times0.4+0.8\times0.7=0.64$。

根据贝叶斯公式可得

商品实际畅销被预测为畅销的概率:$p_3=\dfrac{0.2\times0.6}{0.2\times0.6+0.8\times0.3}=\dfrac{1}{3}$;

商品实际畅销被预测为滞销的概率:$p_4=\dfrac{0.8\times0.3}{0.2\times0.6+0.8\times0.3}=\dfrac{2}{3}$;

商品实际滞销被预测为畅销的概率:$p_5=\dfrac{0.2\times0.4}{0.2\times0.4+0.8\times0.7}=\dfrac{1}{8}$;

商品实际滞销被预测为滞销的概率:$p_5=\dfrac{0.8\times0.7}{0.2\times0.4+0.8\times0.7}=\dfrac{7}{8}$。

(1) 设商品实际畅销时,采用两种促销方案后的盈利分别为 X,Y,则

X	6	2
P	$\frac{1}{3}$	$\frac{2}{3}$

则 X 的数学期望 $E(X)=6\times\dfrac{1}{3}+2\times\dfrac{2}{3}=\dfrac{10}{3}$。

Y	10	-4
P	$\frac{1}{3}$	$\frac{2}{3}$

则 Y 的数学期望 $E(Y)=10\times\dfrac{1}{3}+(-4)\times\dfrac{2}{3}=\dfrac{2}{3}$。

所以,商品实际畅销时采用方案一平均盈利更大。

(2) 设商品实际滞销时,采用两种促销方案后的盈利分别为 X,Y,则

X	6	2
P	$\frac{1}{8}$	$\frac{7}{8}$

则 X 的数学期望 $E(X) = 6 \times \dfrac{1}{8} + 2 \times \dfrac{7}{8} = 2.5$。

Y	10	-4
P	$\dfrac{1}{8}$	$\dfrac{7}{8}$

则 Y 的数学期望 $E(Y) = 10 \times \dfrac{1}{8} + (-4) \times \dfrac{7}{8} = 2.25$。

所以,商品实际滞销时采用方案一平均盈利更大。

通过以上计算可知,无论商品实际畅销、滞销,第一种促销方案获利都最大。

例 6.2.11 假设有一笔资金可投入三个项目 A_1, A_2, A_3,其收益和市场状态有关,若把未来市场划分为好、中、差三个等级,其发生的概率分别为 $p_1 = 0.2, p_2 = 0.7, p_3 = 0.1$,根据市场调研的情况可知不同等级状态下各种投资的年收益(万元),见下表。

项目	好($p_1 = 0.2$)	中($p_2 = 0.7$)	差($p_3 = 0.1$)
A_1	11	3	-3
A_2	6	4	-1
A_3	10	2	-2

请问投资者最佳的投资项目是哪一个?

解 三个项目的数学期望

$$\mu_1 = E(A_1) = \sum_{i=1}^{3} x_i p_i = 11 \times 0.2 + 3 \times 0.7 + (-3) \times 0.1 = 4$$

$$\mu_2 = E(A_2) = \sum_{i=1}^{3} y_i p_i = 6 \times 0.2 + 4 \times 0.7 + (-1) \times 0.1 = 3.9$$

$$\mu_3 = E(A_3) = \sum_{i=1}^{3} z_i p_i = 10 \times 0.2 + 2 \times 0.7 + (-2) \times 0.1 = 3.2$$

根据数学期望可知,A_1 项目的平均收益最大。

三个项目的方差

$$D(A_1) = \sum_{i=1}^{3} (x_i - \mu_1)^2 p_i$$

$$= (11-4)^2 \times 0.2 + (3-4)^2 \times 0.7 + (-3-4)^2 \times 0.1 = 15.4$$

$$D(A_2) = \sum_{i=1}^{3} (y_i - \mu_2)^2 p_i$$

$$= (6-3.9)^2 \times 0.2 + (4-3.9)^2 \times 0.7 + (-1-3.9)^2 \times 0.1 = 3.29$$

$$D(A_3) = \sum_{i=1}^{3} (z_i - \mu_3)^2 p_i$$

$$= (10-3.2)^2 \times 0.2 + (2-3.2)^2 \times 0.7 + (-2-3.2)^2 \times 0.1 = 12.96$$

显然，A_2 项目的方差最小。方差越大，项目波动越大，风险越大。若风险和收益综合权衡，A_2 项目平均收益虽然不是最大，但比 A_1 项目只少 0.1 万元，但其波动较 A_1 项目小很多，风险小很多，所以最适合投资的项目是 A_2。

例 6.2.12　如果某人乘车到飞机场有两条路线，走两条路线所需时间分别为 X_1，X_2(单位：min)，已知 $X_1 \sim N(50,100)$，$X_2 \sim N(60,16)$，为及时赶到机场：

(1) 若有 70min，应选择哪一条路线更有把握？若只有 65min 呢？

(2) 若走第一条路线，并以 95% 的概率保证能及时赶上飞机，距飞机起飞时刻至少需要提前多少时间出发？若两条路线存在择优选择的问题，则如何比较"优劣"呢？

解　(1) 若有 70min 可用，两条路线可及时赶到机场的概率分别为

线路一：$P\{0 < X_1 \leqslant 70\} = F(70) - F(0) = \Phi\left(\dfrac{70-50}{10}\right) - \Phi\left(\dfrac{0-50}{10}\right)$

$$= \Phi(2) - \Phi(-5) = \Phi(2) + \Phi(5) - 1$$

$$\approx \Phi(2) = 0.9772$$

线路二：$P\{0 < X_2 \leqslant 70\} = F(70) - F(0) = \Phi\left(\dfrac{70-60}{4}\right) - \Phi\left(\dfrac{0-60}{4}\right)$

$$= \Phi(2.5) - \Phi(-15) = \Phi(2.5) + \Phi(15) - 1$$

$$\approx \Phi(2.5) = 0.9938$$

因为 $\Phi(2) < \Phi(2.5)$，所以若有 70min，选择第二条路线更有把握。

如果只有 65min，则

线路一：$P\{0 < X_1 \leqslant 65\} = F(65) - F(0) = \Phi\left(\dfrac{65-50}{10}\right) - \Phi\left(\dfrac{0-50}{10}\right)$

$$= \Phi(1.5) - \Phi(-5) = \Phi(1.5) + \Phi(5) - 1$$

$$\approx \Phi(1.5) = 0.9332$$

线路二：$P\{0<X_2\leqslant65\}=F(65)-F(0)=\Phi\left(\dfrac{65-60}{4}\right)-\Phi\left(\dfrac{0-60}{4}\right)$

$$=\Phi(1.25)-\Phi(-15)=\Phi(1.25)+\Phi(15)-1$$

$$\approx\Phi(1.25)=0.8944$$

因为 $\Phi(1.5)<\Phi(1.25)$，所以若有 65min，选择第一条路线更有把握。

(2) 设需要提前 x 出发，则 $P(0<X_1\leqslant x)\geqslant0.95$

因为 $0.95\approx\Phi(1.65)$，所以

$$\Phi\left(\frac{x-50}{10}\right)\geqslant\Phi(1.65)$$

$$\frac{x-50}{10}\geqslant1.65$$

$$x\geqslant66.5$$

若走第一条路线，并以 95% 的概率保证能及时赶上飞机，距飞机起飞时刻至少需要提前 66.5min 出发。

同理可求，若走第二条路线，并以 95% 的概率保证能及时赶上飞机，距飞机起飞时刻至少需要提前 66.6min 出发，两条路线需要提前出发的时间几乎没区别。但是第二条路线的方差更小、波动更小，所以第二条路线更优。

例 6.2.13　某运输公司因资金紧张，原计划淘汰的 3 辆叉车需要再用 1 年。现在 3 辆叉车每辆每天发生故障的概率为 0.4，若每天先检修，需花费 1 万元，可使 3 辆叉车发生故障的概率都降为 0.2。若每天叉车不出故障，公司可获利 5 万元，若 1 辆车出现故障可获利 2 万元，2 辆出故障则亏损 1 万元，3 辆叉车都出故障则亏损 3 万元。请问为使利润最大，公司是否应该每天先检修车辆再使用？

解　设 3 辆叉车检修前发生故障记为事件 A_1、B_1、C_1，检修后发生故障记为事件 A_2、B_2、C_2。不检修公司的利润记为 X，检修后公司的利润记为 Y，则

$$P(A_1)=P(B_1)=P(C_1)=0.4,\quad P(A_2)=P(B_2)=P(C_2)=0.2$$

随机变量 X、Y 的概率分布服从二项分布，则

$$P\{X=-3\}=0.4^3=0.064,\quad P\{X=-1\}=C_3^1\times0.4^2\times0.6=0.288$$

$$P\{X=2\}=C_3^2\times0.4\times0.6^2=0.432,\quad P\{X=5\}=0.6^3=0.216$$

$$P\{Y=-4\}=0.2^3=0.008,\quad P\{Y=-2\}=C_3^1\times0.2^2\times0.8=0.096$$

$$P\{Y=1\}=C_3^2\times0.2\times0.8^2=0.384,\quad P\{Y=4\}=0.8^3=0.512$$

即

X	−3	−1	2	5
P	0.064	0.288	0.432	0.216

则 X 的数学期望

$$E(X)=(-3)\times 0.064+(-1)\times 0.288+2\times 0.432+5\times 0.216=1.464$$

Y	-4	-2	1	4
P	0.008	0.096	0.384	0.512

则 Y 的数学期望

$$E(Y)=(-4)\times 0.008+(-2)\times 0.096+1\times 0.384+4\times 0.512=2.208$$

所以,为使利润最大,公司应该每天先检修车辆再使用。

6.2.3 小概率事件的应用

例 6.2.14 某彩票每周开奖一次,每次中大奖率为百万分之一,若每周买一张彩票,坚持十年(每年 52 周),中大奖的概率是多少?

解 由题可知,每次中大奖的概率是 10^{-6},不中奖的概率是 $1-10^{-6}$。

十年中,购买彩票 520 次,每次开奖都是相互独立的,所以十年里中大奖的概率是

$$P=1-(1-10^{-6})^{520}=0.052\%$$

由计算结果可知,十年里中大奖是小概率事件,即是说连续十年不中大奖是非常正常的。

例 6.2.15 设在一次随机试验中,某事件 A 出现的概率为 $\varepsilon(\varepsilon>0)$,证明:不论 ε 如何小,只要不断地独立重复做此试验,则事件 A 迟早会出现的概率为 1。

分析:事件 A 迟早会出现的意思是,只要试验次数无限地增多,事件 A 一定会出现。

证明 设 A_k 表示事件 A 于第 k 次试验中出现,则

$$P(A_k)=\varepsilon, \quad P(\overline{A}_k)=1-\varepsilon$$

在前 n 次独立重复试验中 A 都不出现的概率为

$$P(\overline{A}_1\overline{A}_2\cdots\overline{A}_n)=P(\overline{A}_1)P(\overline{A}_2)\cdots P(\overline{A}_n)=(1-\varepsilon)^n$$

则前 n 次独立重复试验中 A 至少出现 1 次的概率为

$$P_n=1-(1-\varepsilon)^n$$

由于 $0<\varepsilon<1$,只要试验次数无限地增多,即 $n\to\infty$ 时,$P_n\to 1$。

说明小概率事件 A 迟早会出现的概率为 1。

注　小概率事件应从两个方面来认识它。一方面小概率事件在一次试验中几乎不发生；另一方面,在不断独立重复的试验中,小概率事件迟早发生的概率为 1。

例 6.2.16　有甲、乙两种味道和颜色都极为相似的名酒各 4 杯。如果从中挑 4 杯能将甲种酒全部挑出来,算是试验成功一次。(1)随机猜结果,试验成功一次的概率是多少？(2)某人声称他通过品尝能区分两种酒。他连续试验 10 次(设各次试验是相互独立的),成功 3 次。请问他是否的确有区分的能力？

解　令事件 A ＝"试验成功一次",由题意可知

(1)随机猜结果,试验成功一次的概率

$$p = P(A) = \frac{C_4^4}{C_8^4} = \frac{1}{70}$$

(2)连续试验 10 次,随机猜结果,恰好成功 3 次的概率

$$P\{X = 3\} = C_{10}^3 p^3 (1-p)^{10-3} \approx 0.03\%$$

计算结果说明,随机猜结果恰好成功 3 次的概率很小,但它实际发生了,说明此人不是猜的,的确具有区分酒的能力。

6.3　一元统计的应用

6.3.1　统计推断在金融中的应用

例 6.3.1　已知某人寿保险公司分公司开展某人身保险业务,被保险人每年需缴纳保费 120 元,若一年内发生重大人身事故,则本人或其家属可获 5 万元赔付金。已知该分公司所在地区发生重大人身事故的概率为 0.001,现有 2500 人参加此保险,求:(1)保险公司此保险业务一年中获利不少于 10 万元的概率；(2)保险公司此保险业务亏本的概率。

分析：2500 人在一年里是否发生重大人身事故可以看成 2500 重伯努利试验,利用二项分布计算会比较繁琐,且计算量大,所以考虑利用中心极限定理将二项分布转化为正态分布。

解　由题意可知,设一年内发生重大人身事故 X 人,$n = 2500$,$p = 0.001$,则

$$np = 2500 \times 0.001 = 2.5$$
$$np(1-p) = 2500 \times 0.001 \times 0.999 = 2.4975$$

保险公司每年收入为 $2500 \times 120 = 300000$，支出 $50000X$ 元，根据棣莫弗拉普拉斯中心极限定理可得：

（1）一年中获利不少于 10 万元的概率

$$P\{300000 - 50000X \geqslant 100000\} = P\{X \leqslant 4\}$$
$$= P\left\{ \frac{X - np}{\sqrt{np(1-p)}} \leqslant \frac{4 - np}{\sqrt{np(1-p)}} \right\} \approx \Phi\left(\frac{4 - np}{\sqrt{np(1-p)}} \right)$$
$$= \Phi\left(\frac{4 - 2.5}{\sqrt{2.4975}} \right) \approx \Phi(0.95) = 0.8289$$

（2）保险公司此保险业务亏本的概率

$$P\{300000 < 50000X\} = P\{X > 6\}$$
$$= P\left\{ \frac{X - np}{\sqrt{np(1-p)}} \leqslant \frac{6 - np}{\sqrt{np(1-p)}} \right\} \approx 1 - \Phi\left(\frac{6 - np}{\sqrt{np(1-p)}} \right)$$
$$= 1 - \Phi\left(\frac{6 - 2.5}{\sqrt{2.4975}} \right) \approx 1 - \Phi(2.21) = 1 - 0.9864 = 0.0136$$

经上述计算可知，保险公司盈利不少于 10 万元的概率为 82.89%，亏本的概率只有 1.36%。

例 6.3.2 某保险公司计划推出一项新的保险业务，该业务每份保单的年赔付金额 X 服从参数 0.001 的指数分布，试建立每份保单的售价 Q（单位：元）与参保人数 n 的关系，使得保险公司在该项业务上有 95% 的把握处于盈利状态。

解 设 X_i 表示保险公司对第 i 个参保人的赔付金，$i = 1, 2, \cdots, n$，则 $X_1, X_2, \cdots, X_n$ 相互独立且都服从参数 0.001 的指数分布，所以

$$E(X_i) = 1000, \quad D(X_i) = 1000^2$$

保险公司如果想盈利，自然要求 $\sum\limits_{i=1}^{n} X_i \leqslant nQ$，由林德伯格-莱维中心极限定理得

$$P\left\{ \sum_{i=1}^{n} X_i \leqslant nQ \right\} = P\left\{ \frac{\sum\limits_{i=1}^{n} X_i - 1000n}{1000\sqrt{n}} \leqslant \frac{nQ - 1000n}{1000\sqrt{n}} \right\}$$
$$\approx \Phi\left(\left(\frac{Q}{1000} - 1 \right) \sqrt{n} \right)$$

若要保证该保险业务盈利的概率为 95%,即

$$\Phi\left(\left(\frac{Q}{1000}-1\right)\sqrt{n}\right)\approx 0.95$$

由标准正态分布表,可知 $\Phi(1.65)=0.9505$,则

$$\left(\frac{Q}{1000}-1\right)\sqrt{n}=1.65$$

$$Q=\frac{1650}{\sqrt{n}}+1000$$

由上述结果可知,若要保证该保险业务盈利的概率为 95%,参保人数越多,每份保单的售价则越低,但不会低于 1000 元。当参保人数达到 $1650^2=2722500$ 时,保单售价仅为 1001 元。

中心极限定理阐明了在什么条件下,原来不属于正态分布的一些随机变量,其总和渐近地服从正态分布,为利用正态分布来解决这类随机变量的问题提供了理论依据。概率论是研究风险的不确定性在大多数中呈现的规律性,而保险活动是将分散的不确定性风险集中起来,转变为大概的确定性以分摊损失,起到"一人保大家,大家保一人"的作用。保险学是利用风险的不确定性在大多数中消失来化解风险的,概率论的研究对象正是保险学建立和发展的基础。

例 6.3.3　在商场中出售三种蛋糕,蛋糕的价格分别为 1 元、1.2 元、1.5 元。假定出现的蛋糕价格随机,1 元、1.2 元、1.5 元出现的概率分别为 0.3、0.2、0.5。若售出 300 个蛋糕,求:(1) 收入至少 400 元的概率;(2) 售出价格为 1.2 元的蛋糕多于 60 个的概率。

解　(1) 设 X_i 为售出的第 i 个蛋糕的价格,$i=1,2,\cdots,300$,则

$$E(X_i)=1\times 0.3+1.2\times 0.2+1.5\times 0.5=1.29$$

$$E(X_i^2)=1^2\times 0.3+1.2^2\times 0.2+1.5^2\times 0.5=1.713$$

$$D(X_i)=E(X_i^2)-E^2(X_i)=1.713-1.29^2=0.0489$$

设 X 表示全天蛋糕收入,则

$$X=\sum_{i=1}^{300}X_i$$

数学期望

$$E(X)=E\left(\sum_{i=1}^{300}X_i\right)=\sum_{i=1}^{300}E(X_i)=300\times 1.29=387$$

方差

$$D(X) = D\left(\sum_{i=1}^{300} X_i\right) = \sum_{i=1}^{300} D(X_i) = 300 \times 0.0489 = 14.67$$

X_i 为独立同分布的随机变量,由中心极限定理得

$$P\{X \geqslant 400\} = 1 - P\{X < 400\} \approx 1 - \Phi\left(\frac{400 - 387}{\sqrt{14.67}}\right)$$

$$\approx 1 - \Phi(3.39) \approx 1 - 0.9965$$

$$= 0.0035$$

每天售出蛋糕收入至少 400 元的概率为 0.35%。

(2) 方法一　设 $Y_i = \begin{cases} 1, & \text{表示出售价格是 } 1.2 \text{ 元} \\ 0, & \text{表示出售价格不是 } 1.2 \text{ 元} \end{cases}, i = 1, 2, \cdots, 300,$ 由

题意可知

$$P\{Y_i = 1\} = 0.2, \quad P\{Y_i = 0\} = 0.8$$

所以

$$E(Y_i) = 0 \times 0.8 + 1 \times 0.2 = 0.2$$

$$E(Y_i^2) = 0^2 \times 0.8 + 1^2 \times 0.2 = 0.2$$

$$D(Y_i) = E(Y_i^2) - E^2(Y_i) = 0.2 - 0.2^2 = 0.16$$

设 Y 表示全天售出价格为 1.2 元的蛋糕个数,则

$$Y = \sum_{i=1}^{300} Y_i$$

$$E(Y) = E\left(\sum_{i=1}^{300} Y_i\right) = \sum_{i=1}^{300} E(Y_i) = 300 \times 0.2 = 60$$

$$D(Y) = D\left(\sum_{i=1}^{300} Y_i\right) = \sum_{i=1}^{300} D(Y_i) = 300 \times 0.16 = 48$$

Y_i 为独立同分布的随机变量,由中心极限定理得

$$P\{Y > 60\} = 1 - P\{Y \leqslant 60\} \approx 1 - \Phi\left(\frac{60 - 60}{\sqrt{48}}\right)$$

$$= 1 - \Phi(0) = 0.5$$

售出价格为 1.2 元的蛋糕多于 60 个的概率为 50%。

方法二　设 $Y_i = \begin{cases} 1, & \text{表示出售价格是 } 1.2 \text{ 元} \\ 0, & \text{表示出售价格不是 } 1.2 \text{ 元} \end{cases}, i = 1, 2, \cdots, 300, Y$ 表示全天售出价格为 1.2 元的蛋糕个数,则随机变量 $Y_1, Y_2, \cdots, Y_{300}$ 相互独立,且

$$P\{Y_i=1\}=0.2, \quad P\{Y_i=0\}=0.8$$

$$Y=\sum_{i=1}^{300}Y_i \quad 且 \quad Y\sim B(300,0.2)$$

则 Y 的数学期望 $E(Y)$ 和方差 $D(Y)$ 分别为

$$E(Y)=np=60, \quad D(Y)=np(1-p)=48$$

Y_i 为独立同分布的随机变量,由中心极限定理得

$$P\{Y>60\}=1-P\{Y\leqslant 60\}\approx 1-\Phi\left(\frac{60-60}{\sqrt{48}}\right)$$

$$=1-\Phi(0)=0.5$$

售出价格为 1.2 元的蛋糕多于 60 个的概率为 50%。

6.3.2   统计推断在估算中的应用

例 6.3.4   某车间有 200 台车床,彼此之间独立工作,车床开工率为 0.6,开工时耗电为 2kW,问供电所至少要供给这个车间多少电力才能以 99.9% 的概率保证该车间不会因供电不足而影响生产。

解   设车间某时段正在工作着的车床数为 X,供给该车间电力 r kW,则 $X\sim B(200,0.6)$。

$$np=200\times 0.6=120$$

$$np(1-p)=200\times 0.6\times 0.4=48$$

由中心极限定理得

$$P(2X\leqslant r)=P\left(X\leqslant \frac{r}{2}\right)\approx \Phi\left(\frac{\frac{r}{2}-np}{\sqrt{np(1-p)}}\right)=\Phi\left(\frac{\frac{r}{2}-120}{\sqrt{48}}\right)$$

若要求以 99.9% 的概率保证该车间不会因供电不足而影响生产,则

$$\Phi\left(\frac{\frac{r}{2}-120}{\sqrt{48}}\right)\geqslant 0.999$$

由标准正态分布表,可知 $\Phi(3.01)=0.999$,则

$$\frac{\frac{r}{2}-120}{\sqrt{48}}\geqslant 3.01$$

解得 $r\geqslant 282$。所以供电所至少要供给这个车间 282 kW 电力才能以 99.9%

概率统计理论与实践

的概率保证该车间不会因供电不足而影响生产。

例 6.3.5 某商店负责供应某地 1000 人的商品,某商品在一段时间内每人需用一件的概率为 0.6。假设在这段时间每人购买与否彼此独立,需要预备多少件这种商品才能以 99.7% 的概率保证不脱销?

解 设每人是否购买为随机变量 X_i,则

$$X_i = \begin{cases} 1, & \text{第 } i \text{ 人购买} \\ 0, & \text{第 } i \text{ 人不购买} \end{cases}, \quad i = 1, 2, \cdots, 1000$$

且随机变量 $X_1, X_2, \cdots, X_{1000}$ 相互独立,则

$$X = \sum_{i=1}^{1000} X_i \quad \text{且} \quad X \sim B(1000, 0.6)$$

$$P\{X_i = 1\} = 0.6, \quad P\{X_i = 0\} = 0.4$$

X 的数学期望 $E(X)$ 和方差 $D(X)$ 分别为

$$E(X) = np = 600, \quad D(X) = np(1-p) = 240$$

设商店应预备 m 件这种商品,由中心极限定理得

$$P\left\{\sum_{i=1}^{1000} X_i \leqslant m\right\} = P\left\{\frac{\sum_{i=1}^{1000} X_i - np}{\sqrt{np(1-p)}} \leqslant \frac{m - np}{\sqrt{np(1-p)}}\right\} \approx \Phi\left(\frac{m - 600}{\sqrt{240}}\right)$$

若要求这种商品以 99.7% 的概率保证不脱销,则

$$\Phi\left(\frac{m - 600}{\sqrt{240}}\right) \geqslant 0.997$$

由标准正态分布表,可知 $\Phi(2.75) = 0.997$,则

$$\frac{m - 600}{\sqrt{240}} \geqslant 2.75$$

解得 $m \geqslant 643$。所以,商店应至少预备 643 件这种产品才能以 99.7% 的概率保证不脱销。

例 6.3.6 设 5 家商店联营,它们每两周售出的农产品的数量(以 kg 计)分别为 $X_1, X_2, \cdots, X_5$,它们相互独立。已知 $X_1 \sim N(200, 225)$,$X_2 \sim N(240, 240)$,$X_3 \sim N(180, 225)$,$X_4 \sim N(260, 265)$,$X_5 \sim N(320, 270)$。假设商店每隔两周进货一次,为了使新的供货到达前商店不会脱销的概率大于 99%,问商店仓库应至少储存多少该产品?

解 设总销售量 $X = \sum_{i=1}^{5} X_i$,商店仓库储存量为 Y,则

$$E(X) = 200 + 240 + 180 + 260 + 320 = 1200$$

118

$$D(X) = 225 + 240 + 225 + 265 + 270 = 1225$$

由中心极限定理可知

$$P\{X \leqslant Y\} \approx \Phi\left(\frac{Y-1200}{\sqrt{1225}}\right) = \Phi\left(\frac{Y-1200}{35}\right)$$

若要求这种商品以 99% 的概率保证不脱销,则

$$\Phi\left(\frac{Y-1200}{35}\right) \geqslant 0.99$$

由标准正态分布表,可知 $\Phi(2.33) = 0.9901$,则

$$\frac{Y-1200}{35} \geqslant 2.33$$

解得 $Y \geqslant 1282$。所以为了使新的供货到达前商店不会脱销的概率大于 99%,商店仓库应至少储存 1282kg 该产品。

例 6.3.7　电视台做某节目收视率的调查,在每天节目播出时,随机地向当地居民打电话问是否看电视,如果在看电视,再问是否在看该节目。设回答在看电视的居民数为 n,求 n 取多大时,可保证调查误差在 1% 以内的概率在 95% 以上。

解　设回答在看该节目的人数为 X,估计收视率为 p,由题可得

$$P\left\{\left|\frac{X}{n} - p\right| < 0.01\right\} \geqslant 0.95$$

$$P\left\{\left|\frac{X-np}{\sqrt{np(1-p)}}\right| < \frac{0.01\sqrt{n}}{\sqrt{p(1-p)}}\right\} \geqslant 0.95$$

$$P\left\{-\frac{0.01\sqrt{n}}{\sqrt{p(1-p)}} < \frac{X-np}{\sqrt{np(1-p)}} < \frac{0.01\sqrt{n}}{\sqrt{p(1-p)}}\right\} \geqslant 0.95$$

由中心极限定理可得

$$\Phi\left(\frac{0.01\sqrt{n}}{\sqrt{p(1-p)}}\right) - \Phi\left(-\frac{0.01\sqrt{n}}{\sqrt{p(1-p)}}\right) \geqslant 0.95$$

$$2\Phi\left(\frac{0.01\sqrt{n}}{\sqrt{p(1-p)}}\right) - 1 \geqslant 0.95$$

$$\Phi\left(\frac{0.01\sqrt{n}}{\sqrt{p(1-p)}}\right) \geqslant 0.975$$

由标准正态分布表,可知 $\Phi(1.96) = 0.975$,则

$$\frac{0.01\sqrt{n}}{\sqrt{p(1-p)}} \geqslant 1.96$$

$$n \geqslant 196^2 p(1-p)$$

设 $g(p) = 196^2 p(1-p)$，则 $g'(p) = 196^2(1-2p)$，令 $g'(p) = 0$，得 $p = 0.5$。此时 $g(p)$ 的最大值为

$$g(0.5) = 196^2 \times 0.5^2 = 9604$$

因此，$n \geqslant 9604$ 时调查误差在 1% 以内的概率在 95% 以上。

例 6.3.8 假定某电视台节目的收视率为 15%，在一次收视率调查中，从居民中随机抽取 5000 户，并以收视频率作为收视率，请问两者之间误差小于 1% 的概率。

解 设在 5000 户中收看该节目的户数为 X，收视率 $p = 0.15$，随机抽取户数 $n = 5000$，由题可得

$$P\left\{\left|\frac{X}{n} - p\right| < 0.01\right\} = P\left\{\left|\frac{X - np}{\sqrt{np(1-p)}}\right| < \frac{0.01\sqrt{n}}{\sqrt{p(1-p)}}\right\}$$

由中心极限定理可得

$$\Phi\left(\frac{0.01\sqrt{n}}{\sqrt{p(1-p)}}\right) - \Phi\left(-\frac{0.01\sqrt{n}}{\sqrt{p(1-p)}}\right) = 2\Phi\left(\frac{0.01\sqrt{n}}{\sqrt{p(1-p)}}\right) - 1$$

$$= 2\Phi\left(\frac{0.01\sqrt{5000}}{\sqrt{0.15 \times 0.85}}\right) - 1 \approx 2\Phi(1.98) - 1$$

$$= 2 \times 0.9762 - 1 = 0.9524$$

两者之间误差小于 1% 的概率为 95.24%。

例 6.3.9 设在某独立重复的试验中，每次试验事件 A 发生的概率为 0.25，在 1000 次试验中事件 A 发生的频率与概率的绝对偏差为 ε，求绝对偏差 99.97% 以上的概率大于多少？此时发生的次数在哪个范围内？

解 设 X 为在 $n = 1000$ 次试验中发生事件 A 的次数，由题意可得

$$P\left\{\left|\frac{X}{n} - p\right| < \varepsilon\right\} \geqslant 0.9997$$

$$P\left\{\left|\frac{X - np}{\sqrt{np(1-p)}}\right| < \frac{\varepsilon\sqrt{n}}{\sqrt{p(1-p)}}\right\} \geqslant 0.9997$$

由中心极限定理可得

$$\Phi\left(\frac{\varepsilon\sqrt{n}}{\sqrt{p(1-p)}}\right) - \Phi\left(-\frac{\varepsilon\sqrt{n}}{\sqrt{p(1-p)}}\right) \geqslant 0.9997$$

$$2\Phi\left(\frac{\varepsilon\sqrt{n}}{\sqrt{p(1-p)}}\right) - 1 \geqslant 0.9997$$

$$\Phi\left(\frac{\varepsilon\sqrt{n}}{\sqrt{p(1-p)}}\right) \geqslant 0.99985$$

由标准正态分布表,可知 $\Phi(3.07)=0.9999$,则

$$\frac{\varepsilon\sqrt{n}}{\sqrt{p(1-p)}} \geqslant 3.07$$

$$\varepsilon \geqslant \frac{3.07\sqrt{p(1-p)}}{\sqrt{n}}$$

$$\varepsilon \geqslant 3.07 \times \sqrt{\frac{0.25 \times 0.75}{1000}} \approx 0.042$$

在 1000 次试验中事件 A 发生的频率与概率的绝对偏差 99.97% 以上的概率大于 0.042。

此时,事件 A 发生的次数 X 满足

$$\left|\frac{X}{1000} - 0.25\right| < 0.042$$

解得

$$208 \leqslant X \leqslant 292$$

此时,事件 A 发生的次数介于 208 与 292 之间。

例 6.3.10　购货方收到供货商提供的一批货物,根据以往的经验知道该供货商的产品次品率为 10%,而供货商声称这批货物次品率仅有 5%。现随机抽取 10 件检验,结果有 4 件次品,购货方应该如何做决策(即判断次品率究竟为 10%,还是 5%)?

解　记次品数为 X,则 $X \sim B(10,p)$,则 10 件中有 4 件次品的概率为 $P\{X=4\} = C_{10}^4 p^4 (1-p)^6$。

若 $p=0.05$,则

$$P\{X=4\} = C_{10}^4 \times 0.05^4 \times 0.95^6 \approx 0.001$$

若 $p=0.1$,则

$$P\{X=4\} = C_{10}^4 \times 0.1^4 \times 0.9^6 \approx 0.011$$

结果表明,在次品率为 10% 时,10 件产品中有 4 件次品的概率大,说明该批产品次品率为 10% 的可能性大。

例 6.3.11　购货方收到供货商提供的一批货物,若随机抽出 10 件检验,结果有 4 件次品。购货方应该如何做决策(即估计次品率到底是多少)?

解　**方法一**　记次品数为 X,则 $X \sim B(10,p)$,则 10 件中有 4 件次品的

概率为 $P\{X=4\}=C_{10}^4 p^4(1-p)^6$。

因为"随机抽出 10 件检验,出现 4 件次品",这一事件已经发生了,它应该是大概率事件,所以原题即转换为求 p 为何值时 $P\{X=4\}$ 最大,则

$$\frac{dP\{X=4\}}{dp}=C_{10}^4(4p^3(1-p)^6-6p^4(1-p)^5)$$

$$=C_{10}^4 p^3(1-p)^5(4-10p)$$

令 $\dfrac{dP\{X=4\}}{dp}=0$,解得 $\hat{p}=0.4$。

所以估计这批货物的次品率为 0.4。

方法二 设随机变量 $X_i=\begin{cases}1, & \text{表示第 } i \text{ 次出现次品}\\0, & \text{表示第 } i \text{ 次出现正品}\end{cases}$,次品率为 p,即

X_i	0	1
P	$1-p$	p

则每个 X_i 的分布概率 $P(X_i=x_i)=p^{x_i}(1-p)^{1-x_i}$,$x_i=0,1$。

设 $x_1,x_2,\cdots,x_n$ 为相应抽样结果(样本观测值),则似然函数为

$$L(p)=L(p;x_1,x_2,\cdots,x_n)=\prod_{i=1}^n p^{x_i}(1-p)^{1-x_i}$$

$$\ln L(p)=\sum_{i=1}^n \ln p^{x_i}(1-p)^{1-x_i}$$

$$\ln L(p)=\sum_{i=1}^n (x_i\ln p+(1-x_i)\ln(1-p))$$

等式两边同时求导,可得

$$\frac{d\ln L(p)}{dp}=\sum_{i=1}^n\left(\frac{x_i}{p}-\frac{1-x_i}{1-p}\right)$$

$$\frac{d\ln L(p)}{dp}=\sum_{i=1}^n \frac{x_i-p}{p(1-p)}=\frac{\sum_{i=1}^n(x_i-p)}{p(1-p)}$$

令 $\dfrac{d\ln L(p)}{dp}=0$,解得 $\hat{p}=\dfrac{1}{n}\sum_{i=1}^n x_i$。

由题意可知,$n=10$,$\sum_{i=1}^n x_i=4$,则 $\hat{p}=0.4$。

所以估计这批货物的次品率为 0.4。

从本例看出,日常生活中用频率进行的简单抽样估计和极大似然估计结

果是一致的。

例 6.3.12　如何估计鱼塘中鱼的数量？假设鱼塘中有 N 条鱼,第一天打捞出 r 条鱼,做上记号后放回鱼塘。几天后,从鱼塘中打捞出 s 条鱼($s \geqslant r$),其中 k 条鱼标有记号。请估计该鱼塘中鱼的数量 N。

解　由题意可知,从该鱼塘打捞到带有记号的鱼的概率近似为 $p = \dfrac{r}{N}$。

设 X 表示第二次从鱼塘打捞出 s 条鱼中有记号鱼的数量,则随机变量 X 服从超几何分布,其概率为

$$P_N\{X = k\} = \frac{C_r^k C_{N-r}^{s-k}}{C_N^s}$$

则

$$P_{N-1}\{X = k\} = \frac{C_r^k C_{N-1-r}^{s-k}}{C_{N-1}^s}$$

所以

$$
\begin{aligned}
\frac{P_N\{X = k\}}{P_{N-1}\{X = k\}} &= \frac{C_r^k C_{N-r}^{s-k}}{C_N^s} \times \frac{C_{N-1}^s}{C_r^k C_{N-1-r}^{s-k}} \\
&= \frac{(N-s)(N-r)}{N(N-r-s+k)} \\
&= \frac{N^2 - Nr - sN + sr}{N^2 - Nr - sN + Nk}
\end{aligned}
$$

容易知道,当 $sr > Nk$,即 $N < \dfrac{sr}{k}$ 时,$\dfrac{P_N\{X=k\}}{P_{N-1}\{X=k\}} > 1$;当 $sr < Nk$,即 $N > \dfrac{sr}{k}$ 时,$\dfrac{P_N\{X=k\}}{P_{N-1}\{X=k\}} < 1$。

即当 N 增大时,$P_N\{X=k\}$ 先增大后减小;当 $N = \dfrac{sr}{k}$ 时,$P_N\{X=k\}$ 取得最大值。

所以该鱼塘中鱼的数量估计为 $\hat{N} = \left[\dfrac{sr}{k}\right]$($\dfrac{sr}{k}$ 的值取整)。

CHAPTER 7

第7章 多元统计分析概述

7.1 多元统计分析的历史

7.1.1 什么是多元统计分析

在工业、农业、医学、气象、环境以及经济管理等诸多领域,常常需要同时关注多个指标。例如,在经济管理中,要对国有企业资本金效绩进行评价,需要观测净资产收益率、总资产报酬率、总资产周转率、流动资产周转率、资产负债率等多个指标。要了解一个国家经济发展的类型,需要很多观测指标,比如人均国民收入、人均工农业产值、人均消费水平等。在医学诊断中,要判断某人是否有病需要观测多个指标,例如血压,体温,心脏脉搏跳动的次数等。在统计学中通常将指标称为变量,变量有确定性变量和随机变量两种。由于受到某些确定性因素的影响,某些变量会沿着某一方向持续变化,那么这样的变量称为确定性变量。例如,科学技术的不断提高,卫生条件的不断完善,人类的平均寿命不断延长,这些都是确定性变量。而对于血压、体温、人均国民收入、人均消费水平等变量,它们的变动受诸多因素变动的影响,所以每次观测的指标值是不能预先确定的,这样的变量称为随机变量。随机变量是统计分析研究的重要内容。

如何同时对多个随机变量的观测数据进行有效的分析和研究呢?传统的方法是,将多个随机变量进行独立的分析和研究,即一次只处理一个变量,这种处理方法忽视了变量间可能存在的关系,进而可能导致研究的结果失真。而多元统计分析方法是通过对多个随机变量观测数据的分析,研究变量之间的相互关系以及揭示这些变量内在的变化规律。因此,多元统计分析是研究多个变量之间相互依赖关系以及内在统计规律的一门统计学科。

7.1.2　多元统计分析的历史

在人类的认识活动中,统计方法日益受到重视,人们应用统计方法进行信息的收集、整理和分析,从而达到认识客观世界的目的。一般而言,统计分析技术越先进,则对客观事物的认识也越全面、越深刻。

早期的统计是统治阶级为了统治国家,需要掌握军事、财政等情况而产生的。当时主要运用统计来搜集国家的人口、土地、财富等资料,这就是历史上的最简单的统计。随着社会的发展,历史的进步,人们开始逐渐重视统计的作用,将它运用到吃、穿、住、行等各个领域。

这个阶段的统计仅限于对于实物数量的统计,还谈不上对统计资料的分析与研究。直到 17 世纪,阿亨华尔的著作《近代欧洲各国国势学纲要》中运用对比分析的方法研究了国家组织、领土、人口、资源财富和国情国力,比较了各国实力的强弱,为德国的君主政体服务,从而开创了统计分析的先河。因在外文中“国势”与“统计”词义相通,后来正式命名为“统计学”。19 世纪,威廉·佩蒂的代表作《政治算术》中利用实际资料,运用数字、重量和尺度等统计方法对英国、法国和荷兰三国的国情国力,作了系统的数量对比分析,从而为统计学的形成和发展奠定了方法论基础。因此马克思说:“威廉·佩蒂——政治经济学之父,在某种程度上也是统计学的创始人。”

18 世纪末至 19 世纪末是统计学的发展时期。在这时期,各种学派的学术观点已经形成,并且形成了两主要学派,即数理统计学派和社会统计学派。数理统计学派主张用研究自然科学的方法研究社会现象,正式把古典概率论引进统计学,使统计学进入一个新的发展阶段。社会统计学派在研究对象上认为统计学是研究整体而不是个别现象,而且认为由于社会现象的复杂性和整体性,必须进行大量观察和分析,研究其内在联系,才能揭示现象内在规律,这与数理统计学派的计量不计质的方法论性质是相对立的。

随着统计学的不断发展,多元统计分析也逐渐有了雏形。系统的多元统计分析理论起源于 20 世纪初,维希特在 1928 年发表的论文《多元正态总体样本协方差的精确分布》可以说是多元统计分析的开端。20 世纪 30 年代,费希尔、霍特林、罗伊、许宝禄等人做了一系列的奠基性工作,使多元分析在理论上得到了迅速的发展。40 年代,多元分析在心理、教育、生物等方面有了不少的应用。50 年代中期,多元分析方法在地质、气象、医学、社会学等方面得到了广泛的应用。60 年代,通过应用和实践,又完善和发展了相关的理论,而这些新的理论和方法,又不断地促进多元分析应用于更广的领域。直到 70 年代初,多元分析在我国各领域的研究才开始受到重点关注,近几十年,我国在多元分析的理论和应用上取得了许多显著的成就。21 世纪以后,多元分析与人工智能、数据库技术等相结合,已经在农业、工业、天文、地理、经济等方面得到了成功的应用。

7.2 多元统计分析的应用

7.2.1 多元统计分析的作用

1. 简化数据结构

要认识客观现象,往往需要从多角度及多方面进行系统的、相互联系的考察,这必然涉及多个指标各有侧重地说明同一事物的不同特性。通常这些指标具有复杂的数据结构,不利于研究分析。因此,需要将这些复杂的数据结构通过变量替换等方法,将相互依赖的变量化为互不相关的变量;或者是在保证损失的信息不太多的情况下,将高维度空间的数据进行降维,从而达到简化数据结构的目的。多元统计中的主成分分析法,因子分析法,对应分析法等就是此类方法。

2. 分类与判别

将数据中具有相同或相近性质的变量划分为同一类,把性质不同的变量归为不同的类别,有利于对问题的分析和研究。根据所观测的数据,将研究的变量按照相近程度的不同,进行分类或者判别,是多元分析的另一目的所在。例如聚类分析,判别分析等就是解决这类问题的统计方法。

3. 研究变量间的相互关系

变量与变量之间是否是相互独立的? 如果不独立,一组变量是依赖于哪些变量进行变化的? 这些都是研究事物时经常需要考虑的问题。考虑两组变量之间的相互关系,通常采用典型相关分析;考虑变量之间的定量关系,则经常采用回归分析。

4. 统计推断

人们常常需要根据手中的样本数据,分析或推断数据反映的本质规律,即

根据样本数据选择统计量去推断总体的分布或数字特征等,参数估计就是这
类方法。统计推断的另一种方式是假设检验,所谓假设检验是先对总体参数
提出一个假设,然后利用样本信息判断这一假设是否成立。

7.2.2　多元统计分析能解决的问题

多元统计分析可以应用于几乎所有的领域,主要包括:工业、农业、文学、
经济学、地质学、医学、教育学、金融、气象学、生物学、遗传学、计算、物理学、地
理学、军事、法律、环境科学、考古学、体育科学、管理科学、水文学等,还可以应
用于一些交叉学科或方向,下面简要介绍一下多元分析应用的广泛性。

(1) 工业

企业的经济效益是人力、物力、财力、信息、市场条件等因素共同作用的结
果,可以利用多元统计分析对企业的经济效益进行评价。例如,某服装厂要生
产一批新型服装,为了适应大多数顾客的需求,如何确定服装的主要指标以及
分类型号? 这些可以利用多元统计分析的主成分分析法和因子分析法进行
分析。

(2) 农业

如何根据全国各地区农民生活消费支出情况研究农民消费结构的趋势?
这些可以利用多元统计分析的聚类分析法进行分析。

(3) 文学

在 1985—1986 年,复旦大学李贤平教授带领他的学生对我国古典小说的
著名作品《红楼梦》一书的版权问题,运用多元统计分析方法进行研究。首先
将 120 回的红楼梦看成 120 个样本,然后将与情节无关的虚词作为变量,将各
虚词每回出现的次数作为数据,用多元统计的聚类分析法进行分类。研究的
结果发现,果然将 120 回分成了两类,前 80 回为一类,后 40 回为一类。说明
《红楼梦》的作者确实不止一人。

(4) 经济学

反映国家经济发展程度的指标有许多,例如人均国内生产总值、人均收
入、人均消费支出等。利用多元统计分析的判别分析法就可以判断国家经济
发展所属类型。又比如可以利用判别分析法根据市场中相关数据判断企业产
品的销售情况。

（5）地质学

在地质勘探中,如何根据岩石标本的多种特征来判别地层的地质年代?是有矿还是无矿?是铜矿还是铁矿?这些都可以利用多元统计分析来进行研究。

（6）医学

医院中的医生判断病人所患何种病症,主要是根据病人的各种症状,例如体温、血压、呼吸状况等,其实也属于多元统计分析中的判别分析法。

（7）教育学

在教学改革中,改革成效的判断,例如学生各门课程成绩的相关性分析,利用主成分分析法来分析教学方式、教学手段的成效等。

（8）考古学

在考古学中,根据挖掘出的动物牙齿有关的测试指标,判别它是属于哪一类动物的牙齿,哪个时代的动物?

（9）社会学

在社会学中,调查大学生对婚姻家庭的主要影响因素（文化、职业、经济收入、责任、相貌）,以便对当代大学生进行正确引导和思想教育。

（10）植物学

在选择种子的时候,需要对植物的各类特征进行测量和评价,从中选取优于上一代的种子,从而保证植物的优选,这些都需要利用多元统计分析进行研究。

（11）体育科学

如何测试运动员的多项心理、生理指标（简单反应、时间知觉、综合反应等）?如何研究体力测试指标（反复横向跳、立定体前屈、俯卧向上后仰等）与运动能力测试指标（耐力跑、跳远、投球等）之间的相关关系?这些也需要运用多元统计分析进行研究。

（12）环境保护

研究多种污染气体（SO_2、CO、CO_2）的浓度与污染源的排放量以及气象因子（风速、风向、湿度、温度等）之间的相互关系,也需要使用多元统计分析。

7.2.3　统计方法的选择

变量描述的是变化的量,是运用统计方法所分析的对象。根据变量的不同特征所采用的统计方法是不同的,因此我们要首先研究变量的各种分类方式。

1. 以取值属性分类

变量按取值属性可分为数值变量和分类变量。

(1) 数值变量

数值变量也称为定量变量,其变量值用数量表示。数值变量可进一步分为离散变量和连续变量两种。

离散变量是指其数值只能取有限个或者无限但可数个的变量。例如,企业个数,职工人数,设备台数等都是离散变量。

连续变量是指在一定区间内可以任意取值的变量,其数值是连续不断的,即可取无限个数值。例如,人体测量的身高、体重、胸围等都是连续变量。

(2) 分类变量

分类变量也称为定性变量,变量值是定性的,表现为互不相容的类别和属性。分类变量可以分为无序分类变量和有序分类变量两种。

无序分类变量是指所分类别和属性之间无程度和顺序的差别。对于无序分类变量的分析,应先按类别分组,清点各组的观测单位数,编制分类变量的频数表,所得资料为无序分类资料,也称为计数资料。

有序分类变量各类别之间有程度的差别。如调查结果可按非常满意、满意、一般、不满意、非常不满意进行分类。对有序分类变量应先按等级顺序分组,清点各组的观测单位个数,编制有序变量的频数表,所得资料也称为等级资料。

2. 以测量尺度分类

变量的类型按照尺度的不同,通常分为以下三种尺度。

(1) 间隔尺度

变量是用实数来表示的,例如重量、速度、压力、长度、收入、支出等。一般来说,计数得到的数量是离散数量,测量得到的数量是连续数量。在间隔尺度中,如果存在绝对零点,又称为比例尺度。本书并不严格区分比例尺度和间隔尺度。

(2) 有序尺度

变量度量时没有明确的数量表示,而是划分一些等级,等级之间有次序关系,如某产品分为上、中、下三等,此三等有次序关系,但没有数量表示。

（3）名义尺度

变量度量时既没有数量表示，也没有次序关系，只有一些特性状态，如市场供求中有"产"与"销"两种，某物体有红、蓝、黑、白四种颜色，这些度量无序且与数量无关。在名义尺度中，只取两种特性状态的变量是很重要的，如人口性别的男和女，市场交易中的买和卖，天气的有雨和无雨，电路的开和关等。

由于客观世界和现实生活中有太多的不确定性，作为数据分析的最主要方法——统计，人们也自然而然地设计出数不胜数的统计方法。由于随机误差的普遍存在且预先的不确定，面对一个实际问题的时候很难说有最优的统计方法。每一种统计方法都主要针对某些特定背景的问题和变量，表 7.2.1～表 7.2.3 列出了理想状态下的统计方法的选择。

表 7.2.1　不同变量类型的数据分析方法选择

因变量	自变量		
	数值变量	分类变量	有序变量
数值变量	相关分析、回归分析	回归分析	相关分析、回归分析
分类变量	Logistic 回归分析、聚类分析、判别分析	Logistic 回归分析、χ^2 检验	χ^2 检验
有序变量	Logistic 回归分析、聚类分析、判别分析	Logistic 回归分析、χ^2 检验	相关分析、χ^2 检验

表 7.2.2　不同研究设计和数据类型的数据分析方法选择

因变量	研究设计类型				
	两组比较	两组以上比较	配对比较	重复测量	两变量间的联系
数值变量	t 检验	方差分析	配对 t 检验	方差分析	回归分析、Pearson 相关系数
分类变量	χ^2 检验	χ^2 检验	配对 χ^2 检验		列联表相关系数
有序变量	Mann-Whitney 秩和检验	Kraskal-Wallis 分析	Wilcoxon 符号秩和检验		Spearman 相关系数

表 7.2.3　统计方法和研究问题之间的关系

问　题	内　容	方　法
数据或结构性化简	尽可能简单地表示所研究的现象，但不损失很多有用的信息，并希望这种表示能够很容易解释	多元回归分析、聚类分析、主成分分析、因子分析、对应分析、多维尺度法、可视化分析

续表

问　题	内　容	方　法
分类和组合	基于所测量到的一些特征,给出好的分组方法,对相似的对象或变量分组	判别分析、聚类分析、主成分分析、可视化分析
变量之间的相关关系	变量之间是否存在相关关系,相关关系又是怎样体现的	多元回归、典型相关、主成分分析、因子分析、对应分析、多维尺度法、可视化分析
预测与决策	通过统计模型或最优准则,对未来进行预见或判断	多元回归、判别分析、聚类分析、可视化分析
假设的提出及检验	检验由多元总体参数表示的某种统计假设,能够证实某种假设条件的合理性	多元总体参数估计,假设检验

7.3　多元统计分析相关软件介绍

多元统计分析相关软件很多,本节将简要介绍最常见的几种软件。

(1) Excel

Excel 作为数据表软件,具有一定的统计计算功能。它的特点是对表格的管理和统计图制作功能强大,容易操作。但其统计方法不全,对于简单的统计分析,Excel 是能够胜任的。但是对于复杂的问题,Excel 就显得力不从心了,这时还需要专业的统计软件进行处理。

(2) SPSS

SPSS 是英文 statistical package for the social science 首字母的缩写,是 20 世纪 60 年代末由美国斯坦福大学的三位研究生研制,使用 FORTRAN 语言编写而成的。SPSS 系统特点是操作比较方便,统计方法比较齐全,绘制图形、表格较方便,输出结果比较直观,是用户最多的软件之一。

(3) SAS

SAS 是英文 statistical analysis system 首字母的缩写,是由美国北卡罗来纳州立大学的两名研究生研制,使用汇编语言编写而成的。SAS 系统是一个模块组合式结构的软件系统,它具备十分完备的数据访问、数据管理、数据分析功能。SAS 系统在所有统计软件当中是功能最强大的一款,对于非统计专业人员学习有一定的难度,比较适合统计专业人员使用。

（4）Statistica

Statistica 是由美国 Stat Soft 公司开发的,主要提供统计资料分析、图表、资料管理等功能。Statistica 是一个整合数据分析、图表绘制、数据库管理与自订应用发展系统环境的专业软件。它不仅给使用者提供统计、绘图与数据管理程序等一般目的的需求,更给特定需求者提供所需的数据分析方法（例如数据挖掘、商业、社会科学、生物研究或工业工程等）。

（5）S-Plus

S-Plus 是由美国 Math Soft 公司开发的一种统计学软件,它是基于 S 语言编写的。S-Plus 与 SAS、SPSS 是世界上公认的三大统计软件。它主要用于数据挖掘、统计分析、统计作图等,其最大的特点是强大而方便的编程功能,使得研究人员可以编制他们的程序,来实现自己创造的理论和方法。

（6）Stata

Stata 是 1985 年由美国计算机资源中心研制而成的,其特点是采用命令操作,程序容量比较小,统计方法比较齐全,计算结果的输出形式简洁,绘出的图形精美。不足之处是数据的兼容性差,内存占用空间比较大。

（7）DPS

DPS 是由浙江大学唐启义教授开发的统计软件,完善的实验设计和统计分析功能涵盖了统计分析的内容,是目前国内统计分析功能最全的软件包之一。

（8）MATLAB

MATLAB 是应用于各个领域的以编程为主的软件,它提供了一个人机交互的数学系统环境,并以矩阵为基本的数据结构,可以大大节省编程时间。MATLAB 具有强大的符号演算、数值计算和图形分析功能。

（9）R 软件

R 软件是一套完整的数据处理计算和制图软件系统,它是由 S 语言编写的。R 是完全免费开放的,它的所有计算过程和代码都是公开的,它的函数还可以被用户按需求改写。另外,由于 R 的开源性,从各个方向的研究者编写的软件包和程序不断地加入进来,使得 R 软件函数的数量和更新远远超过其他软件。R 软件的语言结构与 C 语言、FORTRAN、MATLAB、BASIC 等相似,所以对于非统计的工作者来讲,具有一定的难度。

CHAPTER

第8章　多元统计方法

8.1　差异性分析

在比较事物时,我们通常关心事物的异同,如何界定"相同"或"相异"呢?我们知道观测事物时不可避免地具有测量误差,只要误差在可允许的范围内,则可以认为被观测的事物是相同的。因此,需要对观测数据(样本)进行差异性假设检验。本节主要对均值比较检验和方差分析两种方法进行介绍。

8.1.1　均值比较检验

均值检验通常分为以下两种:(1)单一样本的均值检验,是用样本的均值对总体均值的假设进行检验的方法;(2)独立样本的均值检验,是用两个样本的均值之差的大小来检验对应的两个总体的均值是否相等的方法。

1. 均值检验的基本原理

在实际问题的研究中,样本总体的特征不是很清楚,这时可以从总体中抽取样本数据,利用样本数据对总体的特征进行推断。假设检验是对总体的参数(或分布形式)提出某种假设,然后利用样本信息判断假设是否成立,并给出接受或拒绝的过程。

例如,假设某大学的西方经济学课程的成绩服从正态分布,由历史数据可知成绩的平均值为 80 分。在今年的西方经济学课程中随机抽取 70 名学生的成绩并计算其平均成绩,如果平均成绩越接近 80 分,则今年的西方经济学成绩与往年的成绩无差异的可能性越大。

在假设确立以后,需要通过构造样本的统计量并计算其概率值进行推断,拒绝还是接受假设。一般地,构造的统计量服从或近似服从常用的已知分布。

例如,在均值检验中,如果总体近似服从正态分布,而且总体方差已知,可采用 $U = \dfrac{\bar{x} - \mu}{\sigma/\sqrt{n}}$ 作为检验统计量;如果方差未知,而且是小样本,则可采用 $t = \dfrac{\bar{x} - \mu}{s/\sqrt{n}}$ 作为检验统计量;如果方差未知,而且样本数较大时,t 分布趋近于 U 分布。由于在多数情况下,总体方差未知,所以样本均值的比较检验也称为样本的 t 检验,因此一般的统计软件只包括 t 检验。

判断是否接受或拒绝原假设,在统计学上是依据小概率原理进行的。事先确定一个概率作为判断的标准,如果根据命题的原假设所计算出来的概率小于这个标准,就拒绝原假设,大于这个标准则接受原假设。

由于这些判断是建立在样本信息的基础之上的,而样本又是随机的,所以存在判断错误的可能。如果原假设是正确的,但却拒绝了原假设,这时所犯的错误称为第一类错误,即弃真错误,犯第一类错误的概率记为 α。如果原假设是错误的,但却没有拒绝原假设,这时所犯的错误称为第二类错误,即存伪错误,犯第二类错误的概率记为 β,具体归类如表 8.1.1 所示。

8.1.1　两类错误的概率

	接受假设 H_0,拒绝假设 H_1	拒绝假设 H_0,接受假设 H_1
H_0 为真	$1-\alpha$(正确推断)	α(弃真错误)
H_1 为伪	β(存伪错误)	$1-\beta$(正确推断)

我们通常把犯第一类错误概率的最大允许值称为显著性水平,显著性水平 α 越小,犯第一类错误的可能性就越小,但犯第二类错误的可能性就越大。在实际应用中,人们认为犯第一类错误的后果更严重,所以会取较小的 α 值。常用的显著性水平一般取 0.01 或 0.05,这表明当做出接受原假设的推断时,正确的概率为 95% 或 99%。

当显著性水平确定后,可以根据统计量的分布情况,查找出接受域或拒绝域的临界值。如果统计量的数值落在接受域内,说明原假设与样本描述的情况差异不显著,应该接受原假设;如果统计量的数值落在拒绝域内,说明原假设与样本描述的情况差异显著,应该拒绝原假设。

2. 单一样本的均值检验

当样本数据来自服从正态分布的单一总体,而且总体的均值可知时,可采用单一样本均值检验,以检验样本所在总体的均值与给定的检验值之间是否存在显著差异。单一样本均值检验的基本思想是,根据历史数据或经验提出

原假设 $H_0: \mu = \mu_0$，其中 μ_0 是已知的总体样本均值。通过计算样本均值来自均值为 μ_0 的总体的概率，推断样本所在总体的均值是否为 μ_0。

设 $\boldsymbol{X}_1, \boldsymbol{X}_2, \cdots, \boldsymbol{X}_n$ 是来自 p 维正态总体 $N_p(\boldsymbol{\mu}, \boldsymbol{\Sigma})$ 的样本，样本均值向量

$\overline{\boldsymbol{X}} = \dfrac{1}{n} \sum\limits_{i=1}^{n} \boldsymbol{X}_i$，样本协方差矩阵 $\boldsymbol{S} = \sum\limits_{i=1}^{n} (\boldsymbol{X}_i - \overline{\boldsymbol{X}})(\boldsymbol{X}_i - \overline{\boldsymbol{X}})'$。

假设 $H_0: \boldsymbol{\mu} = \boldsymbol{\mu}_0$；$H_1: \boldsymbol{\mu} \neq \boldsymbol{\mu}_0$。

（1）总体方差 $\boldsymbol{\Sigma}$ 已知时，检验统计量

$$t^2 = n(\overline{\boldsymbol{X}} - \boldsymbol{\mu}_0)' \boldsymbol{\Sigma}^{-1} (\overline{\boldsymbol{X}} - \boldsymbol{\mu}_0) \sim \chi^2(p)$$

在显著性水平 α 下，如果 $t^2 > \chi^2_\alpha(p)$，则拒绝 H_0，反之接受 H_0。

在一元统计中，可构造标准正态分布检验统计量

$$U = \frac{\overline{X} - \mu_0}{\sigma / \sqrt{n}} \sim N(0,1)$$

其中，样本均值 $\overline{X} = \dfrac{1}{n} \sum\limits_{i=1}^{n} x_i$。当 H_0 成立时，统计量 U 服从标准正态分布。查标准正态分布表得 $U_{\alpha/2}$，如果样本值 $|U| > U_{\alpha/2}$，则拒绝原假设 H_0；如果 $|U| \leqslant U_{\alpha/2}$，则接受原假设 H_0。

当 $|U|$ 较大时，

$$U^2 = \frac{(\overline{X} - \mu_0)^2}{\sigma^2 / n} = n(\overline{X} - \mu_0)(\sigma^2)^{-1}(\overline{X} - \mu_0)$$

在 H_0 成立时，$U^2 \sim \chi^2(1)$。上式与检验统计量 t^2 形式相同，在显著性水平 α 下，如果 $U^2 > \chi^2_\alpha(1)$，则拒绝 H_0。由前面的分析可知，上式为统计量 $p = 1$ 时的情形，一元正态总体是多元正态总体的特例。因此，后面的分析将只讨论多元正态总体的情况。

（2）总体方差 σ^2 未知时，总体方差 σ^2 由样本方差 $\boldsymbol{S}^2$ 代替，构造检验统计量

$$F = \frac{(n-1) - p + 1}{(n-1)p} t^2 \sim F(p, n-p)$$

其中，$t^2 = (n-1)\left[\sqrt{n} (\overline{\boldsymbol{X}} - \boldsymbol{\mu}_0)' \boldsymbol{S}^{-1} \sqrt{n} (\overline{\boldsymbol{X}} - \boldsymbol{\mu}_0) \right]$。

在显著性水平 α 下，查 F 分布表，如果 $F = \dfrac{n-p}{(n-1)p} t^2 > F_\alpha$，则拒绝 H_0，否则接受 H_0。

在一元统计中，可构造 t 检验统计量

$$t = \frac{\overline{X} - \mu_0}{S/\sqrt{n}} \sim t(n-1)$$

其中，样本标准差 $S = \sqrt{\dfrac{1}{n-1}\sum\limits_{i=1}^{n}(X_i - \overline{X})^2}$，自由度为 $n-1$。

当 $|t|$ 较大时，

$$t^2 = \frac{(\overline{X} - \mu_0)^2}{S/n} = n(\overline{X} - \mu_0)S^{-1}(\overline{X} - \mu_0)$$

在 H_0 成立时，$t^2 \sim F(1, n-1)$。在显著性水平 α 下，如果 $t^2 > F_\alpha(1, n-1)$，则拒绝 H_0。

例 8.1.1 已知某年级 10 个学生的身高数据如表 8.1.2 所示，检测其平均身高是否与年级平均身高 165cm 相同。

表 8.1.2　学生身高

学生序号	1	2	3	4	5	6	7	8	9	10
身高/cm	164	152	168	173	168	165	166	156	169	170

解　假设 $H_0: \mu = 165; H_1: \mu \neq 165$。

$\overline{X} = 165.1, S = 6.4541$，自由度 $\mathrm{df} = 9$。由于总体方差 σ^2 未知，则 $t = \dfrac{\overline{X} - \mu_0}{S/\sqrt{n}} = 0.0072$。

取显著性水平 $\alpha = 0.05$，查 t 分布表可得 $t_{0.025} = 2.262$，所以 $|t| < t_{\alpha/2}$，则接受原假设，即 10 个学生平均身高与整个年级的平均身高无显著差异。

3. 独立样本的均值检验

两个独立的正态总体样本均值的检验称为独立样本均值检验。它的基本思想是确定来自两个独立总体的样本方差是否相等，并根据判断结果选择检验统计量，对两个样本均值 μ_1, μ_2 用 t 检验方法进行检验，若均值相差过大则拒绝均值相等的原假设，说明两个总体具有显著性差异。

设 $\boldsymbol{X}_1, \boldsymbol{X}_2, \cdots, \boldsymbol{X}_n$ 是来自 p 维正态总体 $N_p(\boldsymbol{\mu}_1, \boldsymbol{\Sigma}_1)$ 的样本，样本均值向量 $\overline{\boldsymbol{X}} = \dfrac{1}{n}\sum\limits_{i=1}^{n}\boldsymbol{X}_i$，样本协方差矩阵 $\boldsymbol{S}_1 = \sum\limits_{i=1}^{n}(\boldsymbol{X}_i - \overline{\boldsymbol{X}})(\boldsymbol{X}_i - \overline{\boldsymbol{X}})'$；设 $\boldsymbol{Y}_1, \boldsymbol{Y}_2, \cdots, \boldsymbol{Y}_m$ 是来自 p 维正态总体 $N_p(\boldsymbol{\mu}_2, \boldsymbol{\Sigma}_2)$ 的样本，样本均值向量 $\overline{\boldsymbol{Y}} = \dfrac{1}{m}\sum\limits_{i=1}^{m}\boldsymbol{Y}_i$，样本协方差

矩阵 $\boldsymbol{S}_2 = \sum\limits_{i=1}^{m} (\boldsymbol{Y}_i - \overline{\boldsymbol{Y}})(\boldsymbol{Y}_i - \overline{\boldsymbol{Y}})'$。两组样本相互独立,且 $n > p, m > p$。

假设 $H_0: \mu_1 = \mu_2; H_1: \mu_1 \neq \mu_2$。

(1) 总体方差 $\boldsymbol{\Sigma}_1 = \boldsymbol{\Sigma}_2 = \boldsymbol{\Sigma}$ 已知时,检验统计量

$$t^2 = \frac{n_1 \cdot n_2}{n_1 + n_2} (\overline{\boldsymbol{X}} - \overline{\boldsymbol{Y}})' \boldsymbol{\Sigma}^{-1} (\overline{\boldsymbol{X}} - \overline{\boldsymbol{Y}}) \sim \chi^2(p)$$

在显著性水平 α 下,如果 $t^2 > \chi_\alpha^2(p)$,则拒绝 H_0,反之接受 H_0。

在一元统计中,可构造标准正态分布检验统计量

$$U = \frac{\overline{X} - \overline{Y}}{\sqrt{\sigma^2/n_1 + \sigma^2/n_2}} \sim N(0,1)$$

当 H_0 成立时,统计量 U 服从标准正态分布。查标准正态分布表得 $U_{\alpha/2}$,如果样本值 $|U| > U_{\alpha/2}$,则拒绝原假设 H_0;如果 $|U| \leqslant U_{\alpha/2}$,则接受原假设 H_0。

当 $|U|$ 较大时,

$$U^2 = \frac{(\overline{X} - \overline{Y})^2}{\sigma^2/n_1 + \sigma^2/n_2} = \frac{n_1 \cdot n_2}{(n_1 + n_2)\sigma^2} (\overline{X} - \overline{Y})^2$$

$$= \frac{n_1 \cdot n_2}{n_1 + n_2} (\overline{X} - \overline{Y})(\sigma^2)^{-1} (\overline{X} - \overline{Y})$$

在 H_0 成立时,$U^2 \sim \chi^2(1)$。上式与检验统计量 t^2 形式相同,在显著性水平 α 下,如果 $U^2 > \chi_\alpha^2(1)$,则拒绝 H_0。类似于单一样本均值检验,上式为统计量 $p=1$ 时的情形,一元正态总体是多元正态总体的特例。因此,后面的分析将只讨论多元正态总体的情况。

(2) 总体方差 $\sigma_1^2 = \sigma_2^2$ 但未知时,构造检验统计量

$$F = \frac{(n_1 + n_2 - 2) - p + 1}{(n_1 + n_2 - 2)p} t^2 \sim F(p, n_1 + n_2 - p - 1)$$

其中,$t^2 = (n_1 + n_2 - 2)\left[\sqrt{\dfrac{n_1 \cdot n_2}{n_1 + n_2}}(\overline{\boldsymbol{X}} - \overline{\boldsymbol{Y}})\right]'(\boldsymbol{S}_1 + \boldsymbol{S}_2)^{-1}\left[\sqrt{\dfrac{n_1 \cdot n_2}{n_1 + n_2}}(\overline{\boldsymbol{X}} - \overline{\boldsymbol{Y}})\right]$。

在显著性水平 α 下,查 F 分布表,如果 $F > F_\alpha$,则拒绝 H_0,否则接受 H_0。

(3) 总体方差 $\sigma_1^2 \neq \sigma_2^2$ 未知且 $n_1 = n_2 = n$ 时,令 $\boldsymbol{Z}_i = \boldsymbol{X}_i - \boldsymbol{Y}_i, i = 1,2,\cdots, n$,则

$$\overline{\boldsymbol{Z}} = \overline{\boldsymbol{X}} - \overline{\boldsymbol{Y}}, \quad \boldsymbol{S} = \sum_{i=1}^{n} (\boldsymbol{Z}_i - \overline{\boldsymbol{Z}})^2$$

检验统计量

$$F = \frac{(n-p)n}{p} \overline{Z}' S^{-1} \overline{Z} \sim F(p, n-p)$$

在显著性水平 α 下,查 F 分布表,如果 $F > F_\alpha$,则拒绝 H_0,否则接受 H_0。

(4) 总体方差 $\sigma_1^2 \neq \sigma_2^2$ 未知且 $n_1 \neq n_2$ 时,不妨设 $n_1 < n_2$,令

$$Z_i = X_i - \sqrt{\frac{n_1}{n_2}} Y_i + \frac{1}{\sqrt{n_1 \cdot n_2}} \sum_{i=1}^{n_1} Y_i - \frac{1}{\sqrt{n_2}} \sum_{i=1}^{n_2} Y_i, \quad i = 1, 2, \cdots, n$$

则

$$\overline{Z} = \overline{X} - \overline{Y}, \quad S = \sum_{i=1}^{n_1} (Z_i - \overline{Z})^2$$

构造检验统计量

$$F = \frac{(n_1 - p)n_1}{p} \overline{Z}' S^{-1} \overline{Z} \sim F(p, n_1 - p)$$

在显著性水平 α 下,查 F 分布表,如果 $F > F_\alpha$,则拒绝 H_0,否则接受 H_0。

8.1.2 方差分析

在科学研究中,经常要分析各种因素对研究对象某些特性值的影响。方差分析就是采用数理统计的方法对所得结果进行分析,以鉴别各种因素对研究对象的某些特性值影响大小的一种方法。方差分析又称"变异数分析"或"F 检验",用于两个及两个以上样本均值差别的显著性检验。从形式上看,方差分析是比较多个总体均值是否相等,但本质上是研究变量间的关系。方差分析是从观测变量的方差入手,研究诸多控制变量中哪些变量是对观测变量有显著影响的变量。

1. 单因素方差分析

单因素方差分析是用来研究一个因子的不同水平是否对指标产生显著影响。首先建立单因素方差分析的数学模型。

一个因子 A 取 r 个水平,分析这 r 个不同水平对指标 x 的影响。在每个水平 $A_i (i = 1, 2, \cdots, r)$ 下重复做 m 次试验,x_{ij} 表示在 A_i 水平下第 j 次观测值,具体情况如表 8.1.3 所示。

表 8.1.3　单因素方差分析的数据结构

水平	观测值					
	1	2	$\cdots$	j	$\cdots$	m
A_1	x_{11}	x_{12}	$\cdots$	x_{1j}	$\cdots$	x_{1m}
A_2	x_{21}	x_{22}	$\cdots$	x_{2j}	$\cdots$	x_{2m}
$\vdots$	$\vdots$	$\vdots$		$\vdots$		$\vdots$
A_i	x_{i1}	x_{i2}	$\cdots$	x_{ij}	$\cdots$	x_{im}
$\vdots$	$\vdots$	$\vdots$		$\vdots$		$\vdots$
A_r	x_{r1}	x_{r2}	$\cdots$	x_{rj}	$\cdots$	x_{rm}

设随机变量 ε_{ij} 表示第 i 个水平下第 j 次试验的随机误差,则

$$x_{ij} = \mu_i + \varepsilon_{ij}, \quad i = 1, 2, \cdots, r; j = 1, 2, \cdots, m$$

其中,μ_i 为 A_i 水平下的指标 x_{ij} 的均值。

由于 $x_{ij} \sim N(\mu_i, \sigma^2)$,所以 $\varepsilon_{ij} \sim N(0, \sigma^2)$。

令 $\mu = \dfrac{1}{r} \sum\limits_{i=1}^{r} \mu_i, a_i = \mu_i - \mu$,则

$$\sum_{i=1}^{r} a_i = \sum_{i=1}^{r} (\mu_i - \mu) = \sum_{i=1}^{r} \mu_i - r\mu = 0$$

其中,μ 为一般水平,a_i 为因子 A 的第 i 个水平的效应,则

$$x_{ij} = \mu_i + \varepsilon_{ij} + a_i, \quad i = 1, 2, \cdots, r; j = 1, 2, \cdots, m$$

由此可得单因素方差分析中的数学模型

$$\begin{cases} x_{ij} = \mu_i + \varepsilon_{ij} + a_i \\ \sum\limits_{i=1}^{r} a_i = 0 \\ \varepsilon_{ij} \sim N(0, \sigma^2) \end{cases}$$

其中,ε_{ij} 相互独立,$i = 1, 2, \cdots, r; j = 1, 2, \cdots, m$。

因此,模型假设

$$H_0: a_1 = a_2 = \cdots = a_r = 0$$

与原假设

$$\mu_1 = \mu_2 = \cdots = \mu_r$$

是一致的。

由此得到方差分析的步骤:

(1) 假设 $H_0: \mu_1 = \mu_2 = \cdots = \mu_r; H_1: \mu_1, \mu_2, \cdots, \mu_r$ 不全相等。

(2) 计算因素各水平的均值 $\bar{x}_i = \dfrac{1}{m} \sum\limits_{j=1}^{m} x_{ij}, i = 1, 2, \cdots, r$。

（3）计算观测值的总平均值 $\bar{x} = \dfrac{1}{r}\sum_{i=1}^{r}\bar{x}_i = \dfrac{1}{n}\sum_{i=1}^{r}\sum_{j=1}^{m}x_{ij} = \dfrac{1}{n}T$，其中 $n = rm$，$T = \sum_{i=1}^{r}\sum_{j=1}^{m}x_{ij}$。

（4）计算各误差平方和

总偏差平方和：

$$SS_T = \sum_{i=1}^{r}\sum_{j=1}^{m}(x_{ij} - \bar{x})^2$$

组内偏差平方和：

$$SS_E = \sum_{i=1}^{r}\sum_{j=1}^{m}(x_{ij} - \bar{x}_i)^2$$

组间偏差平方和：

$$SS_A = m\sum_{i=1}^{r}(\bar{x}_i - \bar{x})^2$$

容易知道

$$SS_T = \sum_{i=1}^{r}\sum_{j=1}^{m}(x_{ij} - \bar{x}_i + \bar{x}_i - \bar{x})^2$$

$$= \sum_{i=1}^{r}\sum_{j=1}^{m}(x_{ij} - \bar{x}_i)^2 + m\sum_{i=1}^{r}(\bar{x}_i - \bar{x})^2$$

$$= SS_E + SS_A$$

其中，组内偏差平方和 SS_E 反映的是同一水平下数据 x_{ij} 与其平均值 $\bar{x}_i$ 的差异，它是由随机误差引起的；组内偏差平方和 SS_A 是不同水平下数据的平均值与所有数据的总平均值之间的偏差平方和，它包含了随机误差和处理误差。

（5）构造统计量 F，由

$$SS_E = \sum_{i=1}^{r}\sum_{j=1}^{m}(x_{ij} - \bar{x}_i)^2 = \sum_{i=1}^{r}\sum_{j=1}^{m}\left[(\mu_i + a_i + \varepsilon_{ij}) - (\mu_i + a_i + \bar{\varepsilon}_i)\right]^2$$

$$= \sum_{i=1}^{r}\sum_{j=1}^{m}(\varepsilon_{ij} - \bar{\varepsilon}_i)^2$$

$$SS_A = \sum_{i=1}^{r}m(\bar{x}_i - \bar{x})^2 = \sum_{i=1}^{r}m\left[(\mu_i + a_i + \bar{\varepsilon}_i) - (\mu + \bar{\varepsilon})\right]^2$$

$$= \sum_{i=1}^{r}m(a_i + \bar{\varepsilon}_i - \bar{\varepsilon})^2$$

可知组内偏差平方和 SS_E 只受随机误差的影响。

由于 $\varepsilon_{ij} \sim N(0,\sigma^2)$,且相互独立,所以

$$\frac{SS_E}{\sigma^2} \sim \chi^2[r(m-1)]$$

即

$$\frac{SS_E}{\sigma^2} \sim \chi^2(n-r)$$

组间偏差平方和 SS_A 中既有因子 A 效应 a_i 的影响,也有随机误差的影响,由于 $\bar{\varepsilon}_i \sim N\left(0, \dfrac{\sigma^2}{m}\right)$,所以

$$\frac{SS_A}{\sigma^2} \sim \chi^2(r-1)$$

统计学可以证明,SS_A 的均方 $MS_A = \dfrac{SS_A}{r-1}$ 服从自由度为 $r-1$ 的 F 分布;SS_E 的均方 $MS_E = \dfrac{SS_E}{n-r}$ 服从自由度为 $n-r$ 的 F 分布。

构造检验统计量

$$F = \frac{MS_A}{MS_E} \sim F(r-1, n-r)$$

(6) 进行统计决策,由检验的统计量 F 与给定的显著性水平 α 的临界值 F_α 进行比较,作出决策。

若 $F > F_\alpha$,拒绝原假设 H_0,说明 $\mu_i(i=1,2,\cdots,r)$ 之间的差异是显著的;若 $F \leqslant F_\alpha$,接受原假设 H_0,说明 $\mu_i(i=1,2,\cdots,r)$ 之间的差异不显著。

将上述步骤简化为表 8.1.4,即可得出结论。

表 8.1.4　单因素方差分析表

方差来源	平方和	自由度	均方	F 值	F 临界值
组间	SS_A	$r-1$	$MS_A = \dfrac{SS_A}{r-1}$	$F = \dfrac{MS_A}{MS_E}$	$F_\alpha(r-1, n-r)$
组内	SS_E	$n-r$	$MS_E = \dfrac{SS_E}{n-r}$		
总和	SS_T	$n-1$			

例 8.1.2　不同类型隔音材料对噪声的去除效果如表 8.1.5 所示,不同材料对噪声衰竭率是否有明显影响?

141

表 8.1.5 不同类型隔音材料对噪声的去除效果

材料	噪声衰减率				样本量
A_1	0.140	0.142	0.144		3
A_2	0.152	0.150	0.156	0.154	4
A_3	0.160	0.158	0.163	0.161	4
A_4	0.175	0.173			2
A_5	0.180	0.184	0.182	0.186	4

解 由表 8.1.5 可知,水平数为 5,总样本数为 17。

假设 H_0:5 种材料的隔音效果无明显差异;H_1:5 种材料的隔音效果有明显差异。

由表 8.1.5 可得

$$\overline{x}_1 = 0.142, \quad \overline{x}_2 = 0.153, \quad \overline{x}_3 = 0.161$$

$$\overline{x}_4 = 0.174, \quad \overline{x}_5 = 0.183, \quad \overline{x} = 0.162$$

计算相应结果如表 8.1.6 所示。

表 8.1.6 不同类型隔音材料对噪声的方差分析

方差来源	平方和	自由度	均方	F 值	$F_{0.01}$
组间	0.003583	4	0.00089575	170.61	5.41
组内	0.000063	12	0.00000525		
总和	0.003646	16			

由于 $F > F_{0.01}$,拒绝原假设 H_0,所以 5 种材料的隔音效果有明显差异,即不同材料对噪声衰减率都有明显影响。

2. 多因素方差分析

前面讨论的单因素方差分析是考虑一个因素的情况,对于多个因素的问题,需要采用多因素方差分析来解决。多因素方差分析是用来研究两个或两个以上因素是否对指标产生显著影响,这种方法不仅能分析多个因素对指标的独立影响,更能分析多个因素的交互作用能否对指标产生显著影响,进而找到利用指标的最优组合。在多因子方差分析中,最常用的是双因子的方差分析。

如果一个因子水平下的指标好坏及其程度不受另一个因子不同水平的影响,则称两个因子之间无交互作用,反之则有交互作用。

从表 8.1.7 中可以看出,无论因子 B 取什么水平,A_2 水平下的指标总比

A_1 水平下的指标高;同样,无论因子 A 取什么水平,B_2 水平下的指标总比 B_1 水平下的指标高。此时称因子 A 和因子 B 之间无交互作用,而表 8.1.8 中情况则恰好相反。

表 8.1.7　因子 A 和因子 B 无交互作用

	A_1	A_2
B_1	2	5
B_2	7	10

表 8.1.8　因子 A 和因子 B 有交互作用

	A_1	A_2
B_1	2	5
B_2	7	3

(1) 无交互作用情况

类似单因素方差分析,无交互作用的双因素方差分析的方法具体步骤如下:

① 建立模型(表 8.1.9)

表 8.1.9　双因素方差分析的数据结构

B 水平	A 水平				
	A_1	A_2	$\cdots$	A_r	$x_i. = \sum\limits_j x_{ij}$
B_1	x_{11}	x_{12}	$\cdots$	x_{1r}	$x_1.$
B_2	x_{21}	x_{22}	$\cdots$	x_{2r}	$x_2.$
$\vdots$	$\vdots$	$\vdots$		$\vdots$	$\vdots$
B_s	x_{s1}	x_{s2}	$\cdots$	x_{sr}	$x_s.$
$x_{\cdot j} = \sum\limits_i x_{ij}$	$x_{\cdot 1}$	$x_{\cdot 2}$	$\cdots$	$x_{\cdot r}$	

② 假设 $H_{01}: \mu_1 = \mu_2 = \cdots = \mu_r$;$H_{02}: \mu'_1 = \mu'_2 = \cdots = \mu'_s$,其中,$\mu_j (j=1, 2,\cdots,r)$ 为 A_j 水平下的指标 x_{ij} 的均值,$\mu'_i (i=1,2,\cdots,s)$ 为 B_i 水平下的指标 x_{ij} 的均值。

计算行因素第 i 个水平观测值的均值 $\bar{x}_i. = \dfrac{1}{r}\sum\limits_{j=1}^{r} x_{ij}, i=1,2,\cdots,s$;

计算列因素第 j 个水平观测值的均值 $\bar{x}_{\cdot j} = \dfrac{1}{s}\sum\limits_{i=1}^{s} x_{ij}, j=1,2,\cdots,r$;

总均值 $\bar{x} = \dfrac{1}{sr}\sum\limits_{i=1}^{s}\sum\limits_{j=1}^{r} x_{ij}$。

③ 总偏差平方和

$$SS_T = \sum_{i=1}^{s} \sum_{j=1}^{r} (x_{ij} - \overline{x})^2$$

行因素误差平方和

$$SS_R = r \sum_{i=1}^{s} (\overline{x}_{i.} - \overline{x})^2$$

列因素误差平方和

$$SS_C = s \sum_{j=1}^{r} (\overline{x}_{.j} - \overline{x})^2$$

随机误差平方和

$$SS_E = \sum_{i=1}^{s} \sum_{j=1}^{r} (x_{ij} - \overline{x}_{i.} - \overline{x}_{.j} + \overline{x})^2$$

容易证明

$$SS_T = SS_R + SS_C + SS_E$$

④ 构造统计量 F

行因素均方

$$MS_R = \frac{SS_R}{s-1}$$

列因素均方

$$MS_C = \frac{SS_C}{r-1}$$

随机误差均方

$$MS_E = \frac{SS_E}{(s-1)(r-1)}$$

为检验行因素对因变量的影响是否显著,构造统计量

$$F_R = \frac{MS_R}{MS_E} \sim F((s-1), (s-1)(r-1))$$

为检验列因素对因变量的影响是否显著,构造统计量

$$F_C = \frac{MS_C}{MS_E} \sim F((r-1), (s-1)(r-1))$$

⑤ 进行统计决策

由检验的统计量 F_R, F_C 与给定的显著性水平 α 的临界值 F_α 进行比较,作出决策。

若 $F_R > F_\alpha$,则拒绝原假设 H_{01},说明 $\mu_j (j=1,2,\cdots,r)$ 之间的差异是显

著的;若 $F_C > F_a$,则拒绝原假设 H_{02},说明 $\mu'_i(i=1,2,\cdots,s)$ 之间的差异不显著。

将上述步骤简化为表 8.1.10,即可得出结论。

表 8.1.10 双因素方差分析表

方差来源	平方和	自由度	均方	F 值	F 临界值
行因素 A	SS_R	$r-1$	MS_R	$F_R = \dfrac{MS_R}{MS_E}$	$F((s-1),(s-1)(r-1))$
列因素 B	SS_C	$s-1$	MS_C	$F_C = \dfrac{MS_C}{MS_E}$	$F((r-1),(s-1)(r-1))$
误差	SS_E	$(s-1)(r-1)$	MS_E		
总和	SS_T	$sr-1$			

例 8.1.3 各品牌计算机在各销售地区对销售量的销售数据如表 8.1.11 所示,试分析品牌和销售地区对计算机的销售量是否有显著影响?

表 8.1.11 计算机销售数据

品牌	地区				
	地区 1	地区 2	地区 3	地区 4	地区 5
品牌 a	365	350	343	340	323
品牌 b	345	368	363	330	333
品牌 c	358	323	353	343	308
品牌 d	288	280	298	260	298

解 假设 H_{01}:不同地区对计算机销售量的影响无明显差异;H_{11}:不同地区对计算机销售量的影响有明显差异。H_{02}:不同品牌对计算机销售量的影响无明显差异;H_{12}:不同品牌对计算机销售量的影响有明显差异。

由表 8.1.11 计算出方差分析结果如表 8.1.12 所示。

表 8.1.12 方差分析表

方差来源	平方和	自由度	均方	F 值	$F_{0.01}$
地区	2011.7	4	502.925	2.101	5.41
品牌	13004.55	3	4334.85	18.108	5.95
误差	2872.7	12	239.392		
总和	2175477	20			

145

由于 $F < F_{0.01}(4,12) = 5.41$，说明地区不同对计算机的销售量没有显著影响；由于 $F > F_{0.01}(3,12) = 5.95$，说明品牌不同对计算机的销售量有显著影响。

（2）有交互作用情况

类似地，有交互作用的双因素方差分析方法可简单总结如下。数据表如表 8.1.13 所示。

表 8.1.13　有交互作用的双因素方差分析数据表

B 水平	A 水平				$x_{i..} = \sum_j x_{ij}$
	A_1	A_2	$\cdots$	A_r	
B_1	$x_{111}, x_{112}, \cdots, x_{11m}$	$x_{121}, x_{122}, \cdots, x_{12m}$	$\cdots$	$x_{1r1}, x_{1r2}, \cdots, x_{1rm}$	$x_{1..}$
B_2	$x_{211}, x_{212}, \cdots, x_{21m}$	$x_{221}, x_{222}, \cdots, x_{22m}$	$\cdots$	$x_{2r1}, x_{2r2}, \cdots, x_{2rm}$	$x_{2..}$
$\vdots$	$\vdots$	$\vdots$		$\vdots$	$\vdots$
B_s	$x_{s11}, x_{s12}, \cdots, x_{s1m}$	$x_{s21}, x_{s22}, \cdots, x_{s2m}$	$\cdots$	$x_{sr1}, x_{sr2}, \cdots, x_{srm}$	$x_{s..}$
$x_{.j.} = \sum_i x_{ij}$	$x_{.1.}$	$x_{.2.}$	$\cdots$	$x_{.r.}$	

假设 $H_{01}: \mu_1 = \mu_2 = \cdots = \mu_r$，$H_{02}: \mu_1' = \mu_2' = \cdots = \mu_s'$，$H_{03}: \mu_{11} = \mu_{12} = \cdots = \mu_{ij} = \cdots = \mu_{sr}$。其中，$\mu_j(j=1,2,\cdots,r)$ 为 A_j 水平下的指标 x_{ij} 的均值，$\mu_i'(i=1,2,\cdots,s)$ 为 B_i 水平下的指标 x_{ij} 的均值，μ_{ij} 为 B_i 和 A_j 水平下的指标 x_{ij} 的均值。

总偏差平方和

$$SS_T = \sum_{i=1}^{s} \sum_{j=1}^{r} \sum_{k=1}^{m} (x_{ijk} - \overline{x})^2$$

行变量平方和

$$SS_R = rm \sum_{i=1}^{s} (\overline{x}_{i..} - \overline{x})^2$$

列变量平方和

$$SS_C = sm \sum_{j=1}^{r} (\overline{x}_{.j.} - \overline{x})^2$$

交互作用平方和

$$SS_{RC} = m \sum_{i=1}^{s} \sum_{j=1}^{r} (\overline{x}_{ij.} - \overline{x}_{i..} - \overline{x}_{.j.} + \overline{x})^2$$

随机误差平方和

$$SS_E = sr \sum_{k=1}^{m} (x_{ijk} - \overline{x}_{ij\cdot})^2$$

可以证明

$$SS_T = SS_R + SS_C + SS_{RC} + SS_E$$

具体结论如表 8.1.14 所示。

表 8.1.14　有交互作用的双因素方差分析表

方差来源	平方和	自由度	均方	F 值	F 临界值
行因素	SS_R	$r-1$	MS_R	$F_R = \dfrac{MS_R}{MS_E}$	$F((r-1), srk-sr)$
列因素	SS_C	$s-1$	MS_C	$F_C = \dfrac{MS_C}{MS_E}$	$F((s-1), srk-sr)$
交互作用	SS_{RC}	$(s-1)(r-1)$	MS_{RC}	$F_{RC} = \dfrac{MS_{RC}}{MS_E}$	$F((r-1)(s-1), srk-sr)$
误差	SS_E	$srk-sr$	MS_E		
总和	SS_T	$srk-1$			

若 $F_R > F_\alpha$，则拒绝原假设 H_{01}；若 $F_C > F_\alpha$，则拒绝原假设 H_{02}；若 $F_{RC} > F_\alpha$，则拒绝原假设 H_{03}。

前面主要介绍了最常用的样本均值检验方法，还有方差检验和协方差检验等方法，这里就不赘述了。

8.2　聚　类　分　析

8.2.1　聚类分析的概念及分类

俗话说，物以类聚，人以群分。将认识的对象进行分类，是人类认识世界的一种重要方法。例如，将世界上的国家分类，有很多种分类方法。比如，可以按照自然条件（降水、土地、日照）来分，也可以按照经济实力来划分，当然也可以按照军事实力将国家进行分类。

通常，人们可以凭经验和专业知识来行来进行分类，很少利用数学方法，致使许多分类带有主观性和任意性，不能很好地揭示客观事物内在的本质差别。随着生产技术和科学的发展，人们对事物的认识不断地加深，使得分类越来越细，要求越来越高，进而形成了数值分类学，聚类分析就是数值分类的一种。

聚类分析也叫群分析,它是一种将研究对象(样品或指标)分为相对同质群组的统计分析技术。聚类不同于分类,聚类所要求划分的类通常是未知的,聚类是将数据分到不同类的一个过程,要求同一类中的对象有很大的相似性,而不同类间的对象有很大的相异性。从实际应用的角度看,聚类分析是数据挖掘的主要任务之一。从统计学的观点看,聚类分析是通过数据建模简化数据的一种方法。

聚类分析内容十分丰富,按其分类对象不同分为:(1)Q-型聚类分析,它是根据被观测的样品的各种特征,将特征相似的样品归为一类;(2)R-型聚类分析,它是根据被观测的变量之间的相似性,将特征相似的变量归为一类。聚类分析按其分类方法又可分为系统聚类法、有序样品聚类法、快速聚类法、模糊聚类法、图论聚类法、聚类预报法等。本节主要介绍常用的系统聚类法。

8.2.2　距离和相似系数

为了将样品(或变量)进行分类,就需要研究样品之间的关系。目前主要使用两种方法:一种是用相似系数,性质越接近的样品,它们的相似系数的绝对值越接近 1,而彼此无关的样品,它们的相似系数绝对值接近于 0。比较相似的样品归为一类,不十分相似的样品归为不同的类。另一种方法是将一个样品看作 P 维空间的一个点,并在其空间定义距离,距离相近的点归为一类,距离较远的点归为不同的类。

1. 数据的转换方法

在进行聚类分析时,样品间的相似度或变量之间的相似程度都需要一个衡量指标。我们通常选择距离这一概念来刻画样品间的"靠近"程度,而对于指标的相似度往往用相似系数来刻画,而这些衡量标准都与变量值有关。对于间隔尺度变量,可以进行数值运算,但对于名义尺度,就很难进行实数域的计算。通常情况下,我们会对这些定性变量进行变换处理,将之转换成数值变量,方便我们研究。

假设有 n 个样品,每个样品测得 p 项指标(变量),这些样品的不同指标值就构成了一个 $n \times p$ 数据矩阵:

$$\boldsymbol{X} = \begin{array}{c} \\ X_1 \\ X_2 \\ \vdots \\ X_n \end{array} \begin{array}{cccc} x_1 & x_2 & \cdots & x_p \\ \left[\begin{array}{cccc} x_{11} & x_{12} & \cdots & x_{1p} \\ x_{21} & x_{22} & \cdots & x_{2p} \\ \vdots & \vdots & & \vdots \\ x_{n1} & x_{n2} & \cdots & x_{np} \end{array}\right] \end{array}$$

其中，$x_{ij}(i=1,2,\cdots,n;j=1,2,\cdots,p)$ 为第 i 个样品的第 j 个指标的观测数据。第 i 个样品 X_i 为矩阵 $\boldsymbol{X}$ 的第 i 行描述，所以任何两个样品 X_k 与 X_l 之间的相似性，可以通过矩阵 $\boldsymbol{X}$ 中的第 k 行与第 l 行的相似程度来刻画；任意两个变量 x_k 与 x_l 之间的相似性，可以通过第 k 列与第 l 列的相似程度来刻画。

为使不同量纲和数量级的变量能够具有可比性，一般要对 $\boldsymbol{X}$ 进行预处理。数据预处理的方法有多种，这里仅介绍几种最常用的方法，将上述矩阵的数据整理成表 8.2.1。

表 8.2.1　数据整理

变量\样品	$\bar{x}_1$	$\cdots$	$\bar{x}_j$	$\cdots$	$\bar{x}_p$
X_1	x_{11}	$\cdots$	x_{1j}	$\cdots$	x_{1p}
$\vdots$	$\vdots$		$\vdots$		$\vdots$
X_i	x_{i1}	$\cdots$	x_{ij}	$\cdots$	x_{ip}
$\vdots$	$\vdots$		$\vdots$		$\vdots$
X_n	x_{n1}	$\cdots$	x_{nj}	$\cdots$	x_{np}
均值	$\bar{x}_1$	$\cdots$	$\bar{x}_j$	$\cdots$	$\bar{x}_p$
标准差	S_1	$\cdots$	S_j	$\cdots$	S_p
极差	R_1	$\cdots$	R_j	$\cdots$	R_p

其中，均值：

$$\bar{x}_j = \frac{1}{n}\sum_{i=1}^{n} x_{ij}, \quad j=1,2,\cdots,p$$

标准差：

$$S_j = \sqrt{\frac{1}{n}\sum_{i=1}^{n}(x_{ij}-\bar{x}_j)^2}, \quad j=1,2,\cdots,p$$

极差：

$$R_j = \max_{1\leqslant i \leqslant n} x_{ij} - \min_{1\leqslant i \leqslant n} x_{ij}, \quad j=1,2,\cdots,p$$

（1）中心化变换

$$x_{ij}^* = x_{ij} - \bar{x}_j, \quad i=1,2,\cdots,n; j=1,2,\cdots,p \qquad (8.2.1)$$

该变换仅对坐标进行了平移，但不改变样本间的相互位置，也不改变变量间的相关性。只使得样品集合的重心与新坐标原点重合，即变换后的数据均值为 0，但协差阵不变，即为

$$\boldsymbol{S}^* = \boldsymbol{S} = (S_{ij})_{p\times p}$$

其中 $S_{ij} = \dfrac{1}{n-1}\sum\limits_{k=1}^{n}(x_{kj}-\bar{x}_i)(x_{kj}-\bar{x}_j)$ 。

（2）标准化变换

$$x_{ij}^* = \frac{x_{ij}-\bar{x}_j}{S_j}, \quad i=1,2,\cdots,n; j=1,2,\cdots,p \qquad (8.2.2)$$

将中心化后的数据分别除以各自标准差就得到了标准化后的数据。原始数据标准化后，样本的均值变为 0，方差变为 1，但各变量的相关系数不变，而且标准化后的数据与变量的量纲无关。

（3）极差正规化变换（规格化变换）

$$x_{ij}^* = \frac{x_{ij} - \min\limits_{1\leqslant i\leqslant n} x_{ij}}{R_j}, \quad i=1,2,\cdots,n; j=1,2,\cdots,p \qquad (8.2.3)$$

极差规格化后，每列数据的最大值为 1，最小值为 0。变换后的数据极差为 1，也是无量纲的量。

（4）除均值变换

$$x_{ij}^* = \frac{x_{ij}}{\bar{x}_{ij}}, \quad i=1,2,\cdots,n; j=1,2,\cdots,p \qquad (8.2.4)$$

标准化变换处理的变量均值为 0，方差为 1，但在某种程度上削弱了原始数据之间的差异性。而除均值变换能够消除量纲不同的影响，且保留原始数据的差异性。

（5）对数变换

$$x_{ij}^* = \ln(x_{ij}), \quad x_{ij}>0; i=1,2,\cdots,n; j=1,2,\cdots,p \qquad (8.2.5)$$

对数变换是将指数特征的数据转换为线性数据。

2. 样品间的距离

前面已经介绍样品可以看成是 p 维空间上的一个点，则两个样品（第 i 个样品与第 j 个样品）间的相似程度可以用 p 维空间中两点间的距离 d_{ij} 来表示。

（1）闵氏（Minkowski）距离

$$d_{ij}(q) = \left(\sum_{k=1}^{p} \mid x_{ik} - x_{jk} \mid^q \right)^{\frac{1}{q}}$$

当 $q = 1$ 时，$d_{ij}(1) = \sum_{k=1}^{p} \mid x_{ik} - x_{jk} \mid$，称为绝对距离；

当 $q = 2$ 时，$d_{ij}(2) = \left(\sum_{k=1}^{p} \mid x_{ik} - x_{jk} \mid^2 \right)^{\frac{1}{2}}$，称为欧氏（Euclid）距离；

当 $q = \infty$ 时，$d_{ij}(\infty) = \max_{1 \leqslant k \leqslant p} \mid x_{ik} - x_{jk} \mid$，称为切比雪夫（Chebyshev）距离。

闵氏距离在实际中用得很多，特别的欧氏距离是人们使用频率最高的距离。但闵氏距离也存在两方面的缺陷：第一，它与各指标的量纲有关，各指标间的数值不能太悬殊，否则会产生"大数吃小数"的现象；第二，它没有考虑指标间的相关性，而是要求分量间不相关且方差相等，否则效果不好。所以需要先对原始数据标准化，然后利用标准化后的数据计算距离。

（2）兰氏（Canberra）距离

$$d_{ij}(L) = \frac{1}{p} \sum_{k=1}^{p} \frac{\mid x_{ik} - x_{jk} \mid}{x_{ik} + x_{jk}}, \quad i,j = 1,2,\cdots,n$$

此距离要求所有数据 $x_{ij} > 0$，该距离克服了各指标之间量纲的影响，但没考虑指标之间的相关性。闵氏距离和兰氏距离（正交空间中的距离）都是假定变量之间相互独立的，为了克服变量间的相关性影响，可以采用斜交空间距离。

$$d_{ij} = \left[\frac{1}{p^2} \sum_{k=1}^{p} \sum_{l=1}^{p} (x_{ik} - x_{jk})(x_{il} - x_{jl}) \gamma_{kl} \right]^{\frac{1}{2}}, \quad i,j = 1,2,\cdots,n$$

其中，γ_{kl} 为标准化处理下的变量 x_k 与 x_l 之间的相关系数。

（3）马氏（Mahalanobis）距离

$$d_{ij}^2(M) = (\boldsymbol{X}_i - \boldsymbol{X}_j)' \boldsymbol{\Sigma}^{-1} (\boldsymbol{X}_i - \boldsymbol{X}_j)$$

其中，$\boldsymbol{\Sigma}$ 为数据矩阵的协方差矩阵，

$$\boldsymbol{\Sigma} = \frac{1}{n-1} \sum_{i=1}^{n} (\boldsymbol{x}_i - \bar{\boldsymbol{x}})(\boldsymbol{x}_i - \bar{\boldsymbol{x}})', \quad \bar{\boldsymbol{x}} = \frac{1}{n} \sum_{i=1}^{n} \boldsymbol{x}_i$$

马氏距离既排除了指标间的相关性干扰，还不受各指标量纲的影响，而且对原始数据作线性变换后，马氏距离仍然不变。但马氏距离有一个很大的缺陷，就是协方差矩阵难以确定。因为协方差是随聚类过程而变化的，而样品间的距离也随聚类过程而不断变化，所以马氏距离不是理想的距离。

以上距离的定义都要求变量是间隔尺度,如果是有序或名义尺度,则需要将它进行转换为数据。如果将样品两两之间的距离 d_{ij} 都计算出来后,可排列成对称矩阵:

$$D = \begin{bmatrix} 0 & d_{12} & \cdots & d_{1n} \\ d_{21} & 0 & \cdots & d_{2n} \\ \vdots & \vdots & & \vdots \\ d_{n1} & d_{n2} & \cdots & 0 \end{bmatrix}$$

其中 $d_{ij} = d_{ji}$。

根据 D 可对 n 个样品进行分类,距离近的点归为一类,距离远的点归为不同的类。

3. 样品间的相似系数

研究样品之间的关系,除了可以用距离表示外,还有相似系数。它是用来描写样品之间相似程度的量,常用的相似系数如下。

1) 夹角余弦

将任意两个样品 X_i 和 X_j 看成 p 维空间的两个向量,这两个向量的夹角余弦定义为

$$|\cos\theta_{ij}| = \frac{\sum_{k=1}^{p} x_{ik} x_{jk}}{\sqrt{\sum_{k=1}^{p} x_{ik}^2 \sum_{k=1}^{p} x_{jk}^2}}$$

当 $|\cos\theta_{ij}| = 1$ 时,两个样品 X_i 和 X_j 完全相似;

当 $|\cos\theta_{ij}|$ 接近 1 时,两个样品 X_i 和 X_j 十分相似;

当 $|\cos\theta_{ij}|$ 接近 0 时,两个样品 X_i 和 X_j 不太相似;

当 $|\cos\theta_{ij}| = 0$ 时,两个样品 X_i 和 X_j 完全不相似。

2) 相关系数

两个样品 X_i 和 X_j 之间的皮尔逊(Pearson)相关系数:

$$r_{ij} = \sum_{k=1}^{p} \frac{(x_{ik} - \bar{x}_i)(x_{jk} - \bar{x}_j)}{\sqrt{\sum_{k=1}^{p} (x_{ik} - \bar{x}_i)^2 (x_{jk} - \bar{x}_j)^2}}$$

其中,$\bar{x}_i = \frac{1}{p} \sum_{k=1}^{p} x_{ik}$,$\bar{x}_j = \frac{1}{p} \sum_{k=1}^{p} x_{jk}$。

实际上,r_{ij} 就是向量 $X_i - \bar{X}_i$ 与 $X_j - \bar{X}_j$ 的夹角余弦,$\bar{X}_i = (\bar{x}_i, \cdots, \bar{x}_i)'$,

$\overline{\boldsymbol{X}}_j = (\overline{x}_j, \cdots, \overline{x}_j)'$。若将原始数据中心化或标准化,则 $\overline{\boldsymbol{X}}_i = \overline{\boldsymbol{X}}_j = \boldsymbol{0}$,Pearson 相关系数变成夹角余弦,即 $r_{ij} = \cos\theta_{ij}$。

如果将样品的两两相关系数都计算出来,可排成样品相关系数矩阵:

$$\boldsymbol{R} = \begin{bmatrix} 1 & r_{12} & \cdots & r_{1n} \\ r_{21} & 1 & \cdots & r_{2n} \\ \vdots & \vdots & & \vdots \\ r_{n1} & r_{n2} & \cdots & 1 \end{bmatrix}$$

其中 $r_{ij} = r_{ji}$,可根据 $\boldsymbol{R}$ 对 n 个样品进行分类。

在实际问题中,对样品分类常用距离,对指标分类常用相似系数,相似系数统一记为 c_{ij}(如夹角余弦、相关系数等)。若有相关系数时,也可将它转化为距离,例如,$d_{ij} = 1 - |c_{ij}|$ 或者 $d_{ij}^2 = 1 - c_{ij}^2$,以方便研究。

8.2.3　系统聚类

系统聚类法也称为层次聚类法,它的基本思想是:距离相近的样品(或变量)先聚成类,距离较远的后聚成类,将这个过程一直进行下去,直到最后将 n 个类聚成一类,我们将这种聚类方法称为"凝聚"。还有一种系统聚类法是"分裂"系统聚类法,它是先将所有对象放在同一类中,并不断划分成更小的类,但是这种方法很少使用。

1. 类间距离

在系统聚类过程中,涉及两个新类的距离问题,类与类之间的距离有许多定义方法,下面列出几种常用的类与类之间的距离定义。

设两个样品类 G_p 与 G_q 中的样品分别为 X_i 与 X_j,用 d_{ij} 表示样品 X_i 与 X_j 之间的距离,用 D_{pq} 表示类 G_p 与 G_q 之间的距离。

1)最短距离法

$$D_{pq} = \min\{d_{ij} \mid X_i \in G_p, X_j \in G_q\}$$

样品 X_i 与 X_j 之间的最近距离定义为类 G_p 与 G_q 之间的距离。

2)最长距离法

$$D_{pq} = \max\{d_{ij} \mid X_i \in G_p, X_j \in G_q\}$$

样品 X_i 与 X_j 之间的最远距离定义为类 G_p 与 G_q 之间的距离。

3)重心距离法

$$D_{pq} = d_{\overline{X}_i \overline{X}_j}$$

其中，$\overline{X}_i$ 与 $\overline{X}_j$ 分别为类 G_p 与 G_q 的重心（该类样品的均值）。

两类 G_p 与 G_q 重心之间的距离作为类 G_p 与 G_q 之间的距离。

4）中间距离法

类与类之间的距离既不采用两类之间最近的距离，也不采用两类之间最远的距离，而是采用介于两者之间的距离，故称为中间距离法（图 8.2.1）。

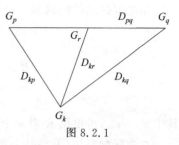

图 8.2.1

如果将类 G_p 与 G_q 合并为 G_r，则 G_r 与任一类 G_k 的距离公式为

$$D_{kr}^2 = \frac{1}{2}D_{kp}^2 + \frac{1}{2}D_{kq}^2 + \beta D_{pq}^2, \quad -\frac{1}{4} \leqslant \beta \leqslant 0$$

当 $\beta = -\dfrac{1}{4}$ 时，由初等几何可知 D_{kr} 就是以 G_k 到 G_p 与 G_q 的中点的距离；如果采用最短距离法，则 $D_{kr} = D_{kp}$；如果采用最长距离法，则 $D_{kr} = D_{kq}$。

5）类平均距离法

$$D_{pq} = \frac{1}{n_p n_q} \sum_{X_i} \sum_{X_j} d_{ij}, \quad X_i \in G_p, X_j \in G_q$$

其中，n_p，n_q 分别表示 G_p 与 G_q 中样品的数量。

两类中所有样品两两之间的距离的平均值作为两类的平均距离。

6）可变类平均距离法

考虑到类平均距离公式中没有反映 G_p 与 G_q 之间距离 D_{pq} 的影响，所以给出可变类平均距离法。

如果将类 G_p 与 G_q 合并为 G_r，则 G_r 与任一类 G_k 的距离公式为

$$D_{kr}^2 = \frac{(1-\beta)\left[n_p D_{kp}^2 + n_q D_{kq}^2\right]}{n_k} + \beta D_{pq}^2, \quad \beta < 1$$

7）可变类平均距离法

如果将类 G_p 与 G_q 合并为 G_r，则 G_r 与任一类 G_k 的距离公式为

$$D_{kr}^2 = \frac{1-\beta}{2}\left[D_{kp}^2 + D_{kq}^2\right] + \beta D_{pq}^2, \quad \beta < 1$$

显然，在可变类平均距离法中取 $\dfrac{n_p}{n_r} = \dfrac{n_q}{n_r} = \dfrac{1}{2}$，即为上式。可变类平均法与可变法的分类效果与 β 的选择关系极大，β 如果接近 1，一般分类效果不好，在实际应用中 β 常取负值。

8）离差平方和距离法

离差平方和法基本思想是来自于方差分析,如果分类正确,同类样品的离差平方和应当较小,类与类的离差平方和应当较大。

$$S = \sum_{j=1}^{n} \sum_{i=1}^{n_j} (x_{ij} - \bar{x}_j)'(x_{ij} - \bar{x}_j)$$

其中,x_{ij} 表示类 G_j 中第 i 个样品向量,$\bar{x}_{ij}$ 表示类 G_j 的重心坐标,G_j 中共有 n_j 个样品。

2. 系统聚类法的步骤

以上 8 种聚类方法并类的原则和步骤都完全一样,下面简单进行总结:

(1) 构造 n 个类,每个类只包含一个样品;

(2) 计算 n 个类两两之间的距离,并得出最初的距离矩阵;

(3) 将距离最近的两类合并为一个新类;

(4) 计算新类与剩下各类两两之间的距离,若类的个数等于 1,转到步骤(5),否则回到步骤(3);

(5) 画聚类图;

(6) 决定类的个数和类。

下面以最短距离法为例来说明聚类的步骤。

例 8.2.1　设抽取 5 个样品,每个样品只测一个指标,它们是 1,2,3.5,7,9,试用最短距离法对 5 个样品进行分类。

(1) 定义样品间距离采用绝对距离,计算样品两两间距离,得距离阵 $\boldsymbol{D}_{(0)}$,如表 8.2.2 所示。

表 8.2.2　距离阵 $\boldsymbol{D}_{(0)}$

	$G_1=\{X_1\}$	$G_2=\{X_2\}$	$G_3=\{X_3\}$	$G_4=\{X_4\}$	$G_5=\{X_5\}$
$G_1=\{X_1\}$	0				
$G_2=\{X_2\}$	1	0			
$G_3=\{X_3\}$	2.5	1.5	0		
$G_4=\{X_4\}$	6	5	3.5	0	
$G_5=\{X_5\}$	8	7	5.5	2	0

(2) $\boldsymbol{D}_{(0)}$ 中非对角线最小元素是 1,即 $d_{12}=1$,则将 G_1 与 G_2 合并成一个新类,记为 $G_6=\{X_1,X_2\}$。

(3) 计算新类 G_6 与其他类的距离,按公式

$$D_{i6} = \min\{D_{i1}, D_{i2}\}, \quad i = 3, 4, 5$$

得距离阵 $\boldsymbol{D}_{(1)}$，如表 8.2.3 所示。

表 8.2.3　距离阵 $\boldsymbol{D}_{(1)}$

	$G_6 = \{X_1, X_2\}$	$G_3 = \{X_3\}$	$G_4 = \{X_4\}$	$G_5 = \{X_5\}$
$G_6 = \{X_1, X_2\}$	0			
$G_3 = \{X_3\}$	1.5	0		
$G_4 = \{X_4\}$	5	3.5	0	
$G_5 = \{X_5\}$	7	5.5	2	0

（4）$\boldsymbol{D}_{(1)}$ 中非对角线最小元素是 1.5，则将相应的两类 G_3 与 G_6 合并为 $G_7 = \{X_1, X_2, X_3\}$，按最短距离法 $D_{i7} = \min\{D_{i3}, D_{i6}\}, i = 4, 5$ 计算得距离阵 $\boldsymbol{D}_{(2)}$，如表 8.2.4 所示。

表 8.2.4　距离阵 $\boldsymbol{D}_{(2)}$

	$G_7 = \{X_1, X_2, X_3\}$	$G_4 = \{X_4\}$	$G_5 = \{X_5\}$
$G_7 = \{X_1, X_2, X_3\}$	0		
$G_4 = \{X_4\}$	3.5	0	
$G_5 = \{X_5\}$	5.5	2	0

（5）$\boldsymbol{D}_{(2)}$ 中非对角线最小元素是 2，则将 G_4 与 G_5 合并为 $G_8 = \{X_4, X_5\}$，按公式 $D_{78} = \min\{D_{74}, D_{75}\}$ 得距离阵 $\boldsymbol{D}_{(3)}$，如表 8.2.5 所示。

表 8.2.5　距离阵 $\boldsymbol{D}_{(3)}$

	$G_7 = \{X_1, X_2, X_3\}$	$G_8 = \{X_4, X_5\}$
$G_7 = \{X_1, X_2, X_3\}$	0	
$G_8 = \{X_4, X_5\}$	3.5	0

最后将 G_7 和 G_8 合并成 G_9，上述并类过程可用图 8.2.2 表示。

由图 8.2.2 可以看到，样品分成两类 $\{X_1, X_2, X_3\}$ 和 $\{X_4, X_5\}$ 比较合适，但在实际问题中有时给出一个阈值 T 进行分类，要求类与类之间的距离小于 T。例如 $T = 0.9$，则 5 个样品各成一类；当 $1 < T \leqslant 1.5$ 时，则样品分成 4 类；当 $1.5 < T \leqslant 2$ 时，则样品分成 3 类；当 $2 < T \leqslant 3.5$ 时，则样品分成 2 类；当 $T > 3.5$ 时，则 5 个样品成为一类。

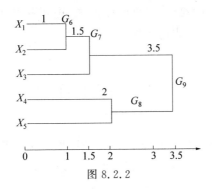

图 8.2.2

3. 系统聚类法的统一形式

前面介绍了 8 种类与类之间的距离,不同的定义法并类得到了不同的距离递推公式。兰斯(Lance)和威廉姆斯(Williams)在 1967 年将这些不同的递推公式用统一的形式表示出来。

当采用欧氏距离时,将 G_p 与 G_q 合并为 G_r,即 $G_r = \{G_p, G_q\}$,则 G_r 与任一类 G_k 的距离公式统一为

$$D_{kr}^2 = \alpha_p D_{kp}^2 + \alpha_q D_{kq}^2 + \beta D_{pq}^2 + \gamma \mid D_{kp}^2 - D_{kq}^2 \mid$$

其中,$\alpha_p, \alpha_q, \beta, \gamma$ 对不同聚类法有不同的取值,见表 8.2.6。

表 8.2.6　系统聚类法统一公式参数表

方法	α_p	α_q	β	γ
最短距离法	1/2	1/2	0	$-1/2$
最长距离法	1/2	1/2	0	1/2
中间距离法	1/2	1/2	$-1/4 \leqslant \beta \leqslant 0$	0
重心距离法	$\dfrac{n_p}{n_r}$	$\dfrac{n_p}{n_r}$	$-\alpha_p \alpha_q$	0
类平均距离法	$\dfrac{n_p}{n_r}$	$\dfrac{n_p}{n_r}$	0	0
可变类平均距离法	$(1-\beta)\dfrac{n_p}{n_r}$	$(1-\beta)\dfrac{n_p}{n_r}$	<1	0
可变距离法	$\dfrac{1-\beta}{2}$	$\dfrac{1-\beta}{2}$	<1	0
离差平方和距离法	$\dfrac{n_k+n_p}{n_r+n_k}$	$\dfrac{n_k+n_q}{n_r+n_k}$	$-\dfrac{n_k}{n_r+n_k}$	0

如果不采用欧氏距离时,除重心距离法、中间距离法、离差平方和距离法之外,统一形式的递推公式仍成立。

8.3 回归分析

用一个或一组变量的变化来估计与推算另一个变量的变化,这种分析方法称为回归分析。回归分析主要研究客观事物变量间的统计关系,它是建立在对客观事物进行大量试验和观察的基础上,用来寻找隐藏在那些看上去是不确定的现象中的统计规律性的统计方法。回归分析方法是通过建立统计模型研究变量间相互关系的密切程度、结构状态、模型预测的一种有效工具。

8.3.1 一元线性回归分析

回归有不同的种类,按照自变量的个数分,有一元回归和多元回归。只有一个自变量的回归称为一元回归,有两个或两个以上自变量的回归称为多元回归。按照回归曲线的形态分,有线性回归和非线性回归。

一元线性回归是描述两个变量之间统计关系的最简单的回归模型。在实际问题中,经常要研究某一现象与它的最主要影响因素的关系。

例 8.3.1 某河流溶解氧浓度随着流动时间而变化,现测得 8 组数据,如表 8.3.1 所示。

表 8.3.1 河流中溶解氧浓度

流动时间 x/d	0.5	1.0	1.6	1.8	2.6	3.2	3.8	4.7
溶解氧浓度 y	0.28	0.29	0.29	0.18	0.17	0.18	0.10	0.12

根据表 8.3.1 中的数据,画出以流动时间为横坐标,溶解氧浓度为纵坐标的散点图(图 8.3.1)。从散点图上可以明显地观察出各个点都近似均匀分布在一条直线的周围,但又不完全在一条直线上。

如果流动时间和溶解氧浓度之间是线性相关关系,则引起这些点(x_i,y_i),$i=1,2,\cdots,n$ 与直线偏离的主要原因是实际测量过程中存在的不可控因素。它们影响了实验数据,产生了一定的误差。流动时间的实验数据和溶解氧浓度的实验数据可用线性关系式表示。

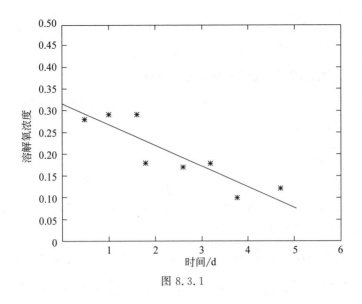

图 8.3.1

1. 一元线性回归模型

设解释变量 x 与被解释变量 y 满足一元线性方程

$$y = a + bx + \varepsilon \tag{8.3.1}$$

则 $a + bx$ 描述了由 x 的变化引起的 y 的线性变化部分；ε 表示由其他随机因素引起的部分。式(8.3.1)称为变量 y 对 x 的一元线性理论回归模型,其中,未知数 a,b 为回归系数,ε 表示其他随机因素的影响。将给定 (x,y) 的 n 对样本观测值 $(x_i,y_i),i=1,2,\cdots,n$ 代入式(8.3.1)得

$$y_i = a + bx_i + \varepsilon_i, \quad i = 1,2,\cdots,n \tag{8.3.2}$$

我们也称式(8.3.2)为一元线性回归模型。

在利用回归模型作估计时,必须作一些合理假设:

① 随机误差项 ε_i 的数学期望为 0,即 $E(\varepsilon_i)=0,i=1,2,\cdots,n$。

② 随机误差项 ε_i 具有相同的方差,即 $D(\varepsilon_i)=\sigma^2,i=1,2,\cdots,n$。

③ 各随机误差项 ε 之间相互独立,即 $\mathrm{cov}(\varepsilon_i,\varepsilon_j)=0,i\neq j;i,j=1,2,\cdots,n$。

④ 随机误差项 ε 与解释变量 x 不相关,即 $\mathrm{cov}(\varepsilon_i,x_i)=0,i=1,2,\cdots,n$。

⑤ 随机误差项 ε 服从正态分布,即 $\varepsilon \sim N(0,\sigma^2)$。

回归分析就是通过 n 组样本观测值 $(x_i,y_i),i=1,2,\cdots,n$,对 a,b 进行估计。通常,a,b 的估计值用 $\hat{a},\hat{b}$ 来表示,即

$$\hat{y} = \hat{a} + \hat{b}x \tag{8.3.3}$$

上式即为 y 关于 x 的一元线性经验回归方程。

2. 一元线性回归模型参数的最小二乘估计

确定式(8.3.3)中 $\hat{a}$, $\hat{b}$ 的方法主要有最小二乘法和极大似然估计法,本节只介绍最小二乘法。

记

$$Q(a,b) = \sum_{i=1}^{n} \varepsilon_i^2 = \sum_{i=1}^{n} (y_i - a - bx_i)^2 \tag{8.3.4}$$

称 $Q(a,b)$ 为偏离真实直线的偏差平方和或离差平方和。最小二乘法的主要思想就是使得离差平方和达到极小。

设 a, b 的估计值 $\hat{a}$, $\hat{b}$, 满足

$$Q(\hat{a},\hat{b}) = \sum_{i=1}^{n} (y_i - \hat{a} - \hat{b}x_i)^2 = \min \sum_{i=1}^{n} (y_i - a - bx_i)^2 \tag{8.3.5}$$

则称 $\hat{y}_i = \hat{a} + \hat{b}x_i$ 为 y_i 的回归拟合值(估计值)。估计值 $\hat{y}_i$ 与实际值 y_i 之差称为残差,记为 e_i, 即 $e_i = y_i - \hat{y}_i$。设 $Q_e = Q(\hat{a},\hat{b})$, 则称 Q_e 为残差平方和。

采用一元函数极值法对式(8.3.4)处理得

$$\begin{cases} \left.\dfrac{\partial Q}{\partial a}\right|_{a=\hat{a}} = -2\sum_{i=1}^{n}(y_i - \hat{a} - \hat{b}x_i) = 0 \\ \left.\dfrac{\partial Q}{\partial b}\right|_{b=\hat{b}} = -2\sum_{i=1}^{n}(y_i - \hat{a} - \hat{b}x_i)x_i = 0 \end{cases}$$

整理得正规方程组

$$\begin{cases} n\hat{a} + \left(\sum_{i=1}^{n} x_i\right)\hat{b} = \sum_{i=1}^{n} x_i \\ \left(\sum_{i=1}^{n} x_i\right)\hat{a} + \left(\sum_{i=1}^{n} x_i^2\right)\hat{b} = \sum_{i=1}^{n} x_i y_i \end{cases}$$

解得

$$\begin{cases} \hat{a} = \bar{y} - \hat{b}\bar{x} \\ \hat{b} = \dfrac{\sum_{i=1}^{n}(x_i - \bar{x})(y_i - \bar{y})}{\sum_{i=1}^{n}(x_i - \bar{x})^2} \end{cases} \tag{8.3.6}$$

其中,$\bar{x} = \dfrac{1}{n}\sum_{i=1}^{n} x_i$, $\bar{y} = \dfrac{1}{n}\sum_{i=1}^{n} y_i$ 分别为 x, y 的样本均值。

为了便于计算,引入下列符号:

$$L_{xx} = \sum_{i=1}^{n}(x_i - \bar{x})^2, \quad L_{xy} = \sum_{i=1}^{n}(x_i - \bar{x})(y_i - \bar{y}), \quad L_{yy} = \sum_{i=1}^{n}(y_i - \bar{y})^2$$

则式(8.3.6)可简记为

$$\begin{cases} \hat{a} = \bar{y} - \hat{b}\bar{x} \\ \hat{b} = \dfrac{L_{xy}}{L_{xx}} \end{cases} \tag{8.3.7}$$

根据公式求例 8.3.1 可得

$$\begin{cases} \bar{x} = \dfrac{1}{8}\sum_{i=1}^{8}x_i = 2.4 \\ \bar{y} = \dfrac{1}{8}\sum_{i=1}^{8}y_i = 0.2 \end{cases}, \quad \begin{cases} L_{xx} = 14.5000 \\ L_{xy} = -0.6840 \\ L_{yy} = -0.0407 \end{cases}$$

则

$$\begin{cases} \hat{a} = \bar{y} - \hat{b}\bar{x} = 0.3145 \\ \hat{b} = \dfrac{L_{xy}}{L_{xx}} = -0.0472 \end{cases}$$

于是得到流动时间与溶解氧浓度之间的线性关系:

$$\hat{y} = \hat{a} + \hat{b}x = 0.3145 - 0.0472x$$

例 8.3.2　某饮料公司发现饮料的销售量与气温之间存在相关关系,即气温越高,人们对饮料的需求量越大。表 8.3.2 列出了该饮料公司通过实际记录所得到的饮料销售量和气温的观察数据,根据这些数据预测当气温为 35℃时的销售量。

表 8.3.2　某饮料公司饮料销售量和气温的观察值

时期	1	2	3	4	5	6	7	8	9	10
销售量 $\bar{y}$/箱	430	335	520	490	470	210	195	270	400	480
气温 $\bar{x}$/℃	30	21	35	42	37	20	8	17	35	25

解　根据表 8.3.2 的数据可得

$$\bar{x} = 27, \quad \bar{y} = 380, \quad L_{xx} = 1012, \quad L_{xy} = 9855$$

代入式(8.3.6)得

$$\hat{b} = \frac{L_{xy}}{L_{xx}} = 9.74, \quad \hat{a} = \bar{y} - \hat{b}\bar{x} = 117$$

故销售量关于气温的线性回归方程为

$$\hat{y} = \hat{a} + \hat{b}x = 117 + 9.74x$$

当 $x = 35$ 时，

$$\hat{y} = 117 + 9.74 \times 35 = 458$$

即当气温为 35℃时，预测销售量为 458 箱。

8.3.2 显著性检验

在处理实际问题时，我们事先并不知道变量之间是否存在线性关系，所以需要进行判断。这首先需要通过专业知识和实践来判断，然后根据实际观测得到的数据运用假设检验的方法来判断。所得的经验回归方程 $\hat{y} = \hat{a} + \hat{b}x$ 是否具有实用价值，是否真正描述了变量 x 与 y 之间的关系。如果没有，那么求得的回归方程是没有意义的，所以需要运用统计方法对回归方程进行检验。

在介绍检验方法前，先介绍参数估计的相关知识。

(1) σ^2 的矩估计

因为 $\sigma^2 = E(\varepsilon^2)$，所以用 $\dfrac{1}{n}\sum\limits_{i=1}^{n}\varepsilon_i^2$ 作为 σ^2 的矩估计，即

$$\hat{\sigma}^2 = \frac{1}{n}\sum_{i=1}^{n}(y_i - \hat{a} - \hat{b}x_i)^2$$

变形整理得

$$\hat{\sigma}^2 = \frac{1}{n}\sum_{i=1}^{n}(y_i - \overline{y})^2 - \frac{\hat{b}^2}{n}\sum_{i=1}^{n}(x_i - \overline{x})^2$$

(2) 参数估计相关定理

定理 8.3.1 $\hat{a} \sim N\left(a, \left[\dfrac{1}{n} + \dfrac{\overline{x}^2}{L_{xx}}\right]\sigma^2\right)$，$\hat{a}$ 是 a 的无偏估计。

定理 8.3.2 $\hat{b} \sim N\left(b, \dfrac{\sigma^2}{L_{xx}}\right)$，$\hat{b}$ 是 b 的无偏估计。

定理 8.3.3 (1) $\dfrac{Q_e}{\sigma^2} \sim \chi^2(n-2)$；

(2) $\overline{y}, \hat{b}, Q_e$ 相互独立。

由定理 8.3.3 可知，$E\left(\dfrac{Q_e}{\sigma^2}\right) = n - 2$，令

$$\hat{\sigma}^{*2} = \frac{Q_e}{n-2} = \frac{1}{n-2}\sum_{i=1}^{n}(y_i - \hat{a} - \hat{b}x_i)^2$$

则 $E(\hat{\sigma}^{*2}) = \sigma^2$，故 $\hat{\sigma}^{*2}$ 是 σ^2 的无偏估计。

1. t 检验法

t 检验法是检验 a,b 是否显著异于 0 的方法。我们以对 b 检验为例，来说明 t 检验法的步骤。

假设 $H_0: b=0, H_1: b \neq 0$。

取 $t = \dfrac{\hat{b}}{\hat{\sigma}^*}\sqrt{L_{xx}}$ 作为检验统计量，当 H_0 成立时，由定理 8.3.2 和定理 8.3.3 可知，$t \sim t(n-2)$，故对给定的显著性水平 α，原假设 H_0 的拒绝域为 $|t| \geqslant t_{\frac{\alpha}{2}}(n-2)$，说明 x 对 y 有显著影响；当 $|t| < t_{\frac{\alpha}{2}}(n-2)$ 时接受原假设 H_0，说明 x 对 y 无显著影响。

例 8.3.3　检验例 8.3.2 中的线性回归是否显著(给定显著性水平 $\alpha = 0.05$)。

解　已知

$$\hat{b} = 9.74, \quad \frac{1}{n}\sum_{i=1}^{n}(y_i - \overline{y})^2 = 12995, \quad \frac{1}{n}\sum_{i=1}^{n}(x_i - \overline{x})^2 = 101.2$$

$$\hat{\sigma}^2 = \frac{1}{n}\sum_{i=1}^{n}(y_i - \overline{y})^2 - \frac{\hat{b}^2}{n}\sum_{i=1}^{n}(x_i - \overline{x})^2 = 12995 - 9.74^2 \times 101.2$$

$$= 3394.3989$$

$$\hat{\sigma}^{*2} = \frac{Q_e}{n-2} = \frac{1}{n-2}\sum_{i=1}^{n}(y_i - \hat{a} - \hat{b}x_i)^2 = \frac{n}{n-2}\hat{\sigma}^2 = 4242.9986$$

$$L_{xx} = 1012$$

所以检验统计量 $t = \dfrac{\hat{b}}{\hat{\sigma}^*}\sqrt{L_{xx}} \approx 4.7568$，查表可得 $t_{\frac{\alpha}{2}}(n-2) = t_{0.025}(8) = 2.3060$。由于 $|t| \geqslant t_{\frac{\alpha}{2}}(n-2)$，所以拒绝 H_0，认为线性回归显著。

2. 相关系数检验

残差平方和 Q_e 可以反映观测值与回归直线的接近程度。Q_e 值越大，散点图离散度越大，x 与 y 之间的线性关系越差。

$$Q_e = \sum_{i=1}^{n}(y_i - \hat{a} - \hat{b}x_i)^2 = \sum_{i=1}^{n}\left[y_i - (\overline{y} - \hat{b}\overline{x}) - \hat{b}x_i\right]^2$$

$$= \sum_{i=1}^{n} \left[(y_i - \bar{y}) - \hat{b}(x_i - \bar{x}) \right]^2$$

$$= L_{yy} - 2\hat{b}L_{xy} + \hat{b}^2 L_{xx} = L_{yy} - 2\frac{L_{xy}^2}{L_{xx}} + \frac{L_{xy}^2}{L_{xx}}$$

$$= L_{yy} \left(1 - \frac{L_{xy}^2}{L_{xx}L_{yy}} \right) = L_{yy}(1 - r_{xy}^2)$$

其中, $r_{xy} = \dfrac{L_{xy}}{\sqrt{L_{xx}L_{yy}}}$。

称 r_{xy} 为经验相关系数或样本相关系数,表示了变量 x 与 y 之间线性关系的密切程度。由 $Q_e \geqslant 0$ 可得 $0 \leqslant |r_{xy}| \leqslant 1$, $|r_{xy}|$ 值越大, x 与 y 之间线性关系越密切;当 $|r_{xy}| = 1$ 时,表示 x 与 y 完全线性相关;当 $r_{xy} = 0$ 时,表示 x 与 y 没有线性关系;当 $r_{xy} > 0$ 时, $\hat{b} > 0$,表示 x 与 y 正相关;当 $r_{xy} < 0$ 时, $\hat{b} < 0$,表示 x 与 y 负相关。

注意, r_{xy} 仅仅反映 x 与 y 样本间的线性相关程度,若要对总体相关系数进行统计推断,还需要进行假设检验。因此,需要设置一个临界值,并将 r_{xy} 与临界值作比较。对于给定的显著性水平 α,利用相关系数检验法对线性回归分析进行显著性检验。

(1) 若 $|r_{xy}| \geqslant r_\alpha(n-2)$,则认为线性回归是显著的, x 与 y 之间是线性相关关系;

(2) 若 $|r_{xy}| < r_\alpha(n-2)$,则认为线性回归不显著, x 与 y 之间不存在线性相关关系。

比如在例 8.3.2 中 $r_{xy} = \dfrac{L_{xy}}{\sqrt{L_{xx}L_{yy}}} = \dfrac{9855}{\sqrt{1012 \times 129950}} = 0.86$,故饮料销售量与气温之间有正相关关系。取显著性水平 $\alpha = 0.05$, $r_\alpha(n-2) = r_{0.05}(8) = 0.63190$。因为 $|r_{xy}| \geqslant r_\alpha(n-2)$,所以 x 与 y 之间是线性关系较显著。显然,这与 t 检验法的结果一致。

3. F 检验

假设 $H_0: b = 0, H_1: b \neq 0$。

$$\sum_{i=1}^{n}(y_i - \bar{y})^2 = \sum_{i=1}^{n}(y_i - \hat{y}_i + \hat{y}_i - \bar{y})^2$$

$$= \sum_{i=1}^{n}(\hat{y}_i - \bar{y})^2 + \sum_{i=1}^{n}(y_i - \hat{y}_i)^2 \qquad (8.3.8)$$

记 $S_总 = \sum_{i=1}^{n}(y_i - \overline{y})^2$ 为总偏差平方和，$S_回 = \sum_{i=1}^{n}(\hat{y}_i - \overline{y})^2$ 为回归平方和，$S_残 = \sum_{i=1}^{n}(y_i - \hat{y}_i)^2$ 为残差平方和。因此式(8.3.8)可简记为

$$S_总 = S_回 + S_残$$

$$E(S_总) = E\left[\sum_{i=1}^{n}(y_i - \overline{y})^2\right] = E\left(\sum_{i=1}^{n}y_i^2 - n\overline{y}^2\right) = \sum_{i=1}^{n}E(y_i^2) - nE(\overline{y}^2)$$

$$= n(\sigma^2 - a^2) - n\left(\frac{1}{n}\sigma^2 - a^2\right) = (n-1)\sigma^2$$

$$E(S_回) = E\left[\sum_{i=1}^{n}(\hat{y}_i - \overline{y})^2\right] = E(\hat{b}^2 L_{xx}) = \sigma^2 + b^2 L_{xx}$$

$$E(S_残) = E\left[\sum_{i=1}^{n}(y_i - \hat{y}_i)^2\right] = (n-2)\sigma^2$$

显然，只有当 H_0 假设为真时，$E(S_回) = \sigma^2$，这说明 $S_回$ 除了反映误差以外，还反映了 $\beta_1 \neq 0$ 所引起的差异，所以称 $S_回$ 为回归平方和。$S_残$ 只反映了随机误差的影响，所以称 $S_残$ 为残差平方和。所以，回归平方和 $S_回$ 越大，回归效果越好。

由此构造 F 检验统计量

$$F = \frac{S_回}{S_残/(n-2)} \tag{8.3.9}$$

容易证明，当原假设 H_0 成立时，F 服从自由度为$(1, n-2)$的 F 分布。对给定的显著性水平 α，当 $F > F_\alpha(1, n-2)$ 时，拒绝原假设 H_0，说明回归方程显著，变量 x 与 y 线性关系显著；当 $F \leqslant F_\alpha(1, n-2)$ 时，说明线性回归不显著，x 与 y 之间不存在线性相关关系。

比如在例 8.3.1 中可求得

$$S_总 = L_{yy} = 0.0407, \quad S_回 = 0.0323, \quad S_残 = S_总 - S_回 = 0.0084$$

代入式(8.3.9)可得 $F = 23.0714$。取显著水平 $\alpha = 0.05$，查表得 $F_\alpha(1, n-2) = F_{0.05}(1,6) = 5.9900$。由于 $F > F_\alpha(1, n-2)$，所以 $\hat{y} = 0.3145 - 0.0472x$ 线性关系显著。

4. 一元线性回归的步骤

通过前面的介绍和分析，现将一元线性回归分析的主要步骤作如下总结：

(1) 设变量 x 和 y 的线性回归方程为 $\hat{y} = \hat{a} + \hat{b}x$。

(2) 求回归系数的估计值 $\hat{a}, \hat{b}$；

$$\hat{a} = \overline{y} - \hat{b}\overline{x}, \quad \hat{b} = \frac{L_{xy}}{L_{xx}}$$

其中,均值 $\overline{x} = \frac{1}{n}\sum_{i=1}^{n} x_i$, $\overline{y} = \frac{1}{n}\sum_{i=1}^{n} y_i$, x 偏差平方和 $L_{xx} = \sum_{i=1}^{n}(x_i - \overline{x})^2$, x , y 乘积的偏差和 $L_{xy} = \sum_{i=1}^{n}(x_i - \overline{x})(y_i - \overline{y})$ 。

(3) 检验回归系数 $\hat{b}$ 是否为 0。

方法一: F 检验

假设 $H_0 : b = 0$, $H_1 : b \neq 0$,给定显著性水平 α 。

当 $F = \dfrac{S_{回}}{S_{残}/(n-2)} > F_{\alpha}(1, n-2)$ 时,拒绝原假设 H_0 ,说明回归方程可用;

当 $F = \dfrac{S_{回}}{S_{残}/(n-2)} \leqslant F_{\alpha}(1, n-2)$ 时,接受原假设 H_0 ,说明回归方程无意义。

方法二: t 检验

假设 $H_0 : b = 0$, $H_1 : b \neq 0$

给定显著性水平 α ,取 $t = \dfrac{\hat{b}}{\hat{\sigma}^*}\sqrt{L_{xx}}$ 作为检验统计量,其中

$$\hat{\sigma}^{*2} = \frac{1}{n-2}\sum_{i=1}^{n}(y_i - \hat{a} - \hat{b}x_i)^2 = \frac{n}{n-2}\hat{\sigma}^2 。$$

当 $|t| \geqslant t_{\frac{\alpha}{2}}(n-2)$ 时,拒绝原假设 H_0 ,说明回归方程可用;

当 $|t| < t_{\frac{\alpha}{2}}(n-2)$ 时,接受原假设 H_0 ,说明回归方程无意义。

(4) 求相关系数并作相关性检验。

首先求得相关系数 $r_{xy} = \dfrac{L_{xy}}{\sqrt{L_{xx}L_{yy}}}$,检验方法如下:

若 $|r_{xy}| \geqslant r_{\alpha}(n-2)$,则认为线性回归是显著的, x 与 y 之间是线性相关关系;

若 $|r_{xy}| < r_{\alpha}(n-2)$,则认为线性回归不是显著的, x 与 y 之间不存在线性相关关系。

8.3.3　多元线性回归分析

一元线性回归模型研究的是某一被解释变量与一个解释变量之间的关

系。但实际上客观现象之间的联系是复杂的,许多现象的变动都涉及多个变量之间的数量关系。例如,农作物产量与光照、温度、种子、水分、肥料等因素有关。这种研究某一被解释变量与多个解释变量之间的相互关系的理论和方法就是多元线性回归模型。它与一元线性回归模型相似,只是多元线性回归模型的计算较复杂。

1. 多元线性回归模型

假设被解释变量 y 与解释变量 $x_1, x_2, \cdots, x_k$ 之间具有线性关系:

$$y = b_0 + b_1 x_1 + b_2 x_2 + \cdots + b_k x_k + \varepsilon \qquad (8.3.10)$$

其中,k 为自变量(解释变量)的个数,ε 为随机误差项,$b_0, b_1, \cdots, b_k$ 为待估计的回归系数。与一元回归相似,在多元回归估计中作如下假设:

(1) 自变量 $x_i, i = 1, 2, \cdots, k$ 之间互不相关;

(2) 随机误差项 ε 的数学期望为 0,即 $E(\varepsilon) = 0$;

(3) 随机误差项 ε 的方差为 $D(\varepsilon) = \sigma^2$;

(4) 随机误差项 ε 与解释变量 x_i 不相关,即 $\mathrm{cov}(\varepsilon, x_i) = 0, i = 1, 2, \cdots, k$。

若获得 n 组观测数据 $(x_{i1}, x_{i2}, \cdots, x_{ik}; y_i), i = 1, 2, \cdots, n$,将它们代入式(8.3.10)可得方程组:

$$\begin{cases} y_1 = b_0 + b_1 x_{11} + b_2 x_{12} + \cdots + b_k x_{1k} + \varepsilon_1 \\ y_2 = b_0 + b_1 x_{21} + b_2 x_{22} + \cdots + b_k x_{2k} + \varepsilon_2 \\ \vdots \\ y_n = b_0 + b_1 x_{n1} + b_2 x_{n2} + \cdots + b_k x_{nk} + \varepsilon_n \end{cases} \qquad (8.3.11)$$

可简记为

$$\boldsymbol{Y} = \boldsymbol{X}\boldsymbol{B} + \boldsymbol{\varepsilon} \qquad (8.3.12)$$

其中,

$$\boldsymbol{Y} = \begin{bmatrix} y_1 \\ y_2 \\ \vdots \\ y_n \end{bmatrix}, \quad \boldsymbol{X} = \begin{bmatrix} 1 & x_{11} & x_{12} & \cdots & x_{1k} \\ 1 & x_{21} & x_{22} & \cdots & x_{2k} \\ \vdots & \vdots & \vdots & & \vdots \\ 1 & x_{n1} & x_{n2} & \cdots & x_{nk} \end{bmatrix}, \quad \boldsymbol{B} = \begin{bmatrix} b_0 \\ b_1 \\ \vdots \\ b_k \end{bmatrix}, \quad \boldsymbol{\varepsilon} = \begin{bmatrix} \varepsilon_1 \\ \varepsilon_2 \\ \vdots \\ \varepsilon_n \end{bmatrix}$$

2. 多元线性回归模型的参数估计

根据 n 组观测数据 $(x_{i1}, x_{i2}, \cdots, x_{ik}; y_i), i = 1, 2, \cdots, n$ 估计模型的回归系数 $b_0, b_1, \cdots, b_k$,用 $\hat{b}_0, \hat{b}_1, \cdots, \hat{b}_k$ 来表示 $b_0, b_1, \cdots, b_k$ 的估计值,即

$$\hat{y} = \hat{b}_0 + \hat{b}_1 x_1 + \hat{b}_2 x_2 + \cdots + \hat{b}_k x_k \qquad (8.3.13)$$

上式即为 y 关于 $x_1, x_2, \cdots, x_k$ 的多元线性经验回归方程。

与一元线性回归相似，采用最小二乘法进行参数估计。记

$$Q(b_0, b_1, \cdots, b_k) = \sum_{i=1}^{n} \varepsilon_i^2 = \sum_{i=1}^{n}(y_i - b_0 - b_1 x_{i1} - b_2 x_{i2} - \cdots - b_k x_{ik})^2$$

设估计值 $\hat{b}_0, \hat{b}_1, \cdots, \hat{b}_k$，满足

$$Q(\hat{b}_0, \hat{b}_1, \cdots, \hat{b}_k) = \sum_{i=1}^{n}(y_i - \hat{b}_0 - \hat{b}_1 x_{i1} - \hat{b}_2 x_{i2} - \cdots - \hat{b}_k x_{ik})^2$$

$$= \min \sum_{i=1}^{n}(y_i - b_0 - b_1 x_{i1} - b_2 x_{i2} - \cdots - b_k x_{ik})^2$$

$$(8.3.14)$$

采用多元函数极值法对式(8.3.14)处理得

$$\begin{cases} \left.\dfrac{\partial Q}{\partial b_0}\right|_{b_0 = \hat{b}_0} = -2\sum_{i=1}^{n}(y_i - \hat{b}_0 - \hat{b}_1 x_{i1} - \hat{b}_2 x_{i2} - \cdots - \hat{b}_k x_{ik}) = 0 \\[2mm] \left.\dfrac{\partial Q}{\partial b_1}\right|_{b_1 = \hat{b}_1} = -2\sum_{i=1}^{n}(y_i - \hat{b}_0 - \hat{b}_1 x_{i1} - \hat{b}_2 x_{i2} - \cdots - \hat{b}_k x_{ik})x_{i1} = 0 \\[2mm] \vdots \\[2mm] \left.\dfrac{\partial Q}{\partial b_k}\right|_{b_k = \hat{b}_k} = -2\sum_{i=1}^{n}(y_i - \hat{b}_0 - \hat{b}_1 x_{i1} - \hat{b}_2 x_{i2} - \cdots - \hat{b}_k x_{ik})x_{ik} = 0 \end{cases}$$

整理得

$$\begin{cases} \hat{b}_0 n + \hat{b}_1 \sum_{i=1}^{n} x_{i1} + \cdots + \hat{b}_k \sum_{i=1}^{n} x_{ik} = \sum_{i=1}^{n} y_i \\[2mm] \hat{b}_0 \sum_{i=1}^{n} x_{i1} + \hat{b}_1 \sum_{i=1}^{n} x_{i1}^2 + \hat{b}_2 \sum_{i=1}^{n} x_{i1} x_{i2} + \cdots + \hat{b}_k \sum_{i=1}^{n} x_{i1} x_{ik} = \sum_{i=1}^{n} x_{i1} y_i \\[2mm] \vdots \\[2mm] \hat{b}_0 \sum_{i=1}^{n} x_{ik} + \hat{b}_1 \sum_{i=1}^{n} x_{ik} x_{i1} + \hat{b}_2 \sum_{i=1}^{n} x_{ik} x_{i2} + \cdots + \hat{b}_k \sum_{i=1}^{n} x_{ik}^2 = \sum_{i=1}^{n} x_{ik} y_i \end{cases}$$

$$(8.3.15)$$

将式(8.3.15)简记为

$$X'X\hat{B} = X'Y$$

其中，$\hat{B} = (\hat{b}_0, \hat{b}_1, \cdots, \hat{b}_k)'$。当 $X'X$ 的逆矩阵存在时，

$$\hat{B} = (X'X)^{-1}X'Y \qquad (8.3.16)$$

则经验回归方程(8.3.13)可化为

$$\hat{Y} = X\hat{B} = X(X'X)^{-1}X'Y = HY$$

其中，$\hat{Y} = (\hat{y}_1, \hat{y}_2, \cdots, \hat{y}_n)'$，$H = X(X'X)^{-1}X'$ 称为"帽子矩阵"。观测值 Y 和拟合值$\hat{Y}$ 之间的差值称为残差，用矩阵表示为

$$e = Y - \hat{Y} = (I_n - H)Y$$

3. 回归方程的显著性检验

与一元回归方程相似，在实际问题中事先我们并不知道随机变量 y 与变量 $x_1, x_2, \cdots, x_k$ 之间是否存在线性关系。因此，在求出线性回归方程后，还需对回归方程进行显著性检验。

为此提出原假设：

$$H_0: b_1 = b_2 = \cdots = b_k = 0$$

如果 H_0 被接受，则说明随机变量 y 与 $x_1, x_2, \cdots, x_k$ 的线性回归模型没有意义。反之，说明线性回归显著。与一元线性回归检验类似，用总离差平方和分解法构造 F 检验统计量

$$F = \frac{S_{回}/k}{S_{残}/(n-k-1)}$$

其中，$S_{总} = \sum_{i=1}^{n}(y_i - \overline{y})^2$ 为总偏差平方和，$S_{回} = \sum_{i=1}^{n}(\hat{y}_i - \overline{y})^2$ 为回归平方和，$S_{残} = \sum_{i=1}^{n}(y_i - \hat{y}_i)^2$ 为残差平方和。

容易证明，当原假设 H_0 成立时，F 服从自由度为$(k, n-k-1)$的 F 分布。对给定的显著性水平 α，当 $F \leqslant F_\alpha(k, n-k-1)$时，说明线性回归不显著，$x_1, x_2, \cdots, x_k$ 与 y 之间不存在线性相关关系；当 $F > F_\alpha(k, n-k-1)$时，拒绝原假设 H_0，说明回归方程显著，变量 $x_1, x_2, \cdots, x_k$ 与 y 线性关系显著。

与一元回归方程检验类似，多元回归方程检验还可以用复相关系数来检验回归方程的显著性。

记

$$r = \sqrt{\frac{S_{回}}{S_{总}}}$$

其中，r 为复相关系数。它通常表示 $x_1, x_2, \cdots, x_k$ 与 y 之间的线性关系的显著程度，以及回归方程对原有数据拟合程度的好坏。容易证明，复相关系数 r 的取值范围为 $0 \leqslant r \leqslant 1$，$r$ 越大表明 $x_1, x_2, \cdots, x_k$ 与 y 之间的线性关系越显著，回归方程拟合越好。

若方程通过显著性检验,仅说明 $x_1, x_2, \cdots, x_k$ 不全为 0,但这并不意味着每个自变量对 y 的影响都显著。因此,需要对每个自变量进行显著性检验。

构造 t 统计量

$$t_j = \frac{\hat{b}_j}{\sqrt{c_{jj}}\,\hat{\sigma}}$$

其中,回归标准差 $\hat{\sigma} = \sqrt{\dfrac{1}{n-k-1}\sum_{i=1}^{n}(y_i - \hat{y}_i)^2}$,$c_{jj} = (\boldsymbol{X}'\boldsymbol{X})^{-1}$ 为矩阵 $(\boldsymbol{X}'\boldsymbol{X})^{-1}$ 主对角线上的第 j 个元素。

假设 $H_{0j}: b_j = 0, j = 1, 2, \cdots, k$。

当 $|t_j| \geqslant t_{\frac{\alpha}{2}}(n-k-1)$ 时,拒绝 H_{0j} 假设,则 x_j 对 y 的影响显著;若接受 H_{0j} 假设,则 x_j 对 y 的影响不显著,则应删除该因素。

4. 应用实例

例 8.3.4　表 8.3.3 记录了某钢材伸长率的样本数据,试分析含碳量和回火温度对钢材伸长率的影响。

表 8.3.3　某钢材伸长率样本数据

含碳量 x_1	57	64	69	58	58	58	58	58
回火温度 x_2/℃	535	535	535	460	460	460	490	490
伸长率 y	19.25	17.50	18.25	16.25	17.00	16.75	17.00	16.75

含碳量 x_1	58	57	64	69	59	64	69
回火温度 x_2/℃	490	460	435	460	490	467	490
伸长率 y	17.25	16.75	14.75	12.00	17.75	15.50	15.50

解　由题可知 $n = 15, k = 2$,根据数据可得

$$\hat{\boldsymbol{B}} = (\boldsymbol{X}'\boldsymbol{X})^{-1}\boldsymbol{X}'\boldsymbol{Y} = (10.514, -0.216, 0.040)'$$

故 $\hat{y} = 10.514 - 0.216x_1 + 0.040x_2$。

根据表格数据计算可得

$$S_{\text{回}} = \sum_{i=1}^{n}(\hat{y}_i - \overline{y})^2 = 31.409$$

$$S_{\text{残}} = \sum_{i=1}^{n}(y_i - \hat{y}_i)^2 = 8.366$$

$$S_{\text{总}} = \sum_{i=1}^{n} (y_i - \overline{y})^2 = 39.775$$

所以

$$F = \frac{S_{\text{回}}/k}{S_{\text{残}}/(n-k-1)} = \frac{31.409/2}{8.366/12} = 22.532$$

取显著水平 $\alpha = 0.05$，查表得 $F_{\alpha}(k, n-k-1) = F_{0.05}(2,12) = 3.89$。由于 $F > F_{0.05}(2,12)$，所以拒绝 H_0，认为 $\hat{y} = 10.514 - 0.216x_1 + 0.040x_2$ 线性关系显著。同时，$r = \sqrt{\dfrac{S_{\text{回}}}{S_{\text{总}}}} = 0.8886$，说明线性关系显著，回归方程拟合好。

假设 $H_{0j}: b_j = 0, j = 1, 2$，计算可得

$$\hat{\sigma} = \sqrt{\frac{1}{n-k-1} \sum_{i=1}^{n} (y_i - \hat{y}_i)^2} = 0.8350$$

所以

$$t_1 = \frac{\hat{b}_j}{\sqrt{c_{jj}}\,\hat{\sigma}} = -4.502, \quad t_2 = \frac{\hat{b}_j}{\sqrt{c_{jj}}\,\hat{\sigma}} = 5.515$$

查表得 $t_{\frac{\alpha}{2}}(k, n-k-1) = t_{0.025}(2,12) = 2.1788$。由于 $|t_1| > 2.1788$，$|t_2| > 2.1788$，所以回归系数均显著不为 0，说明含碳量 x_1 和回火温度 x_2 均对钢材伸长率影响显著。

8.4　主成分分析

8.4.1　主成分分析的数学模型及几何意义

1. 主成分分析概述

主成分分析是通过线性变换，从研究对象的多个变量中选出少数几个不相关的变量，但仍能代表原来变量大部分信息的一种多元统计方法。假设在原数据中有 p 个变量 $X_1, X_2, \cdots, X_p$，主成分分析法就是对这些数据信息进行重新调整组合，从中提取 m 个综合变量 $F_1, F_2, \cdots, F_m (m < p)$，使这 m 个综合变量能最多地概括原数据表中的信息。从数学的角度来讲，主成分分析就是在数据信息损失最少的原则下，对变量空间进行降维处理。

例如，英国统计学家斯科特（Scott）早在 1961 年对 157 个英国城镇发展

水平进行调查,原始测量的变量是 57 个,但通过主成分分析发现,只需 5 个潜在变量(原变量的线性组合)就可以以 95% 的精度概括原数据表中的信息。明显地,研究 5 维空间比 57 维空间将更加快捷、有效。主成分分析的主要功能是降维,从而达到简化数据的目的。但值得注意的是,主成分分析法的结果往往不是研究的最终结果,而应该作为其他方法的辅助手段进行使用。

2. 数学模型

许多事情是无法直接用概率来描述的,此时通常用方差或离差平方和来衡量。在抽样调查里通常用方差来估计精度,由于随机误差无处不在,方差的大小在某种意义上也反映出误差的大小。方差大则波动大,方差小则差异小。如果方差为 0,则没有差异。

设 $\boldsymbol{X}=(\boldsymbol{X}_1,\boldsymbol{X}_2,\cdots,\boldsymbol{X}_p)'$ 是 p 维随机向量,均值 $E(\boldsymbol{X})=\boldsymbol{\mu}$,协方差矩阵 $\boldsymbol{D}(\boldsymbol{X})=\boldsymbol{\Sigma}$,用 $\boldsymbol{X}$ 的 p 个向量 $\boldsymbol{X}_1,\boldsymbol{X}_2,\cdots,\boldsymbol{X}_p$ 作为线性组合,即

$$\begin{cases} \boldsymbol{F}_1 = a_{11}\boldsymbol{X}_1 + a_{21}\boldsymbol{X}_2 + \cdots + a_{p1}\boldsymbol{X}_p \\ \boldsymbol{F}_2 = a_{12}\boldsymbol{X}_1 + a_{22}\boldsymbol{X}_2 + \cdots + a_{p2}\boldsymbol{X}_p \\ \vdots \\ \boldsymbol{F}_p = a_{1p}\boldsymbol{X}_1 + a_{2p}\boldsymbol{X}_2 + \cdots + a_{pp}\boldsymbol{X}_p \end{cases}$$

上述方程组要求:

(1) $a_{1i}^2 + a_{2i}^2 + \cdots + a_{pi}^2 = 1, i = 1, 2, \cdots, p$;

(2) $\boldsymbol{F}_i$ 与 $\boldsymbol{F}_j (i \neq j; i, j = 1, 2, \cdots, p)$ 不相关;

(3) $\boldsymbol{F}_1$ 是 $\boldsymbol{X}_1,\boldsymbol{X}_2,\cdots,\boldsymbol{X}_p$ 的一切线性组合中方差最大的,$\boldsymbol{F}_2$ 是与 $\boldsymbol{F}_1$ 不相关的 $\boldsymbol{X}_1,\boldsymbol{X}_2,\cdots,\boldsymbol{X}_p$ 的一切线性组合中方差最大的,$\boldsymbol{F}_p$ 是与 $\boldsymbol{F}_1,\boldsymbol{F}_2,\cdots,\boldsymbol{F}_{p-1}$ 都不相关的 $\boldsymbol{X}_1,\boldsymbol{X}_2,\cdots,\boldsymbol{X}_p$ 的一切线性组合中方差最大的;

(4) 主成分的方差依次递减,重要性也依次递减,即 $D(\boldsymbol{F}_1) \geqslant D(\boldsymbol{F}_2) \geqslant \cdots \geqslant D(\boldsymbol{F}_p) \geqslant 0$。

这里需要说明的是,数学模型中作线性组合的原因有两点:一是因为数学上容易处理;二是在实践中得出的效果较好。由于各主成分在总方差的比重依次递减,所以在实际工作中,只选择前几个方差最大的主成分就行。

3. 几何意义

设有 n 个样品,每个样品的 p 个变量记为 $X_1,X_2,\cdots,X_p$,其综合变量记为 $F_1,F_2,\cdots,F_p$。为方便起见,假设 $p=2$,此时变量 X_1 和 X_2 在二维平面中 n 个样品点所散布的情况如椭圆状,如图 8.4.1 所示。

由图 8.4.1 可以看出,n 个样品点无论沿 X_1 轴或 X_2 轴方向都有较大的

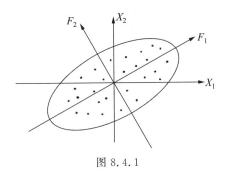

图 8.4.1

离散性,它们的离散程度可以用 X_1 和 X_2 的方差来表示。若将椭圆长轴和短轴方向分别定义为坐标轴 F_1 和 F_2,这相当于在平面上作了一个坐标变换,即将原坐标轴 X_1 和 X_2 按逆时针方向旋转 θ 得到新坐标轴 F_1 和 F_2,其旋转变换公式为

$$\begin{cases} F_1 = X_1\cos\theta + X_2\sin\theta \\ F_2 = -X_1\sin\theta + X_2\cos\theta \end{cases} \tag{8.4.1}$$

显然,F_1 和 F_2 是变量 X_1 和 X_2 的线性组合,这和前面讨论的主成分数学模型解释是一致的。式(8.4.1)可以写成向量形式

$$\begin{bmatrix} F_1 \\ F_2 \end{bmatrix} = \begin{bmatrix} \cos\theta & \sin\theta \\ -\sin\theta & \cos\theta \end{bmatrix} \begin{bmatrix} X_1 \\ X_2 \end{bmatrix} = \boldsymbol{UX}$$

其中,$\boldsymbol{U} = \begin{bmatrix} \cos\theta & \sin\theta \\ -\sin\theta & \cos\theta \end{bmatrix}$,显然 $\boldsymbol{U}' = \boldsymbol{U}^{-1}$ 且是正交矩阵,即 $\boldsymbol{U}'\boldsymbol{U} = \boldsymbol{I}$。

由图 8.4.1 可以看出,n 个样品点在 F_1 轴上的离散程度(波动)最大,在 F_2 轴上的离散程度较小,即 F_1 轴携带了大部分数据的变异信息,在 F_2 轴上只携带了一小部分变异信息。此时,如果用 F_1 轴方向上的新变量,就代表了原来两个变量的大部分变异信息。原来两个相关性的变量就浓缩为一个新变量,进而达到降维的目的。

多维变量的情况与二维相似,同样存在高维的椭球。主成分分析就是将坐标轴进行旋转,寻找旋转后的新坐标轴中能代表大多数数据信息的几个轴,并将此作为新变量的过程。

8.4.2　主成分的性质

设 $\boldsymbol{\Sigma}$ 是随机向量 $\boldsymbol{X} = (X_1, X_2, \cdots, X_p)'$ 的协方差矩阵,即 $\boldsymbol{\Sigma} = \boldsymbol{D}(\boldsymbol{X})$,其

对应的特征根为 $\lambda_1,\lambda_2,\cdots,\lambda_p$（按从大到小的顺序排列），对应的特征向量为 $U_1,U_2,\cdots,U_p$，它们构成正交阵 U，则

$$U'\boldsymbol{\Sigma}U=\begin{bmatrix}\lambda_1 & 0 & \cdots & 0\\ 0 & \lambda_2 & \cdots & 0\\ \vdots & \vdots & & \vdots\\ 0 & 0 & \cdots & \lambda_p\end{bmatrix}=\boldsymbol{\Lambda} \tag{8.4.2}$$

其中 $U=(U_1,U_2,\cdots,U_p)$ 且 $U_i\cdot U_j=0(i\neq j;i,j=1,2,\cdots,p)$，$UU'=U'U=I$。

由式(8.4.2)可得

$$\boldsymbol{\Sigma}=U\begin{bmatrix}\lambda_1 & 0 & \cdots & 0\\ 0 & \lambda_2 & \cdots & 0\\ \vdots & \vdots & & \vdots\\ 0 & 0 & \cdots & \lambda_p\end{bmatrix}U'=\sum_{i=1}^{p}\lambda_i U_i U_i'$$

所以

$$U_1'\boldsymbol{\Sigma}U_1=U_1'\Big(\sum_{i=1}^{p}\lambda_i U_i U_i'\Big)U_1=\sum_{i=1}^{p}\lambda_i U_1'U_i U_i'U_1$$

$$=\sum_{i=1}^{p}\lambda_i(U_1'U_i)(U_1'U_i)'=\sum_{i=1}^{p}\lambda_i(U_1'U_i)^2$$

$$=\lambda_1(U_1'U_1)^2+\lambda_2(U_1'U_2)^2+\cdots+\lambda_p(U_1'U_p)^2$$

因为 $U_i\cdot U_j=0(i\neq j;i,j=1,2,\cdots,p)$，$UU'=U'U=I$，所以

$$U_1'\boldsymbol{\Sigma}U_1=\lambda_1(U_1'U_1)^2=\lambda_1 \tag{8.4.3}$$

设 $T=a'X$，其中 $X=(X_1,X_2,\cdots,X_p)'$，$a=(a_1,a_2,\cdots,a_p)'$，则

$$D(a'X)=E(a'X-E(a'X))(a'X-E(a'X))'$$

$$=a'E(X-E(X))(X-E(X))'a=a'\boldsymbol{\Sigma}a$$

即

$$D(T)=D(a'X)=a'\boldsymbol{\Sigma}a \tag{8.4.4}$$

由式(8.4.3)和式(8.4.4)可得 $D(F_1)=D(U_1'X)=\lambda_1$，则 $F_1=U_1'X$ 即为所求的第一主成分，其方差具有最大值 λ_1。

同理

$$D(F_i)=D(U_i'X)=\lambda_i$$

由于

$$\mathrm{cov}(F_i,F_j)=\mathrm{cov}(U_i'X,U_j'X),\quad i\neq j$$

$$=U_i'\boldsymbol{\Sigma}U_j=U_i'\Big[\sum_{\alpha=1}^{p}\lambda_\alpha U_\alpha U_\alpha'\Big]U_j$$

$$= \sum_{\alpha=1}^{p} \lambda_\alpha (\boldsymbol{U}_a' \boldsymbol{U}_\alpha)(\boldsymbol{U}_a' \boldsymbol{U}_\alpha) = 0$$

以上推导说明,$X_1, X_2, \cdots, X_p$ 的主成分就是以 $\boldsymbol{\Sigma}$ 的特征向量为系数的线性组合,它们互不相关,其方差为 $\boldsymbol{\Sigma}$ 的特征根。

性质 8.4.1　主成分的协方差矩阵是对角阵,即

$$D(\boldsymbol{F}) = \begin{bmatrix} \lambda_1 & 0 & \cdots & 0 \\ 0 & \lambda_2 & \cdots & 0 \\ \vdots & \vdots & & \vdots \\ 0 & 0 & \cdots & \lambda_p \end{bmatrix} = \boldsymbol{\Lambda}$$

性质 8.4.2　主成分 F 的总方差等于原始变量 $\boldsymbol{X}$ 的总方差,即 $\sum_{i=1}^{p} \lambda_i = \sum_{i=1}^{p} \sigma_{ii}$,其中 λ_i 是 F_i 的方差,σ_{ii} 为原总体 $\boldsymbol{X}$ 的分向量 X_i 的方差。

由此可知,主成分分析是把 p 个原始变量 $X_1, X_2, \cdots, X_p$ 的总方差分解成 p 个不相关的变量 $F_1, F_2, \cdots, F_p$ 的方差之和 $\sum_{i=1}^{p} \lambda_i$。

性质 8.4.3　主成分 F_j 与原始变量 X_i 的相关系数 $\rho(X_i, F_j)$ 称为因子负荷量(因子载荷量),其值为

$$\rho(X_i, F_j) = \frac{\sqrt{\lambda_j}}{\sqrt{\sigma_{ii}}} U_{ij}, \quad i, j = 1, 2, \cdots, p$$

性质 8.4.4　$\sum_{j=1}^{p} \rho^2(X_i, F_j) = \frac{\lambda_j}{\sigma_{ii}} U_{ij}^2 = 1, \quad i, j = 1, 2, \cdots, p$。

性质 8.4.5　$\sum_{j=1}^{p} \sigma_{ii} \rho^2(X_i, F_j) = \lambda_j, \quad i, j = 1, 2, \cdots, p$。

8.4.3　主成分的计算步骤及实例

1. 主成分的选取准则

定义　称 $F_i = \dfrac{\lambda_i}{\sum_{i=1}^{p} \lambda_i}$ 为总方差中第 i 个主成分的方差贡献率。第一主成分的方差贡献率最大,表明它解释原始变量 $X_1, X_2, \cdots, X_p$ 的能力最强;F_2,

$F_3, \cdots, F_p$ 的解释比例依次减少。$\dfrac{\sum\limits_{i=1}^{m} \lambda_i}{\sum\limits_{i=1}^{p} \lambda_i}$ 称为前 m 个主成分 $F_1, F_2, \cdots, F_m$ 的累积贡献率。

对于 m 个原始变量的主成分分析有 $\sum\limits_{i=1}^{m} \dfrac{\lambda_i}{m} = 1$，则选取主成分的原则如下：

（1）设方差贡献率为 η，若 $\sum\limits_{i=1}^{l} \dfrac{\lambda_i}{m} \geqslant \eta, l < m$，通常取 $\eta = 80\%$。在实际使用中，η 也可以取 70% 或 90% 等数值。

（2）选取特征值较大的变量，实际中特征值的分界线通常取 1。$\boldsymbol{R}$ 必有大于 1 的特征值，舍弃小于 1 的特征值，相当于舍掉方差贡献小于 1 的变量。

2. 主成分的计算步骤

在实际问题中，总体协方差矩阵 $\boldsymbol{\Sigma}$ 和相关系数阵通常是未知的，所以我们一般用样本协方差矩阵 $\boldsymbol{S}$ 和样本相关系数矩阵 $\boldsymbol{R}$ 来代替，此时求出的主成分也称为样本主成分。同时，数据标准化具有一个重要的特性就是变量的样本协方差矩阵 $\boldsymbol{S}$ 和样本相关系数矩阵 $\boldsymbol{R}$ 是相同的。因此，主成分分析的问题就转化为利用相关系数矩阵求解主成分的问题。

设 n 个样品的有 p 个观测指标，将原始数据写成矩阵

$$\boldsymbol{X} = \begin{bmatrix} x_{11} & x_{12} & \cdots & x_{1p} \\ x_{21} & x_{22} & \cdots & x_{2p} \\ \vdots & \vdots & & \vdots \\ x_{n1} & x_{n2} & \cdots & x_{np} \end{bmatrix} = (\boldsymbol{X}_1, \boldsymbol{X}_2, \cdots, \boldsymbol{X}_n)'$$

将原始数据作标准化变换

$$x_{ij}^* = \dfrac{x_{ij} - \bar{x}_j}{\sigma_j}, \quad i = 1, 2, \cdots, n; j = 1, 2, \cdots, p$$

其中，$\bar{x}_j = \dfrac{1}{n} \sum\limits_{i=1}^{n} x_{ij}$，$\sigma_j^2 = \dfrac{1}{n} \sum\limits_{i=1}^{n} (x_{ij} - \bar{x}_j)^2$。

显然 $\bar{x}_j^* = \dfrac{1}{n} \sum\limits_{i=1}^{n} x_{ij}^* = 0$，$\sigma_j^{*2} = \dfrac{1}{n} \sum\limits_{i=1}^{n} (x_{ij}^* - \bar{x}_j^*)^2 = 1$，则

$$\| \boldsymbol{x}_j^* \| = \sqrt{x_j^* x_j^*} = \sqrt{n}$$

其中，$\boldsymbol{x}_j^* = (x_{1j}^*, x_{2j}^*, \cdots, x_{nj}^*)^{\mathrm{T}}$。

为书写方便,标准化后的变量 x_j^* 仍记为 x_j,所以样本协方差矩阵 $\boldsymbol{S}$ 中的变量 x_j 和 x_k 的方差为

$$\sigma_{jk} = \frac{1}{n}\sum_{i=1}^{n}(x_{ij}-\bar{x}_j)(x_{ik}-\bar{x}_k) = \frac{1}{n}\sum_{i=1}^{n}x_{ij}x_{ik} = \frac{1}{n}x_j'x_k \qquad (8.4.5)$$

而变量 x_j 和 x_k 的相关系数为

$$r_{jk} = \frac{\sigma_{jk}}{\sqrt{\sigma_{jj}\sigma_{kk}}} = \sigma_{jk} = \frac{1}{n}x_j'x_k \qquad (8.4.6)$$

由式(8.4.5)和式(8.4.6)可知,协方差矩阵和相关系数矩阵是相同的,且

$$\boldsymbol{R} = \boldsymbol{S} = \frac{1}{n}\boldsymbol{X}'\boldsymbol{X} \qquad (8.4.7)$$

需要注意的是,这里的 $\boldsymbol{X}$ 为已经标准化后的数据。式(8.4.7)也可简记为

$$\boldsymbol{R} = \mathrm{cov}(\boldsymbol{X}) = (\boldsymbol{V}^{1/2})^{-1}\boldsymbol{\Sigma}(\boldsymbol{V}^{1/2})^{-1}$$

其中,$\boldsymbol{V}^{1/2} = \mathrm{diag}(\sqrt{\sigma_{11}},\sqrt{\sigma_{22}},\cdots,\sqrt{\sigma_{mm}})$。

这里需要说明的是,从协方差矩阵 $\boldsymbol{\Sigma}$(未标准化)和相关系数矩阵 $\boldsymbol{R}$(标准化)出发计算出的主成分是不同的。

例 8.4.1　已知协方差矩阵 $\boldsymbol{\Sigma} = \begin{bmatrix} 1 & 4 \\ 4 & 100 \end{bmatrix}$,试用协方差矩阵 $\boldsymbol{\Sigma}$ 和相关系数矩阵 $\boldsymbol{R}$ 两种方法求其主成分。

解　因为 $\boldsymbol{\Sigma} = \begin{bmatrix} 1 & 4 \\ 4 & 100 \end{bmatrix}$,按式(8.4.6)可得

$$\boldsymbol{R} = \begin{bmatrix} 1 & 0.4 \\ 0.4 & 1 \end{bmatrix}$$

则对应的特征值及特征向量为

$$\boldsymbol{\Sigma}: \begin{cases} \lambda_1 = 100.16, & \boldsymbol{u}_1' = (0.040, 0.999) \\ \lambda_2 = 0.840, & \boldsymbol{u}_2' = (0.999, -0.040) \end{cases}$$

$$\boldsymbol{R}: \begin{cases} \lambda_1 = 1.400, & \boldsymbol{u}_1' = (0.707, 0.707) \\ \lambda_2 = 0.600, & \boldsymbol{u}_2' = (0.707, -0.707) \end{cases}$$

$\boldsymbol{\Sigma}$ 和 $\boldsymbol{R}$ 的主成分为

$$\boldsymbol{\Sigma}: \begin{cases} F_1 = 0.040x_1 + 0.999x_2 \\ F_2 = 0.999x_1 - 0.040x_2 \end{cases}$$

$$\boldsymbol{R}: \begin{cases} F_1 = 0.707x_1 + 0.707x_2 \\ F_2 = 0.707x_1 - 0.707x_2 \end{cases}$$

第一主成分贡献为

$$\begin{cases} \boldsymbol{\Sigma}: \dfrac{\lambda_1}{\lambda_1+\lambda_2}=\dfrac{100.16}{100.16+0.84}=99.2\% \\[3mm] \boldsymbol{R}: \dfrac{\lambda_1}{\lambda_1+\lambda_2}=\dfrac{1.4}{1.4+0.6}=70.0\% \end{cases}$$

由例 8.4.1 可以看出，从 $\boldsymbol{\Sigma}$ 和 $\boldsymbol{R}$ 计算所得的主成分是不同的，它与原始数据是否进行标准化有很大关系。

在实际研究中，究竟选择哪种方法更合适呢？对原始数据进行标准化的过程实际上就是抹杀原始变量离散程度差异的过程。实际上变量的离散程度也是对数据信息的重要概括，所以对相同度量或者是取值范围在相同量级的数据，选择从协方差矩阵 $\boldsymbol{\Sigma}$ 出发求解主成分较好；反之，对于不同量纲或者取值差异明显较大的数据，选择相关系数矩阵 $\boldsymbol{R}$ 求解主成分较为合适。

因此，本节对从协方差矩阵 $\boldsymbol{\Sigma}$ 或相关系数矩阵 $\boldsymbol{R}$ 出发计算主成分的计算步骤进行总结如下：

（1）计算相关系数矩阵，检验待分析的变量是否适合主成分分析。

如果 p 个指标完全不相关，则压缩指标是不可能的，即数据不适合作主成分分析；如果两个指标完全相关，则只需保留一个指标即可；如果指标间存在一定的相关性但又不完全相关，即 $0<r<1$，则可以压缩指标，即数据适合作主成分分析。原始变量相关程度越高，降维的效果越好。

（2）根据实际问题的特征判断是从协方差矩阵 $\boldsymbol{\Sigma}$ 还是相关系数矩阵 $\boldsymbol{R}$ 出发求解主成分。

通常情况下，变量水平差异很大或者具有不同量纲时，选择从相关系数矩阵 $\boldsymbol{R}$ 出发求解主成分分析。反之，则选择从协方差矩阵 $\boldsymbol{\Sigma}$ 出发求解主成分效果较好。

（3）求协方差矩阵 $\boldsymbol{\Sigma}$ 或相关系数矩阵 $\boldsymbol{R}$。

总体协方差矩阵 $\boldsymbol{\Sigma}$ 和相关系数矩阵 $\boldsymbol{R}$ 通常是未知的，所以我们一般用样本协方差矩阵 $\boldsymbol{S}$ 和样本相关系数矩阵 $\boldsymbol{R}$ 来代替。

① 设原始数据矩阵为 $\boldsymbol{X}$，即

$$\boldsymbol{X}=\begin{bmatrix} x_{11} & x_{12} & \cdots & x_{1p} \\ x_{21} & x_{22} & \cdots & x_{2p} \\ \vdots & \vdots & & \vdots \\ x_{n1} & x_{n2} & \cdots & x_{np} \end{bmatrix}=(\boldsymbol{X}_1,\boldsymbol{X}_2,\cdots,\boldsymbol{X}_n)'$$

则矩阵 $\boldsymbol{X}$ 的样本协方差矩阵为

$$S = \frac{1}{n-1} \sum_{k=1}^{n} (X_{ki} - \overline{X}_i)(X_{kj} - \overline{X}_j)' = (s_{ij})_{p \times p}$$

其中, $\overline{X}_j = \frac{1}{n} \sum_{k=1}^{n} x_{kj}$, $j = 1, 2, \cdots, p$。

② 计算样本的样本相关系数矩阵 $\boldsymbol{R}$, 即

$$\boldsymbol{R} = \begin{bmatrix} r_{11} & r_{12} & \cdots & r_{1p} \\ r_{21} & r_{22} & \cdots & r_{2p} \\ \vdots & \vdots & & \vdots \\ r_{p1} & r_{p2} & \cdots & r_{pp} \end{bmatrix}$$

其中, $\boldsymbol{R}$ 是实对称矩阵且对角线元素均为 1。

（4）计算 $\boldsymbol{\Sigma}$ 或 $\boldsymbol{R}$ 的特征值 $\lambda_1 \geqslant \lambda_2 \geqslant \cdots \geqslant \lambda_p > 0$ 及相应的特征向量 $\boldsymbol{a}_1$, $\boldsymbol{a}_2, \cdots, \boldsymbol{a}_p$, 其中 $\boldsymbol{a}_i = (a_{1i}, a_{2i}, \cdots, a_{pi})'$, $i = 1, 2, \cdots, p$。

（5）计算样本的主成分 $\boldsymbol{F}_i = a_{1i} \boldsymbol{X}_1 + a_{2i} \boldsymbol{X}_2 + \cdots + a_{pi} \boldsymbol{X}_p$, $i = 1, 2, \cdots, p$, 根据累积方差贡献率确定主成分的个数。

3. 应用实例

例 8.4.2　2014 年全国居民分地区人均消费支出如表 8.4.1 所示, 试对各地区居民生活消费进行主成分分析。

表 8.4.1　2014 年全国居民分地区人均消费支出　　　　　　　　元

地区	食品烟酒	衣着	居住	生活用品及服务	交通通信	教育文化娱乐	医疗保健	其他用品及服务
北京	7467.8	2359.8	9497.7	2041.4	3578.6	3268.3	1914.2	975.2
天津	7376.6	1859.3	4873.0	1295.5	2904.7	1833.8	1584.5	615.5
河北	3263.7	971.8	2727.7	773.6	1749.3	1144.5	1027.5	273.5
山西	2940.5	1084.8	2198.8	619.4	1214.7	1484.6	1008.6	312.4
内蒙古	4746.4	1688.0	2795.2	1008.9	2405.1	1813.2	1319.7	481.5
辽宁	4554.8	1477.8	3400.5	918.7	1949.7	1834.4	1419.2	512.9
吉林	3531.6	1228.9	2561.3	689.5	1636.3	1550.8	1458.0	369.6
黑龙江	3537.9	1292.8	2689.6	670.9	1588.4	1406.8	1258.3	324.1
上海	9011.6	1613.0	10789.1	1531.6	3596.5	3311.4	2223.9	987.6
江苏	5591.7	1385.2	4126.7	1107.2	2869.3	2238.2	1331.3	514.0
浙江	6569.2	1587.1	5577.2	1117.7	3670.6	2169.0	1358.2	503.1

地区	食品烟酒	衣着	居住	生活用品及服务	交通通信	教育文化娱乐	医疗保健	其他用品及服务
安 徽	4003.1	870.3	2541.8	694.2	1324.9	1157.3	870.0	265.3
福 建	6081.9	1097.5	4278.5	1032.3	2067.0	1667.2	926.8	493.1
江 西	3785.8	853.4	2576.6	679.3	1164.3	1151.1	635.0	243.4
山 东	3932.3	1168.9	2825.8	993.6	1821.9	1303.0	989.6	293.7
河 南	3202.4	1111.8	2208.6	875.1	1225.5	1160.8	929.0	287.1
湖 北	4139.7	1009.7	2810.2	813.4	1339.8	1479.8	1056.2	279.3
湖 南	4240.5	914.1	2708.4	796.9	1600.2	1764.9	972.2	291.4
广 东	6589.8	1014.6	4300.2	1116.5	2795.1	1965.0	890.5	533.9
广 西	3680.1	460.5	2341.5	614.0	1198.3	1115.3	679.3	185.3
海 南	4915.0	549.9	2558.2	686.0	1437.4	1358.4	716.8	248.8
重 庆	4971.9	1275.9	2554.4	978.8	1476.2	1319.3	966.1	268.1
四 川	4548.2	974.3	2217.3	879.6	1437.0	1061.0	964.5	286.5
贵 州	3151.9	666.3	1826.9	619.1	1080.4	1222.0	572.0	164.7
云 南	3211.5	567.0	2018.5	568.4	1513.6	1096.7	739.4	154.4
西 藏	3370.2	733.7	1311.5	399.7	796.0	266.7	197.6	241.5
陕 西	3405.1	944.6	2585.8	796.2	1535.4	1500.4	1178.2	257.9
甘 肃	3218.2	884.2	2015.0	652.1	1072.2	1092.4	737.2	203.3
青 海	3854.4	1153.0	2374.5	733.5	1790.1	1293.0	1071.2	335.0
宁 夏	3555.6	1170.0	2214.4	797.9	1763.5	1416.4	1239.9	326.7
新 疆	3855.0	1205.6	2226.4	669.2	1624.5	1102.2	978.3	242.4

解 由于指标的数量级差别较大,所以我们选择从相关系数矩阵出发求解主成分。计算其相关系数矩阵,如表 8.4.2 所示。

表 8.4.2 相关系数矩阵

	食品烟酒	衣着	居住	生活用品及服务	交通通信	教育文化娱乐	医疗保健	其他用品及服务
食品烟酒	1.000	0.655	0.889	0.855	0.880	0.822	0.676	0.885
衣 着	0.655	1.000	0.700	0.832	0.780	0.745	0.836	0.825
居 住	0.889	0.700	1.000	0.893	0.859	0.920	0.797	0.943

续表

	食品烟酒	衣着	居住	生活用品及服务	交通通信	教育文化娱乐	医疗保健	其他用品及服务
生活用品及服务	0.855	0.832	0.893	1.000	0.862	0.886	0.782	0.912
交通通信	0.880	0.780	0.859	0.862	1.000	0.880	0.791	0.881
教育文化娱乐	0.822	0.745	0.920	0.886	0.880	1.000	0.867	0.915
医疗保健	0.676	0.836	0.797	0.782	0.791	0.867	1.000	0.843
其他用品及服务	0.885	0.825	0.943	0.912	0.881	0.915	0.843	1.000

从相关系数矩阵来看,所有指标间的相关性都较强,所以可以尝试主成分分析。从相关系数矩阵出发求得特征根和解释方差的比例,如表 8.4.3 所示。

表 8.4.3　总方差解释

成分	初始特征值			提取平方和载入		
	合计	方差的%	累积%	合计	方差的%	累积%
1	6.864	85.800	85.800	6.864	85.800	85.800
2	0.478	5.974	91.774			
3	0.250	3.130	94.903			
4	0.161	2.013	96.917			
5	0.108	1.354	98.270			
6	0.067	0.833	99.104			
7	0.047	0.582	99.685			
8	0.025	0.315	100.000			

从表 8.4.3 可知,第一主成分的方差贡献率为 85.800%,特征值为 6.864>1。根据特征根计算其特征向量,如表 8.4.4 所示。

表 8.4.4　特征向量

居民生活消费	成　分
食品烟酒	0.344
衣　着	2.493
居　住	0.380
生活用品及服务	2.497
交通通信	0.375

居民生活消费	成　　分
教育文化娱乐	2.537
医疗保健	0.350
其他用品及服务	2.780

所以主成分

$$F_1 = 0.344X_1 + 2.493X_2 + \cdots + 2.780X_8$$

将主成分进行排序可得表 8.4.5。

表 8.4.5　地区消费水平排名

地　区	F_1	排名	地　区	F_1	排名	地　区	F_1	排名
北　京	30173.1	1	湖　南	12984.8	12	河　北	11193.1	23
上　海	28319.2	2	山　东	12973.6	13	安　徽	10721.2	24
天　津	20266.9	3	黑龙江	12643.2	14	海　南	10674.9	25
浙　江	19879.7	4	宁　夏	12570.8	15	江　西	10361.1	26
江　苏	18358.7	5	湖　北	12443.3	16	甘　肃	9702.0	27
广　东	17047.4	6	青　海	12192.3	17	贵　州	9148.9	28
内蒙古	16725.0	7	陕　西	12008.5	18	广　西	8868.7	29
辽　宁	16144.8	8	山　西	11541.7	19	云　南	8742.6	30
福　建	15732.0	9	河　南	11425.8	20	西　藏	6200.4	31
重　庆	13289.8	10	四　川	11397.1	21			
吉　林	13059.4	11	新　疆	11270.7	22			

通过对主成分得分排序发现，北京、上海、天津等地区消费水平较高，而广西、云南、西藏等地区较低，这与我国的实际消费情况基本一致。

表 8.4.6　地区消费水平实际排名

地　区	消费支出	排名	地　区	消费支出	排名	地　区	消费支出	排名
上　海	33064.8	1	广　东	19205.5	5	辽　宁	16068.0	9
北　京	31102.9	2	江　苏	19163.6	6	重　庆	13810.6	10
浙　江	22552.0	3	福　建	17644.5	7	山　东	13328.9	11
天　津	22343.0	4	内蒙古	16258.1	8	湖　南	13288.7	12

续表

地　区	消费支出	排名	地　区	消费支出	排名	地　区	消费支出	排名
吉　林	13026.0	13	陕　西	12203.6	20	广　西	10274.3	27
湖　北	12928.3	14	河　北	11931.5	21	甘　肃	9874.6	28
黑龙江	12768.8	15	新　疆	11903.7	22	云　南	9869.5	29
青　海	12604.8	16	安　徽	11727.0	23	贵　州	9303.4	30
宁　夏	12484.5	17	江　西	11088.9	24	西　藏	7317.0	31
海　南	12470.6	18	河　南	11000.4	25			
四　川	12368.4	19	山　西	10863.8	26			

表 8.4.6 是根据 2015 年中国统计年鉴所得的 2014 年全国居民分地区人均实际消费支出的排序情况,通过对比表 8.4.5 可以发现,两表的排序情况总体来说是基本一致的,说明通过主成分法的排序是合理有效的。

4. 显著性检验

由前面的介绍可知,主成分的确定一般由累积贡献率的大小来确定的。而巴特利特(Bartlett)球形检验(Bartlett 近似卡方检验)则是用来检验主成分分析显著性的一种检验方法,作如下的假设检验:

设 $X \sim N_p(\boldsymbol{\mu}, \boldsymbol{\Sigma})$，$H_0: \lambda_{q+1} = \lambda_{q+2} = \cdots = \lambda_p$。

因为特征根相等,意味着 p-q 个主成分含有相同的信息量,所以若接受 H_0,则在 q 的基础上,再增加任何主成分就需把剩下的全部包括进去。

在 H_0 成立下可得 Bartlett 近似卡方检验统计量

$$\left(n - \frac{2p+11}{6}\right)(p-q)\ln\frac{a_0}{g_0} \sim \chi^2\left((p-q+2), (p-q-1)/2\right)$$

其中

$$a_0 = \frac{1}{p-q}(\lambda_{q+1} + \lambda_{q+2} + \cdots + \lambda_p), \quad g_0 = \sqrt[(p-q)]{\lambda_{q+1}\lambda_{q+2}\cdots\lambda_p}$$

若拒绝 H_0 即应增加主成分的个数。若接受 H_0,说明在已给检验水平下取 q 个主成分已能描述数据。

简单地说,在计算出 χ^2 的数值后,查卡方分布表,给定自由度 $(p-1)p/2$ 及置信度水平 α,则可以对主成分分析的显著性进行近似检验。

8.5 因 子 分 析

与主成分分析法相同,因子分析法同样是利用降维的思想分析多变量数据的一种统计分析方法,但它与主成分分析也有所不同,简单来说,因子分析可以看成是主成分分析的推广。

主成分分析是将样本数据 X 的 m 个变量 X_i,通过线性变换寻找 m 个主成分 F_i 的表达式,即 $F=UX$;反过来,变量 $X_i(i=1,2,\cdots,p)$ 能用 m 个($m \leqslant p$)因子 $F_i(i=1,2,\cdots,m)$ 来线性表示:$X=AF+\varepsilon$,其中 A 是因子载荷矩阵,F 对所有变量都有作用,称为公共因子,ε 为不能被公共因子包括的部分,称为特殊因子。

从上述表述可知,主成分分析与因子分析有很大的区别。主成分分析的主分量数和变量数是相等的,它只是将一组具有相关性的变量变换为一组独立的变量。因子分析则是用比原变量数少的因子来构造简单模型解释原变量间的关系。但主成分分析却不能作为一个模型来描述,只是通常的变量变换而已。主成分分析是将主分量表示为原始变量的线性组合(主成分),强调的是解释数据变异的能力,其功能是简化原有的变量,"主成分"是作指标用的,一般找不出实际意义;因子分析则是将原始变量表示为新因子的简单模型,强调的是变量间的相关性,其功能在于解释原始变量间的关系。因子分析中的公因子一般具有实际意义,且模型中具有特殊因子。

8.5.1 因子分析的数学模型

1. 因子分析模型

$$\begin{cases} X_1 = a_{11}F_1 + a_{12}F_2 + \cdots + a_{1m}F_m + \varepsilon_1 \\ X_2 = a_{21}F_1 + a_{22}F_2 + \cdots + a_{2m}F_m + \varepsilon_2 \\ \vdots \\ X_p = a_{p1}F_1 + a_{p2}F_2 + \cdots + a_{pm}F_m + \varepsilon_p \end{cases}$$

简记为

$$X = AF + \varepsilon$$

其中

$$X = \begin{bmatrix} X_1 \\ X_2 \\ \vdots \\ X_p \end{bmatrix}, \quad A = \begin{bmatrix} a_{11} & a_{12} & \cdots & a_{1m} \\ a_{21} & a_{22} & \cdots & a_{2m} \\ \vdots & \vdots & & \vdots \\ a_{p1} & a_{p2} & \cdots & a_{pm} \end{bmatrix}, \quad F = \begin{bmatrix} F_1 \\ F_2 \\ \vdots \\ F_m \end{bmatrix}, \quad \boldsymbol{\varepsilon} = \begin{bmatrix} \varepsilon_1 \\ \varepsilon_2 \\ \vdots \\ \varepsilon_p \end{bmatrix}$$

该模型假设：

① $m \leqslant p$；

② $\mathrm{cov}(F, \boldsymbol{\varepsilon}) = 0$，即 F 和 $\boldsymbol{\varepsilon}$ 是不相关的；

③ $D(F) = \begin{bmatrix} 1 & & & 0 \\ & 1 & & \\ & & \ddots & \\ 0 & & & 1 \end{bmatrix} = I_m$，且 $E(F) = 0$，即 $F_1, F_2, \cdots, F_m$ 不相

关，且方差皆为 1；

④ $D(\boldsymbol{\varepsilon}) = \boldsymbol{\Sigma}_{\boldsymbol{\varepsilon}} = \begin{bmatrix} \sigma_1^2 & & & 0 \\ & \sigma_2^2 & & \\ & & \ddots & \\ 0 & & & \sigma_p^2 \end{bmatrix}$，且 $E(\boldsymbol{\varepsilon}) = 0$，即 $\varepsilon_1, \varepsilon_2, \cdots, \varepsilon_p$ 不相关，

且方差不同。

需要说明的是，X 是可实测的 p 个指标，F 是不可观测的向量（潜在变量）。从几何意义来理解，如果把 X_i 看成 m 维因子空间的一个向量，F 看成高维空间中相互垂直的 m 个坐标轴，则 a_{ij} 表示 X_i 在坐标轴 F_j 上的投影。

由上述模型满足的条件可知，$F_1, F_2, \cdots, F_m$ 不相关，若 $F_1, F_2, \cdots, F_m$ 相关，则 $D(F)$ 不是对角阵。这时的模型称为斜交因子模型，这里不作讨论。

2. 因子分析模型与回归模型的比较

将因子分析模型

$$x_i = a_{i1}f_1 + a_{i2}f_2 + \cdots + a_{im}f_m + \varepsilon_i, \quad i = 1, 2, \cdots, p$$

与回归分析模型

$$y_i = \beta_0 + x_{i1}\beta_1 + a_{i2}\beta_2 + \cdots + a_{ip}\beta_p + \varepsilon_i, \quad i = 1, 2, \cdots, n$$

作比较，可以发现它与多变量回归分析很类似。比如特殊因子 $\boldsymbol{\varepsilon}$ 类似于回归模型中的误差项，因子载荷矩阵类似于回归模型中的标准回归系数，但是两者的参数意义与性质都不相同，如表 8.5.1 所示。

表 8.5.1 因子分析模型与回归分析模型比较

	因子分析模型	回归分析模型
待估参数	因子载荷 a_{ij}	回归系数 β_i
"自变量"的性质	f_i 是不可观测的潜在变量	x_i 是可观测的显变量
"自变量"个数的特点	m 是未知的	p 是已知的
"自变量"之间的关系	相互独立	可能相关

3. 因子分析模型的性质

性质 8.5.1 因子载荷不唯一。

设 U 为任意一个 $m \times m$ 的正交阵,则

$$X = AF + \varepsilon = (AU)(U'F) + \varepsilon = A^* F^* + \varepsilon$$

其中,$A^* = AU, F^* = U'F$。

因为

$$E(F^*) = U'E(F) = 0$$
$$D(F^*) = U'D(F)U = U'U = I$$
$$\text{cov}(F^*, \varepsilon) = 0$$

所以,不同的载荷矩阵 A 和 A^* 具有相同的协方差矩阵或者相关系数矩阵。

这说明公因子 F 并不唯一,因子载荷矩阵 A 也不唯一。只要对公因子左乘一个正交矩阵即作一正交变换(几何上为坐标轴的一次旋转),就可以得到新的公因子。

性质 8.5.2 模型不受单位的影响。

设 $X^* = CX$,其中 $C = \text{diag}(C_1, C_2, \cdots, C_p), C_i > 0, i = 1, 2, \cdots, p$,则

$$X^* = CAF + C\varepsilon$$

假设 $A^* = CA, F^* = F, \varepsilon^* = C\varepsilon$,则

$$X^* = A^* F^* + \varepsilon^*$$

这个模型仍满足因子分析模型的 5 个假设,即

$$\begin{cases} E(F^*) = 0 \\ E(\varepsilon^*) = 0 \\ D(F^*) = I \\ D(\varepsilon^*) = \Sigma_\varepsilon^* \\ \text{cov}(F^*, \varepsilon^*) = 0 \end{cases}$$

其中 $\Sigma_\varepsilon^* = \text{diag}(\sigma_1^{*2}, \sigma_2^{*2}, \cdots, \sigma_p^{*2}), i = 1, 2, \cdots, p$。

性质 8.5.3 $\boldsymbol{X}$ 的协方差 $\boldsymbol{\Sigma}$ 的一个分解式是 $\boldsymbol{\Sigma} = \boldsymbol{AA}' + \boldsymbol{\Sigma}_\varepsilon$。

$$\boldsymbol{\Sigma} = D(\boldsymbol{X}) = D(\boldsymbol{AF} + \boldsymbol{\varepsilon})$$
$$= D(\boldsymbol{AF}) + D(\boldsymbol{\varepsilon})$$
$$= AD(\boldsymbol{F})\boldsymbol{A}' + D(\boldsymbol{\varepsilon})$$
$$= \boldsymbol{AA}' + \boldsymbol{\Sigma}_\varepsilon = \boldsymbol{R}$$

4. 几个重要概念的统计意义

1）因子载荷的统计意义

已知模型：

$$X_i = a_{i1}F_1 + a_{i2}F_2 + \cdots + a_{im}F_m + \varepsilon_i, \quad i = 1, 2, \cdots, p \quad (8.5.1)$$

则

$$\mathrm{cov}(X_i, F_j) = \mathrm{cov}(a_{i1}F_1 + a_{i2}F_2 + \cdots + a_{im}F_m + \varepsilon_i, F_j)$$
$$= \sum_{k=1}^{m} a_{ik}\mathrm{cov}(F_k, F_j)$$

当公因子之间不相关时，$\mathrm{cov}(F_k, F_j) = 0, \mathrm{cov}(F_j, F_j) = D(F_j) = 1 (k \neq j)$，则

$$\mathrm{cov}(X_i, F_j) = a_{ij} = r_{X_i F_j}$$

故因子载荷 a_{ij} 的统计意义是第 i 个变量 X_i 与第 j 个公共因子 F_j 之间的相关系数，即表示 X_i 依赖 F_j 的多少。它反映了第 i 个变量 X_i 与第 j 个公共因子 F_j 上的相对重要性。a_{ij} 的绝对值越大，表示公因子 F_j 与变量 X_i 的关系越密切。

同样地，由式(8.5.1)可以得

$$r_{X_i X_j} = \mathrm{cov}(X_i, X_j) = \mathrm{cov}\left(\sum_{k=1}^{m} a_{ik}F_k, \sum_{k=1}^{m} a_{jk}F_k\right) = \sum_{k=1}^{m} a_{ik}a_{jk}$$

这说明任何两个观察变量间的相关系数等于因子载荷乘积之和。所以，我们可以利用因子载荷来估计观察变量间的相关系数，如果从数据计算所得的相关系数和从因子模型计算出的变量相关系数差别较小，那么模型就比较好地拟合了数据。

2）变量共同度的统计意义

变量 X_i 的共同度，也称为公因子方差，其含义为因子载荷矩阵 $\boldsymbol{A}$ 中第 i 行元素的平方和，即

$$h_i^2 = a_{i1}^2 + a_{i2}^2 + \cdots + a_{im}^2, \quad i = 1, 2, \cdots, m$$

由式(8.5.1)可得

$$D(X_i) = a_{i1}^2 D(F_1) + a_{i2}^2 D(F_2) + \cdots + a_{im}^2 D(F_m) + D(\varepsilon_i)$$
$$= a_{i1}^2 + a_{i2}^2 + \cdots + a_{im}^2 + \sigma_i^2 = h_i^2 + \sigma_i^2$$

由于 X_i 已标准化,所以 $h_i^2 + \sigma_i^2 = 1$。

此式说明变量 X_i 的方差由两部分组成:

第一部分为共同度 h_i^2,它体现了全部公共因子对变量 X_i 总方差的贡献程度,h_i^2 越接近 1,说明该变量的原始信息被所选取的公共因子解释的程度越高。如 $h_i^2 = 0.95$,则说明 X_i 的 95% 的信息被 m 个公共因子说明。因此,h_i^2 是 X_i 方差的重要组成部分。当 $h_i^2 \approx 0$ 时,说明公共因子对 X_i 影响很小,主要由特殊因子 ε_i 来描述。

第二部分 σ_i^2 为特殊因子所产生的方差,称为特殊因子方差。它仅与变量 X_i 本身的变化有关,它是使 X_i 的方差为 1 的补充值,即它反映的是原变量方差中无法被公因子解释的比例。

(3) 公因子 F_i 的方差贡献的统计意义

将因子载荷矩阵中各列元素的平方和定义为公因子 F_i 的方差贡献,即

$$g_j^2 = a_{1j}^2 + a_{2j}^2 + \cdots + a_{pj}^2, \quad j = 1, 2, \cdots, q$$

它是衡量公共因子相对重要程度的指标,它反映了该因子对所有原始变量总方差的解释能力。g_j^2 的值越大,则公共因子 F_i 对 X 的贡献越大,其重要程度越高。如果将因子载荷矩阵 A 的所有 $g_j^2 (j = 1, 2, \cdots, q)$ 都计算出来,并按其大小排序,就可以提炼出最有影响的公共因子。

8.5.2　因子载荷的估计方法——主成分法

建立因子模型的关键是根据样本数据阵估计出因子载荷矩阵 A。对 A 的估计方法很多,如主成分法、主轴因子法、重心法、最小二乘法、α 因子分析法、最大似然法等。这些方法求解因子载荷的出发点不同,所得结果也不完全相同。本节主要介绍常用的主成分法。

用主成分法估计因子载荷是在进行因子分析之前先对数据进行一次主成分分析,然后把贡献率较大的几个主成分作为公因子,而其他的贡献率较小的主成分作为特殊因子看待。但由于这种方法所得的特殊因子 $\varepsilon_1, \varepsilon_2, \cdots, \varepsilon_p$ 之间并不相互独立,所以用主成分法确定的因子载荷并不完全符合因子分析模型的前提假设。但当共同度较大时,特殊因子所起的作用很小,其相关性所带来的影响几乎可以忽略。

设 p 个变量 $X_1, X_2, \cdots, X_p$ 可以得到 p 个主成分,按其贡献率从大到小排列,记为 $Y_1, Y_2, \cdots, Y_p$,则

$$Y_i = l_{1i}X_1 + l_{2i}X_2 + \cdots + l_{pi}X_p, \quad i = 1, 2, \cdots, p$$

该式简记为

$$\boldsymbol{Y} = \boldsymbol{L}'\boldsymbol{X}$$

其中

$$\boldsymbol{Y} = (Y_1, Y_2, \cdots, Y_p)', \quad \boldsymbol{X} = (X_1, X_2, \cdots, X_p)', \quad \boldsymbol{L} = (l_{ij})$$

因为 $\boldsymbol{L}$ 为正交矩阵,则 $\boldsymbol{LY} = \boldsymbol{LL}'\boldsymbol{X} = \boldsymbol{X}$,即

$$X_i = l_{i1}Y_1 + l_{i2}Y_2 + \cdots + l_{ip}Y_p, \quad i = 1, 2, \cdots, p$$

保留前 m 个主成分,使得累积贡献率足够大,剩下的部分用 ε_i 来代替,则

$$X_i = l_{i1}Y_1 + l_{i2}Y_2 + \cdots + l_{im}Y_m + \varepsilon_i, \quad i = 1, 2, \cdots, p; m < p$$

上式的形式与因子模型一致,且 $Y_i (i = 1, 2, \cdots, m)$ 之间相互独立。因为因子分析中要求公因子的均值为 0,方差为 1,所以为将 Y_i 转化为合适的公因子,现需要将主成分 Y_i 作适当的变换。

为此,将 Y_i 除以其标准差 $\sqrt{\lambda_i}$,令 $F_i = \dfrac{Y_i}{\sqrt{\lambda_i}}, a_{ij} = \sqrt{\lambda_i} l_{ij}$,则

$$X_i = a_{i1}F_1 + a_{i2}F_2 + \cdots + a_{im}F_m + \varepsilon_i, \quad i = 1, 2, \cdots, p; m < p$$

这与因子分析模型(8.5.1)是完全一致的。

设 $\lambda_1 \geqslant \lambda_2 \geqslant \cdots \geqslant \lambda_p \geqslant 0$ 为样本相关阵的特征根,$L_1, L_2, \cdots, L_p$ 为对应的标准化特征向量。因为 $m < p$,所以因子载荷矩阵 $\boldsymbol{A}$ 的一个解为

$$\hat{A} = (\sqrt{\lambda_1} L_1, \sqrt{\lambda_2} L_2, \cdots, \sqrt{\lambda_m} L_m)$$

共同度的估计为

$$\hat{h}_i^2 = \hat{a}_{i1}^2 + \hat{a}_{i2}^2 + \cdots + \hat{a}_{im}^2$$

在实际应用中,如何确定公因子的数量 m 呢?比如可以借鉴确定主成分个数的准则,所选取的公因子的信息量总和达到总体信息量的一个合适比例(70%～90%)。但这些准则的使用也需具体问题具体分析,总的来说要有利于因子模型的解释,使公因子能合理地描述原始变量的相关结构。

从主成分法估计载荷矩阵的过程可以发现,因子分析和主成分分析虽然相似,但仍然是有区别的。主成分分析本质上是一种变量变换,而因子分析是描述原始变量相关结构的一种模型。在因子分析模型(8.5.1)中,当 $m = p$ 时,$\varepsilon = 0$,此时因子分析也是一种变量变换。但在实际运用中,$m < p$ 且 m 也是越小越好。另外,在主成分分析中每个主成分相应的系数 a_{ij} 是唯一确定

的,但因子分析中每个因子的相应系数不唯一,即因子载荷阵不唯一。

8.5.3 因子旋转

建立因子分析模型的主要目标不仅要找出公共因子,更重要的是要知道每个公共因子的意义,以便对实际问题做出科学的分析。公共因子是否易于解释,很大程度上取决于因子载荷矩阵 A 的元素结构。如果变量 $x_i(i=1,2,\cdots,p)$ 在某个公因子上的载荷相差不大,说明公因子与变量间的相关程度差不多,那么对公因子的解释就会有困难。因为因子载荷矩阵不唯一,所以可以进行因子旋转,使得旋转后的因子载荷矩阵便于对公共因子的解释。这样的因子载荷矩阵通常结构较简单,且具备以下特点:

(1)每个公共因子只在少数几个变量上具有高载荷,在其余变量上的载荷很小;

(2)每个原始变量仅在一个公共因子上具有较大载荷,在其余公共因子上的载荷较小。

简单地说,因子旋转就是使载荷矩阵的每列或每行元素的平方值向 0 和 1 两极分化,进而达到结构简化的目的。如果因子载荷 a_{ij} 接近于 0,则表明公因子 F_j 和变量 X_i 的相关性很弱;如果 $|a_{ij}|$ 接近于 1,则表明公因子 F_j 和变量 X_i 的相关性很强,即公因子 F_j 对变量 X_i 变化的解释能力很强。所以因子旋转就是使得任一原始变量与某些公因子存在较强的相关关系,而与另外的公因子间的相关关系较弱,从而使得公因子的实际意义比较容易解释。但应注意的是,对主成分旋转之后,方差也会发生变化,它们就不再是真正意义上的主成分了。

因子旋转的方式有两种:第一种是正交旋转;第二种是斜交旋转。正交旋转是指因子载荷矩阵 A 右乘一个正交阵而得。正交旋转法的优点是变量间提供的信息不会重叠,彼此间相互独立,经过正交旋转后得到的新公因子仍保持彼此独立的性质即变量间仍互不相关;斜交旋转是要求在旋转时各因子间呈斜交关系,即因子与因子间存在某种程度上的相关。因子间的夹角可以是任意的,所以得到的形式更简洁,其实际意义更易解释。正交旋转主要包括方差最大正交旋转法、四次方最大正交旋转法、平均正交旋转法。本节将介绍使用最普遍的方差最大正交旋转法。

1. 方差最大正交旋转法

方差最大正交旋转法是将坐标旋转(因子载荷矩阵的行作简化),使与每个因子有关的载荷的差异性最大化。此时,每个因子列只有少数变量上有很大载荷,使得公因子的解释也较容易。

首先考虑两个因子的平面正交旋转,设因子载荷矩阵为

$$
A = \begin{bmatrix} a_{11} & a_{12} \\ a_{21} & a_{22} \\ \vdots & \vdots \\ a_{p1} & a_{p2} \end{bmatrix}
$$

正交阵为 $T = \begin{bmatrix} \cos\varphi & -\sin\varphi \\ \sin\varphi & \cos\varphi \end{bmatrix}$,其中 φ 是坐标面上因子轴按逆时针方向旋转的角度,则

$$
B = AT = \begin{bmatrix} a_{11}\cos\varphi + a_{12}\sin\varphi & -a_{11}\sin\varphi + a_{12}\cos\varphi \\ a_{21}\cos\varphi + a_{22}\sin\varphi & -a_{21}\sin\varphi + a_{22}\cos\varphi \\ \vdots & \vdots \\ a_{p1}\cos\varphi + a_{p2}\sin\varphi & -a_{p1}\sin\varphi + a_{p2}\cos\varphi \end{bmatrix} = \begin{bmatrix} b_{11} & b_{12} \\ b_{21} & b_{22} \\ \vdots & \vdots \\ b_{p1} & b_{p2} \end{bmatrix}
$$

通过前面的变换,希望所得结果能使载荷矩阵的每一列元素的绝对值向 0 或 1 两极分化。这实际上就是将变量 $X_1, X_2, \cdots, X_p$ 分成两部分,一部分主要与第一公共因子有关,另一部分与第二公共因子有关,即要求 $(a_{11}^2, a_{21}^2, \cdots, a_{p1}^2)$ 和 $(a_{12}^2, a_{22}^2, \cdots, a_{p2}^2)$ 两组数据的方差 V_1 和 V_2 尽可能大。为此,正交旋转的角度 φ 必须满足旋转后所得因子载荷矩阵的总方差 $V = V_1 + V_2$ 达到最大值,即

$$
V = V_1 + V_2 = \sum_{j=1}^{2} \left[\frac{1}{p} \sum_{i=1}^{p} \left(\frac{b_{ij}^2}{h_i^2} \right)^2 - \left(\frac{1}{p} \sum_{i=1}^{p} \frac{b_{ij}^2}{h_i^2} \right)^2 \right]
$$

这里 b_{ij}^2 除以 h_i^2 表示对矩阵 B 中的元素进行规格化处理,以消除各变量对公共因子依赖程度不同的影响。

根据求极值的方法,令 $\dfrac{\mathrm{d}V}{\mathrm{d}\varphi} = 0$,则

$$
\tan 4\varphi = \frac{D - 2AB/P}{C - (A^2 - B^2)/P} = \frac{\alpha}{\beta} \tag{8.5.2}
$$

其中

$$
A = \sum_{i=1}^{p} \mu_i, \quad B = \sum_{i=1}^{p} v_i, \quad C = \sum_{i=1}^{p} (\mu_i^2 - v_i^2), \quad D = 2 \sum_{i=1}^{p} \mu_i v_i
$$

$$
\mu_i = \left(\frac{a_{i1}}{h_i} \right)^2 - \left(\frac{a_{i2}}{h_i} \right)^2, \quad v_i = 2 \left(\frac{a_{i1}}{h_i} \right) \left(\frac{a_{i2}}{h_i} \right)
$$

由式(8.5.2)可得 $4\varphi = \arctan \dfrac{\alpha}{\beta}$，则

(1) 当 $\beta > 0$ 时，4φ 在第 I、IV 象限，$4\varphi = \arctan \dfrac{\alpha}{\beta}$；

(2) 当 $\beta = 0$ 时，4φ 在第 I、IV 象限，$4\varphi = \begin{cases} \dfrac{\pi}{2}, & \alpha > 0 \\ 0, & \alpha = 0 \\ -\dfrac{\pi}{2}, & \alpha < 0 \end{cases}$；

(3) 当 $\beta < 0$ 时，4φ 在第 II、III 象限，$4\varphi = \begin{cases} \arctan \dfrac{\alpha}{\beta} + \pi, & \alpha > 0 \\ \arctan \dfrac{\alpha}{\beta}, & \alpha = 0 \\ \arctan \dfrac{\alpha}{\beta} - \pi, & \alpha < 0 \end{cases}$。

如果公因子多于两个，则需逐次对每两个因子进行上述旋转，使对应的两列元素平方的相对方差和达到最大，而其余各列不变。即当 $q > 2$ 时，可以每次取两个进行两两配对旋转，累积旋转 $C_q^2 = \dfrac{1}{2}q(q-1)$ 次完成全部旋转，并记为一次循环，记一次循环后的因子载荷矩阵为 $\boldsymbol{B}^{(1)}$，其各列元素平方的相对方差和为 $V^{(1)}$，然后对 $\boldsymbol{B}^{(1)}$ 采用同样的方法进行旋转得到 $\boldsymbol{B}^{(2)}$，如此继续旋转下去。由于每次旋转后载荷矩阵各列平方的相对方差和 $V^{(i)}$ 比前一次有所增加，即

$$V^{(1)} \leqslant V^{(2)} \leqslant \cdots \leqslant V^{(m)} \leqslant \cdots$$

由于 $V^{(i)}(i = 1, 2, \cdots)$ 是有界的单调上升数列，所以 $V^{(i)}$ 一定存在极限 V。在实际应用中，经过若干次旋转后，相对方差 $V^{(i)}$ 稳定(改变不大)时，则停止旋转。

2. 因子得分

在因子分析模型 $X_i = a_{i1}F_1 + a_{i2}F_2 + \cdots + a_{im}F_m + \varepsilon_i (i = 1, 2, \cdots, p)$，即 $\boldsymbol{X} = \boldsymbol{AF} + \boldsymbol{\varepsilon}$ 中，如果 $m = p$ 时，$\boldsymbol{\varepsilon} = 0$ 即特殊因子的影响为 0。如果 $\boldsymbol{A}$ 可逆，则 $\boldsymbol{F} = \boldsymbol{A}^{-1}\boldsymbol{X}$，我们将样品 $\boldsymbol{X}$ 在因子 $\boldsymbol{F}$ 上的值称为因子得分。但实际应用中，$m < p$，所以我们不能精确计算出因子的得分情况，只能对因子得分进行估计。估计因子得分的方法很多，如加权最小二乘法、汤姆森(Thomson)回归法等，本节只介绍汤姆森回归法。

假设变量 $\boldsymbol{X}$ 和公因子 $\boldsymbol{F}$ 是经过标准化处理后的变量,则回归方程中的常数项为 0,假设回归方程为

$$\hat{F}_j = b_{j1}X_1 + b_{j2}X_2 + \cdots + b_{jp}X_P, \quad j = 1, 2, \cdots, m$$

由因子载荷的意义可知

$$\begin{aligned}
a_{ij} = r_{X_iF_j} = E(X_iF_j) &= E[X_i(b_{j1}X_1 + b_{j2}X_2 + \cdots + b_{jp}X_p)] \\
&= b_{j1}E(X_iX_1) + b_{j2}E(X_iX_2) + \cdots + b_{jp}E(X_iX_p) \\
&= b_{j1}r_{i1} + b_{j2}r_{i2} + \cdots + b_{jp}r_{ip}
\end{aligned}$$

即

$$\begin{cases}
b_{j1}r_{11} + b_{j2}r_{12} + \cdots + b_{jp}r_{1p} = a_{1j} \\
b_{j1}r_{21} + b_{j2}r_{22} + \cdots + b_{jp}r_{2p} = a_{2j} \\
\vdots \\
b_{j1}r_{p1} + b_{j2}r_{p2} + \cdots + b_{jp}r_{pp} = a_{pj}
\end{cases}, \quad j = 1, 2, \cdots, q$$

上式可简记为

$$\boldsymbol{R}\boldsymbol{b}_j = \boldsymbol{a}_j$$

其中,$\boldsymbol{b}_j = (b_{j1}, b_{j2}, \cdots, b_{jp})'$,$\boldsymbol{a}_j = (a_{1j}, a_{2j}, \cdots, a_{pj})'$,$\boldsymbol{R} = (r_{ij})_{p \times p}$,则

$$\boldsymbol{b}_j = \boldsymbol{R}^{-1}\boldsymbol{a}_j$$

设

$$\boldsymbol{B} = \begin{bmatrix} \boldsymbol{b}'_1 \\ \boldsymbol{b}'_2 \\ \vdots \\ \boldsymbol{b}'_q \end{bmatrix} = \begin{bmatrix} b_{11} & b_{12} & \cdots & b_{1p} \\ b_{21} & b_{22} & \cdots & b_{2p} \\ \vdots & \vdots & & \vdots \\ b_{q1} & b_{q2} & \cdots & b_{qp} \end{bmatrix}$$

则

$$\boldsymbol{B} = \begin{bmatrix} (\boldsymbol{R}^{-1}\boldsymbol{a}_1)' \\ (\boldsymbol{R}^{-1}\boldsymbol{a}_2)' \\ \vdots \\ (\boldsymbol{R}^{-1}\boldsymbol{a}_q)' \end{bmatrix} = \begin{bmatrix} \boldsymbol{a}'_1 \\ \boldsymbol{a}'_2 \\ \vdots \\ \boldsymbol{a}'_q \end{bmatrix} \boldsymbol{R}^{-1} = \boldsymbol{A}'\boldsymbol{R}^{-1}$$

所以

$$\hat{\boldsymbol{F}} = \begin{bmatrix} \hat{F}_1 \\ \hat{F}_2 \\ \vdots \\ \hat{F}_q \end{bmatrix} = \boldsymbol{B}\boldsymbol{X} = \boldsymbol{A}'\boldsymbol{R}^{-1}\boldsymbol{X} \tag{8.5.3}$$

其中,$\boldsymbol{X}=(X_1,X_2,\cdots,X_p)'$,$\boldsymbol{A}'=(a_{ji})_{q\times p}$,式(8.5.3)就是估计因子得分的计算公式。

8.5.4　因子分析与主成分分析的异同

因子分析与主成分分析是比较相似的,它们都是降维、简化数据,并且相关性检验也完全相同。它们同样是利用方差累积贡献率或特征值来确定提取主成分或公共因子的数目。但两者的目的和操作过程有差异。

(1) 主成分分析是将主成分用各变量的线性组合来表示,而因子分析是将变量用各因子的线性组合来表示;

(2) 主成分分析的重点是解释各变量的总方差(方差累积贡献率),而因子分析重点在于解释各变量间的协方差(变量间的相关性);

(3) 因子分析需要假设各公共因子间是互不相关的,特殊因子之间也不相关,公共因子与特殊因子之间也不相关,但主成分分析不需要假设;

(4) 主成分分析中的主成分是唯一的,但因子分析中公共因子不唯一;

(5) 主成分分析法选取不同数目 $m,n(m<n)$ 的主成分时,前 m 个主成分表达式相同,而因子分析法选取不同数目 $m,n(m<n)$ 的公共因子时,前 m 个因子的表达式不同;

(6) 因子分析法采用旋转技术有助于寻找潜在因子,并对这些因子进行解释,主成分分析是指在原变量信息尽可能不损失或损失较少的情况下,降低变量的数目以便进行后续分析,主成分无需实际意义;

(7) 主成分分析中所采用的协方差矩阵的对角元素是变量的方差,而因子分析中的对角元素是变量所对应的共同度(变量方差中被公共因子所解释的部分)。

8.5.5　因子分析的计算步骤和应用实例

1. 计算步骤

(1) 根据研究的问题选取原始变量,并对原始变量进行标准差标准化,进而求出相关矩阵;

(2) 求出初始公共因子和因子载荷矩阵;

(3) 对因子载荷矩阵进行旋转;

（4）计算因子得分，并进行进一步分析。

2. 应用实例

例 8.5.1　15 名学生某次考试的数学、物理、化学、语文、历史、英语六门功课成绩如表 8.5.2 所示，试对他们的成绩进行因子分析。

表 8.5.2　15 名学生六门功课成绩

编号	数学	物理	化学	语文	历史	英语
1	65	61	72	84	81	79
2	77	77	76	64	70	55
3	67	63	49	65	67	57
4	80	69	75	74	74	63
5	74	70	80	84	81	74
6	78	84	75	62	71	64
7	66	71	67	52	65	57
8	77	71	57	72	86	71
9	83	100	79	41	67	50
10	86	94	97	51	63	55
11	74	80	88	64	73	66
12	67	84	53	58	66	56
13	81	62	69	56	66	52
14	71	64	94	52	61	52
15	78	96	81	80	89	76

解　计算其相关系数矩阵如表 8.5.3 所示。

表 8.5.3　相关系数矩阵

		数学	物理	化学	语文	历史	英语
相关	数学	1.000	0.537	0.485	−0.247	0.003	−0.218
	物理	0.537	1.000	0.335	−0.327	0.030	−0.108
	化学	0.485	0.335	1.000	−0.147	−0.117	−0.031
	语文	−0.247	−0.327	−0.147	1.000	0.838	0.903
	历史	0.003	0.030	−0.117	0.838	1.000	0.906
	英语	−0.218	−0.108	−0.031	0.903	0.906	1.000

从相关系数矩阵来看,各指标间的相关性都较强,所以可以尝试因子分析。从相关系数矩阵出发求得特征根和解释方差的比例,如表 8.5.4 所示。

表 8.5.4 特征值和贡献率

成分	初始特征值			提取平方和载入			旋转平方和载入		
	合计	方差/%	累积/%	合计	方差/%	累积/%	合计	方差/%	累积/%
1	2.921	48.687	48.687	2.921	48.687	48.687	2.758	45.970	45.970
2	1.796	29.934	78.621	1.796	29.934	78.621	1.959	32.651	78.621
3	0.714	11.894	90.515						
4	0.451	7.519	98.033						
5	0.081	1.355	99.388						
6	0.037	0.612	100.000						

从表 8.5.4 可知,前两个特征值大于 1,提取这两个因子,它们的累积方差贡献率达 78.621%,根据因子载荷矩阵主成分求解法得到因子载荷矩阵,如表 8.5.5 所示。

表 8.5.5 初始因子载荷矩阵

	成　分	
	F_1	F_2
数学	−0.408	0.757
物理	−0.369	0.708
化学	−0.308	0.661
语文	0.954	0.136
历史	0.867	0.419
英语	0.929	0.302

从该载荷矩阵可知,第一因子在各变量上的载荷差异明显,但第二因子在各变量上的载荷相差不大,意义不明确。为使公共因子意义更加明确,进行因子载荷方差最大正交旋转,其旋转后的因子载荷矩阵如表 8.5.6 所示。

表 8.5.6 旋转后的因子载荷矩阵

	成　分	
	F_1	F_2
数学	−0.089	0.855

	成　分	
	F_1	F_2
物理	-0.072	0.795
化学	-0.033	0.728
语文	0.933	-0.238
历史	0.961	0.058
英语	0.974	-0.074

　　从旋转后的因子载荷矩阵可以看出,两个公共因子在各变量上的载荷差异明显,意义明确,可以将两个因子分别定义为文科因子和理科因子。由表 8.5.6 还可以得到每门课程的因子表达式:

$$数学=-0.089F_1+0.855F_2,\quad 物理=-0.072F_1+0.795F_2,$$
$$化学=-0.033F_1+0.728F_2,\quad 语文=0.933F_1-0.238F_2,$$
$$历史=0.961F_1+0.058F_2,\quad\quad 英语=0.974F_1-0.074F_2$$

计算旋转后的因子得分,如表 8.5.7 所示。

表 8.5.7　旋转后的得分系数矩阵

	成　分	
	F_1	F_2
数学	0.031	0.443
物理	0.033	0.413
化学	0.043	0.380
语文	0.331	-0.054
历史	0.363	0.103
英语	0.358	0.034

　　由表 8.5.7 可得因子得分的表达式:

$$F_1=0.031x_1^*+0.033x_2^*+0.043x_3^*+0.331x_4^*+0.363x_5^*+0.358x_6^*$$
$$F_2=0.443x_1^*+0.413x_2^*+0.380x_3^*-0.054x_4^*+0.103x_5^*+0.034x_6^*$$

其中,$x_1^*,x_2^*,x_3^*,x_4^*,x_5^*,x_6^*$ 分别是数学、物理、化学、语文、历史、英语标准化后的数据。结合表 8.5.4 可以得到综合得分的表达式为

$$综合得分=\frac{45.970}{78.621}F_1+\frac{32.651}{78.621}F_2=0.585F_1+0.415F_2$$

将文科、理科、综合得分进行排序，如表 8.5.8 所示。

表 8.5.8　15 名学生文理分科和综合得分排序

编号	F_1	文科排序	F_2	理科排序	综合得分	综合排序
1	1.453	2	-1.141	14	0.377	4
2	-0.323	8	0.162	6	-0.122	10
3	-0.516	9	-1.741	15	-1.024	15
4	0.397	5	0.115	7	0.28	7
5	1.355	3	-0.04	8	0.776	2
6	0.028	7	0.48	4	0.216	8
7	-0.864	13	-1.025	13	-0.931	14
8	1.091	4	-0.338	11	0.498	3
9	-1.133	14	1.432	2	-0.068	9
10	-0.802	11	1.866	1	0.305	6
11	0.250	6	0.461	5	0.338	5
12	-0.709	10	-0.942	12	-0.806	13
13	-0.853	12	-0.267	10	-0.61	11
14	-1.133	15	-0.235	9	-0.76	12
15	1.756	1	1.213	3	1.531	1

表 8.5.8 可以解释成某种意义下对这些学生进行文科和理科潜质的排序，例如，编号为 15 的同学文科排名为第 1，但理科排名为第 3，总体来说，排名为第 1。但需要注意的是，这只是一种对潜质的排序，这些数据都经过了标准化处理和平常的成绩总分的计算方式不同。

8.6　相关性分析

8.6.1　相关性分析的概念及分类

变量关系间的关系通常可以分为两种，一种是函数关系，另一种是相关关系。如果变量 X 与变量 Y 之间的关系不是一一对应的，但仍两者间的关系按某种规律在一定范围内变化，则称这种关系为不确定性相关关系。相关性分析是研究变量之间相关关系的一种多元统计分析方法。

相关关系的分类有多种,可以按相关方向进行分类,也可以按相关程度进行分类。

1. 按相关方向分类

(1) 正相关:如果两个向量的变化方向相同,则称两个向量正相关。

(2) 负相关:如果两个向量的变化方向相反,则称两个向量负相关。

2. 按相关程度分类

(1) 完全相关:如果一个变量的变化完全由另一变量确定,则称两变量完全相关。

(2) 完全不相关:如果两个变量互不影响,则称两变量完全不相关。

(3) 不完全相关:两个变量间的关系介于完全相关与完全不相关之间,则称两变量不完全相关。

3. 按相关形式分类

(1) 线性相关:如果两种相关变量呈线性关系,则称两变量线性相关。

(2) 非线性相关:如果两种相关变量呈曲线或曲面类型的关系,则称两变量非线性相关。

8.6.2　简单相关分析

1. Pearson 相关系数

皮尔逊(Pearson)相关系数是用来衡量两数值变量的线性相关性,即判断它们是否在一条直线上。一般地,在不作特别说明的情况下,样本相关系数通常指 Pearson 相关系数。

设有两个随机变量 X 和 Y,则两总体相关系数为

$$\rho = \frac{\text{cov}(X,Y)}{\sqrt{D(X)}\,\sqrt{D(Y)}}$$

其中,$\text{cov}(X,Y)$ 表示两变量的协方差,$D(X)$,$D(Y)$ 表示 X 和 Y 的方差。总体相关系数是反映两变量间线性关系的一种度量。

通常情况下,总体相关系数一般都是未知的,所以我们通常用样本相关系数来估计。设样本 X,Y 分别为 $X = (x_1, x_2, \cdots, x_n)$,$Y = (y_1, y_2, \cdots, y_n)$,则两样本相关系数为

$$r = \frac{\sum_{i=1}^{n}(x_i - \bar{x})(y_i - \bar{y})}{\sqrt{\sum_{i=1}^{n}(x_i - \bar{x})^2 \sum_{i=1}^{n}(y_i - \bar{y})^2}}$$

其中,$\bar{x} = \frac{1}{n}\sum_{i=1}^{n}x_i$,$\bar{y} = \frac{1}{n}\sum_{i=1}^{n}y_i$。

相关系数的取值范围是:$-1 \leqslant r \leqslant 1$。当 $r > 0$ 时,两变量正相关;当 $r < 0$ 时,两变量负相关。r 的绝对值越接近 0,则变量间的线性相关性越低,绝对值越接近 1,变量间的线性相关性越高。当 $|r| = 1$ 时,两变量完全相关,即存在确定的函数关系 $aX + bY = 1$,其中 $r = 1$ 时 $ab < 0$,$r = -1$ 时 $ab > 0$;当 $r = 0$ 时,两变量完全不相关。

通常情况下,我们将变量间的相关程度分为下面几种情形:

$|r|$ 的值	0	0~0.3	0.3~0.5	0.5~0.8	0.8~1	1
相关程度	不相关	微弱相关	低度相关	显著相关	高度相关	完全相关

由统计学可知,两变量相互独立则变量完全不相关,两变量不相关但不一定相互独立。如果 (X,Y) 服从二维正态分布,则 X 和 Y 相互独立,所以变量 X 和 Y 不相关,此时的样本相关系数是总体相关系数的极大似然估计,具有渐进无偏性和有效性。因为相关系数通常是由样本数据计算得到的,所以样本相关系数是否能表示样本来自的两个总体的相关性需要进行检验。

当 (X,Y) 服从二维正态分布,总体相关系数 $\rho = 0$(原假设:变量 X 与 Y 不相关)时,统计量 $t = \frac{r\sqrt{n-2}}{\sqrt{1-r^2}}$ 服从自由度为 $n-2$ 的 t 分布,即

$$F = \frac{(n-2)r^2}{1-r^2} \sim F(1, n-2)$$

当 $|t| > t_{\frac{\alpha}{2}}$ 时,拒绝原假设,变量 X 与 Y 相关;当 $|t| \leqslant t_{\frac{\alpha}{2}}$ 时,接受原假设,变量 X 与 Y 不相关。当 $n = 10$,$\alpha = 0.05$ 时,查表得 $t_{\frac{\alpha}{2}}(n-2) = t_{0.025}(8) = 2.3060$,则可以推算出 $r > 0.632$ 为原假设的接受域;类似地,当 $n = 50$,$\alpha = 0.05$ 时,$r > 0.279$ 为原假设的接受域;因此,在做相关性分析时,当样本数量大于 10,相关系数 r 不小于 0.7 时,两变量线性相关;当样本数量大于 50,相

关系数 r 不小于 0.3 时,两变量线性相关。由统计学可知,样本数量越大呈现的结果越稳定,一般地我们要求选取的样本数量不小于 50。

2. Spearman 等级相关系数

由前面可知,Pearson 相关系数通常要求数据近似满足正态分布,如果数据分布情况未知,则需要选用非参数形式的相关分析。通常的非参数形式相关系数有两种,分别是斯皮尔曼(Spearman)等级相关系数和肯德尔(Kendall)等级相关系数。

Spearman 等级相关系数主要用于测度两有序变量的相关性。例如调查结果可按非常满意、满意、一般、不满意、非常不满意进行等级分类。Spearman 等级相关系数对变量的分布没有要求,只要求变量的观测值是成对的等级资料或者变量能转化为等级资料。

Spearman 等级相关系数的计算公式为

$$r_{\mathrm{S}} = \frac{\sum_{i=1}^{n}(x_i - \bar{x})(y_i - \bar{y})}{\sqrt{\sum_{i=1}^{n}(x_i - \bar{x})^2 \sum_{i=1}^{n}(y_i - \bar{y})^2}} = 1 - \frac{6\sum_{i=1}^{n}d_i^2}{n(n^2 - 1)}$$

其中,$d_i = x_i - y_i$。

与 Pearson 相关系数类似,Spearman 等级相关系数的取值范围为 $[-1,1]$,当 $r_{\mathrm{S}} > 0$ 时,两变量正等级相关;当 $r_{\mathrm{S}} < 0$ 时,两变量负等级相关。r_{S} 的绝对值越接近 0,则变量间的相关性越低,绝对值越接近 1,变量间的相关性越高。当 $|r_{\mathrm{S}}| = 1$ 时,两变量完全相关;当 $r_{\mathrm{S}} = 0$ 时,两变量完全不相关。

同样地,Spearman 等级相关系数也可以通过样本计算得到,两个总体是否存在显著的等级相关也需要进行检验。

当 $n > 20$ 时,总体等级相关系数 $\rho_{\mathrm{S}} = 0$(原假设:变量 X 与 Y 不相关)时,统计量 $t = \dfrac{r_{\mathrm{S}}\sqrt{n-2}}{\sqrt{1-r_{\mathrm{S}}^2}}$ 服从自由度为 $n-2$ 的 t 分布,即当 $|t| > t_{\frac{a}{2}}$ 时,拒绝原假设,变量 X 与 Y 等级相关;当 $|t| \leqslant t_{\frac{a}{2}}$ 时,接受原假设,变量 X 与 Y 不相关。一般地,当样本数量足够大时,数据近似正态分布,即 $n \to \infty$ 时,统计量 $\sqrt{(n-1)r_{\mathrm{S}}} \to N(0,1)$。

3. Kendall 等级相关系数

Kendall 等级相关系数也是测度有序变量的相关性,它的相关系数计算公式为

$$r_K = \frac{2}{n(n-1)} \sum_{i<j} \text{sgn}(x_i - x_j) \text{sgn}(y_i - y_j)$$

其中，$\text{sgn}(z) = \begin{cases} 1, & z>0 \\ 0, & z=0 \\ -1, & z<0 \end{cases}$。

当 $n \geqslant 30$ 时，检查统计量近似服从正态分布，即 $r_K \sim N\left(0, \frac{2(2n+5)}{9n(n-1)}\right)$。

例 8.6.1 将例 8.4.2 中全国居民分地区人均消费支出中食品烟酒、衣着、居住和生活用品及服务四项进行相关性分析。

解 利用 SPSS 软件计算相关系数，如表 8.6.1 所示。

表 8.6.1 相关性

		食品烟酒	衣着	居住	生活用品及服务
食品烟酒	Pearson 相关性	1	0.655**	0.889**	0.855**
	显著性（双侧）		0.000	0.000	0.000
	N	31	31	31	31
衣着	Pearson 相关性	0.655**	1	0.700**	0.832**
	显著性（双侧）	0.000		0.000	0.000
	N	31	31	31	31
居住	Pearson 相关性	0.889**	0.700**	1	0.893**
	显著性（双侧）	0.000	0.000		0.000
	N	31	31	31	31
生活用品及服务	Pearson 相关性	0.855**	0.832**	0.893**	1
	显著性（双侧）	0.000	0.000	0.000	
	N	31	31	31	31

** 在 0.01 水平（双侧）上显著相关。

从表 8.6.1 中可以发现，生活用品及服务和食品烟酒、衣着、居住的 Pearson 相关系数分别为 0.855，0.832 和 0.893，而且这些数据都带有两个星号，表示显著性水平在 0.01 之下。如果数据带一个星号，则表示显著性水平在 0.05 之下。

8.6.3　偏相关分析

简单相关分析是研究两个变量间的线性关系,但如果变量受到多个变量共同影响,则简单相关分析就不能满足要求。此时,偏相关和复相关分析较为适合。

1. 偏相关系数

在多变量中控制(排除)其他变量只研究两变量之间的关系称为偏相关。偏相关分析可以排除干扰变量,有效揭示变量间的真实关系。偏相关分析研究变量间的相关性所采用的指标就是偏相关系数。

偏相关分析需假定变量间的关系为线性关系,没有线性关系的变量不能进行偏相关分析。因此,在进行偏相关分析前需先通过 Pearson 相关系数来考察两两变量间的线性关系。偏相关分析根据固定变量的个数,可以分为零阶偏相关、一阶偏相关、……、$p-1$ 阶偏相关。其中,零阶偏相关就是简单相关。

例如,3 个变量 x_1, x_2, x_3,排除变量 x_3 的影响,x_1 与 x_2 之间的偏相关系数为

$$r_{12,3} = \frac{r_{12} - r_{13} r_{23}}{\sqrt{(1 - r_{13}^2)(1 - r_{23}^2)}}$$

根据偏相关的定义,在计算偏相关系数时,所有其他变量当作常数处理。

如果增加一个变量 x_4,则 x_1 与 x_2 之间的二阶偏相关系数为

$$r_{12,34} = \frac{r_{12,3} - r_{14,3} r_{24,3}}{\sqrt{(1 - r_{14,3}^2)(1 - r_{24,3}^2)}}$$

一般地,假设共有 p 个变量,则 x_1 与 x_2 之间的 $p-2$ 阶偏相关系数为

$$r_{12,34\cdots p} = \frac{r_{12,34\cdots(p-1)} - r_{1p,34\cdots(p-1)} r_{2p,34\cdots(p-1)}}{\sqrt{(1 - r_{1p,34\cdots(p-1)}^2)(1 - r_{2p,34\cdots(p-1)}^2)}}$$

偏相关系数的显著性检验同简单相关系数方法类似,这里就不再赘述了。

2. 复相关系数

一个随机变量与多个随机变量间的线性相关关系称为复相关分析,研究它们之间的关系可用复相关系数来表示。通常,复相关分析与多元线性回归联合使用,在多元相关关系的变量中,作某变量 y 与一组变量 $(x_1, x_2, \cdots, x_p)$ 的线性组合,复相关系数则是反映线性关系密切程度的度量。复相关系数越

大,表示变量间的线性相关程度越密切。

复相关系数的具体计算过程如下：

（1）将变量 y 对变量组 $(x_1,x_2,\cdots,x_p)$ 作多元线性回归,则

$$\hat{y}=\hat{b}_0+\hat{b}_1x_1+\hat{b}_2x_2+\cdots+\hat{b}_px_p$$

（2）计算变量 y 对变量组 $(x_1,x_2,\cdots,x_p)$ 之间的复相关系数,即变量 y 与 $\hat{y}$ 的 Pearson 相关系数。

$$R=\sqrt{\frac{\sum_{i=1}^{n}(\hat{y}_i-\hat{y})^2}{\sum_{i=1}^{n}(y_i-\hat{y})^2}}$$

复相关系数的取值范围是 $[0,1]$,当只存在两个变量时,复相关系数就是 Pearson 相关系数的绝对值。

关于复相关系数的检验,原假设: $H_0:\rho=0$,

$$F_R=\frac{R^2/p}{(1-R^2)/(n-p-1)}\sim F(p,n-p-1)$$

给定的显著性水平 α,则其拒绝域为 $R>\sqrt{\dfrac{pF_\alpha(p,n-p-1)}{pF_\alpha(p,n-p-1)+n-p-1}}$。

8.6.4 典型相关分析

在实际问题中,我们发现需要研究两组变量之间的相关关系的情形很多。比如运动员具有多个体力测试指标（反复横向跳、纵跳、握力、背力等）,多个运动能力测试指标（如投球、跳远、耐力跑等）,这些指标间存在着某种相关关系。

研究两组变量之间的相关关系,其中一种方法是分别研究两组变量中各变量相互之间的相关关系,通过列出相关系数表的形式进行分析。但当两组变量的数量较多时,这种方法就比较繁琐,且不容易找出问题的本质关系。另外一种方法是利用主成分的思想来研究两组变量间的相关关系。简单地说就是将两组变量用少量的综合指标来代替,通过研究这两种综合指标的关系来反映两组变量间的相关关系。这些综合指标称为典型变量,基于这种原则的分析就是典型相关分析。

1. 总体典型相关分析

设两向量组 $\boldsymbol{X}=(\boldsymbol{X}_1,\boldsymbol{X}_2,\cdots,\boldsymbol{X}_p)'$ 和 $\boldsymbol{Y}=(\boldsymbol{Y}_1,\boldsymbol{Y}_2,\cdots,\boldsymbol{Y}_q)'$,不妨设 $p\leqslant q$,

X 和 Y 的协方差阵为

$$\boldsymbol{\Sigma} = \text{cov} \begin{bmatrix} \boldsymbol{X} \\ \boldsymbol{Y} \end{bmatrix} = \begin{bmatrix} \boldsymbol{\Sigma}_{11} & \boldsymbol{\Sigma}_{12} \\ \boldsymbol{\Sigma}_{21} & \boldsymbol{\Sigma}_{22} \end{bmatrix}$$

其中, $\boldsymbol{\Sigma}_{11} = \text{cov}(\boldsymbol{X}, \boldsymbol{X})$, $\boldsymbol{\Sigma}_{22} = \text{cov}(\boldsymbol{Y}, \boldsymbol{Y})$, $\boldsymbol{\Sigma}_{12} = \boldsymbol{\Sigma}_{21} = \text{cov}(\boldsymbol{X}, \boldsymbol{Y}) = \text{cov}(\boldsymbol{Y}, \boldsymbol{X})$。

设两组变量的线性组合为

$$\boldsymbol{U} = \boldsymbol{a}'\boldsymbol{X} = a_1 \boldsymbol{X}_1 + a_2 \boldsymbol{X}_2 + \cdots + a_p \boldsymbol{X}_p$$

$$\boldsymbol{V} = \boldsymbol{b}'\boldsymbol{Y} = b_1 \boldsymbol{Y}_1 + b_2 \boldsymbol{Y}_2 + \cdots + b_q \boldsymbol{Y}_q$$

其中, $\boldsymbol{a} = (a_1, a_2, \cdots, a_p)'$ 和 $\boldsymbol{b} = (b_1, b_2, \cdots, b_q)'$ 为任意非零常系数向量,则

$$D(\boldsymbol{U}) = \boldsymbol{a}'D(\boldsymbol{X})\boldsymbol{a} = \boldsymbol{a}'\boldsymbol{\Sigma}_{11}\boldsymbol{a}$$

$$D(\boldsymbol{V}) = \boldsymbol{b}'D(\boldsymbol{Y})\boldsymbol{b} = \boldsymbol{b}'\boldsymbol{\Sigma}_{22}\boldsymbol{b}$$

$$\text{cov}(\boldsymbol{U}, \boldsymbol{V}) = \text{cov}(\boldsymbol{a}'\boldsymbol{X}, \boldsymbol{b}'\boldsymbol{Y}) = \boldsymbol{a}'\text{cov}(\boldsymbol{X}, \boldsymbol{Y})\boldsymbol{b} = \boldsymbol{a}'\boldsymbol{\Sigma}_{12}\boldsymbol{b}$$

$$r(\boldsymbol{U}, \boldsymbol{V}) = \frac{\text{cov}(\boldsymbol{U}, \boldsymbol{V})}{\sqrt{D(\boldsymbol{U})}\sqrt{D(\boldsymbol{V})}} = \frac{\boldsymbol{a}'\boldsymbol{\Sigma}_{12}\boldsymbol{b}}{\sqrt{\boldsymbol{a}'\boldsymbol{\Sigma}_{11}\boldsymbol{a}\boldsymbol{b}'\boldsymbol{\Sigma}_{22}\boldsymbol{b}}}$$

在 $D(\boldsymbol{U}) = D(\boldsymbol{V}) = 1$ 的条件下求解 $r(\boldsymbol{U}, \boldsymbol{V})$ 的最大值。

采用拉格朗日乘数法,问题可转化为求表达式

$$L(\boldsymbol{a}, \boldsymbol{b}) = \boldsymbol{a}'\boldsymbol{\Sigma}_{12}\boldsymbol{b} - \frac{\lambda}{2}(\boldsymbol{a}'\boldsymbol{\Sigma}_{11}\boldsymbol{a} - 1) - \frac{\mu}{2}(\boldsymbol{b}'\boldsymbol{\Sigma}_{22}\boldsymbol{b} - 1)$$

的极大值。

对上式求偏导,令 $\frac{\partial L}{\partial \boldsymbol{a}} = 0, \frac{\partial L}{\partial \boldsymbol{b}} = 0$ 可得

$$\begin{cases} \dfrac{\partial L}{\partial \boldsymbol{a}} = \boldsymbol{\Sigma}_{12}\boldsymbol{b} - \lambda\boldsymbol{\Sigma}_{11}\boldsymbol{a} = \boldsymbol{0} \\ \dfrac{\partial L}{\partial \boldsymbol{b}} = \boldsymbol{\Sigma}_{21}\boldsymbol{a} - \mu\boldsymbol{\Sigma}_{22}\boldsymbol{b} = \boldsymbol{0} \end{cases} \tag{8.6.1}$$

上式两边分别左乘 $\boldsymbol{a}', \boldsymbol{b}'$,可得

$$\begin{cases} \boldsymbol{a}'\boldsymbol{\Sigma}_{12}\boldsymbol{b} = \lambda\boldsymbol{a}'\boldsymbol{\Sigma}_{11}\boldsymbol{a} = \lambda \\ \boldsymbol{b}'\boldsymbol{\Sigma}_{21}\boldsymbol{a} = \mu\boldsymbol{b}'\boldsymbol{\Sigma}_{22}\boldsymbol{b} = \mu \end{cases}$$

由于

$$(\boldsymbol{a}'\boldsymbol{\Sigma}_{12}\boldsymbol{b})' = \boldsymbol{b}'\boldsymbol{\Sigma}_{21}\boldsymbol{a}$$

则

$$\lambda = \mu$$

λ, μ 就是 U 和 V 的相关系数,称为典型相关系数。

所以式(8.6.1)可变形为

$$\begin{bmatrix} -\lambda\boldsymbol{\Sigma}_{11} & \boldsymbol{\Sigma}_{12} \\ \boldsymbol{\Sigma}_{21} & -\lambda\boldsymbol{\Sigma}_{22} \end{bmatrix} \begin{bmatrix} \boldsymbol{a} \\ \boldsymbol{b} \end{bmatrix} = \boldsymbol{0}$$

当 $\begin{vmatrix} -\lambda\boldsymbol{\Sigma}_{11} & \boldsymbol{\Sigma}_{12} \\ \boldsymbol{\Sigma}_{21} & -\lambda\boldsymbol{\Sigma}_{22} \end{vmatrix} = 0$，上式有非零解。因为上式不易求解，所以将式(8.6.1)作一定的变换。

由式(8.6.1)中的第一式可知 $\boldsymbol{b} = \lambda\boldsymbol{\Sigma}_{12}^{-1}\boldsymbol{\Sigma}_{11}\boldsymbol{a}$，代入式(8.6.1)第二式可得

$$(\boldsymbol{\Sigma}_{21} - \lambda^2\boldsymbol{\Sigma}_{22}\boldsymbol{\Sigma}_{12}^{-1}\boldsymbol{\Sigma}_{11})\boldsymbol{a} = \boldsymbol{0}$$

变形可得

$$(\boldsymbol{\Sigma}_{11}^{-1}\boldsymbol{\Sigma}_{12}\boldsymbol{\Sigma}_{22}^{-1}\boldsymbol{\Sigma}_{21} - \lambda^2\boldsymbol{I})\boldsymbol{a} = \boldsymbol{0} \tag{8.6.2}$$

类似可得

$$(\boldsymbol{\Sigma}_{22}^{-1}\boldsymbol{\Sigma}_{21}\boldsymbol{\Sigma}_{11}^{-1}\boldsymbol{\Sigma}_{12} - \lambda^2\boldsymbol{I})\boldsymbol{b} = \boldsymbol{0} \tag{8.6.3}$$

容易知道，λ^2 是 $\boldsymbol{M}_1 = \boldsymbol{\Sigma}_{11}^{-1}\boldsymbol{\Sigma}_{12}\boldsymbol{\Sigma}_{22}^{-1}\boldsymbol{\Sigma}_{21}$ 和 $\boldsymbol{M}_2 = \boldsymbol{\Sigma}_{22}^{-1}\boldsymbol{\Sigma}_{21}\boldsymbol{\Sigma}_{11}^{-1}\boldsymbol{\Sigma}_{12}$ 的最大特征值，$\boldsymbol{a}$ 和 $\boldsymbol{b}$ 则是其对应的特征向量。

除此之外，$\boldsymbol{a}$ 和 $\boldsymbol{b}$ 还需满足约束条件 $\boldsymbol{a}'\boldsymbol{\Sigma}_{11}\boldsymbol{a} = 1, \boldsymbol{b}'\boldsymbol{\Sigma}_{22}\boldsymbol{b} = 1$，则对于线性组合 $\boldsymbol{U} = \boldsymbol{a}'\boldsymbol{X}, \boldsymbol{V} = \boldsymbol{b}'\boldsymbol{Y}$，此时 $r(\boldsymbol{U}, \boldsymbol{V}) = \dfrac{\boldsymbol{a}'\boldsymbol{\Sigma}_{12}\boldsymbol{b}}{\sqrt{\boldsymbol{a}'\boldsymbol{\Sigma}_{11}\boldsymbol{a}\boldsymbol{b}'\boldsymbol{\Sigma}_{22}\boldsymbol{b}}}$ 最大。

假设原始向量组 $\boldsymbol{X}$ 和 $\boldsymbol{Y}$ 存在 k 对典型变量 $\boldsymbol{U}_1, \boldsymbol{U}_2, \cdots, \boldsymbol{U}_k$ 和 $\boldsymbol{V}_1, \boldsymbol{V}_2, \cdots, \boldsymbol{V}_k$，即 $\boldsymbol{U}_i = \boldsymbol{a}'_i\boldsymbol{X}_i, \boldsymbol{V}_i = \boldsymbol{b}'_i\boldsymbol{Y}_i (i = 1, 2, \cdots, k)$。

同理可知

$$D(\boldsymbol{U}_i) = D(\boldsymbol{V}_i) = 1$$
$$\mathrm{cov}(\boldsymbol{U}_i, \boldsymbol{U}_j) = \mathrm{cov}(\boldsymbol{V}_i, \boldsymbol{V}_j) = 1$$
$$\mathrm{cov}(\boldsymbol{U}_i, \boldsymbol{V}_i) = \lambda_i$$
$$\mathrm{cov}(\boldsymbol{U}_i, \boldsymbol{V}_j) = 0, \quad i, j = 1, 2, \cdots, k \text{ 且 } i \neq j$$

典型变量两两之间的典型相关系数为 $\lambda_1, \lambda_2, \cdots, \lambda_k$ 且 $\lambda_1 \geqslant \lambda_2 \geqslant \cdots \geqslant \lambda_k$。$\lambda_1^2, \lambda_2^2, \cdots, \lambda_k^2$ 是 $\boldsymbol{M}_1 = \boldsymbol{\Sigma}_{11}^{-1}\boldsymbol{\Sigma}_{12}\boldsymbol{\Sigma}_{22}^{-1}\boldsymbol{\Sigma}_{21}$ 和 $\boldsymbol{M}_2 = \boldsymbol{\Sigma}_{22}^{-1}\boldsymbol{\Sigma}_{21}\boldsymbol{\Sigma}_{11}^{-1}\boldsymbol{\Sigma}_{12}$ 的前 k 个特征值 ($k = \min\{p, q\}$)，对应的特征向量分别为 $\boldsymbol{a}_1, \boldsymbol{a}_2, \cdots, \boldsymbol{a}_k$ 和 $\boldsymbol{b}_1, \boldsymbol{b}_2, \cdots, \boldsymbol{b}_k$。同时，$\boldsymbol{a}_i$ 和 $\boldsymbol{b}_i$ 还需满足约束条件 $\boldsymbol{a}'_i\boldsymbol{\Sigma}_{11}\boldsymbol{a}_i = 1, \boldsymbol{b}'_i\boldsymbol{\Sigma}_{22}\boldsymbol{b}_i = 1$。

下面求解满足约束条件 $\boldsymbol{a}'_i\boldsymbol{\Sigma}_{11}\boldsymbol{a}_i = 1, \boldsymbol{b}'_i\boldsymbol{\Sigma}_{22}\boldsymbol{b}_i = 1$ 下的特征向量 $\boldsymbol{a}_i$ 和 $\boldsymbol{b}_i$。

设 $\boldsymbol{\Sigma}_{11}^{-1}\boldsymbol{\Sigma}_{12}\boldsymbol{\Sigma}_{22}^{-1}\boldsymbol{\Sigma}_{21}$ 和 $\boldsymbol{\Sigma}_{22}^{-1}\boldsymbol{\Sigma}_{21}\boldsymbol{\Sigma}_{11}^{-1}\boldsymbol{\Sigma}_{12}$ 对应的 k 对特征向量分别为 $\boldsymbol{l}_1, \boldsymbol{l}_2, \cdots, \boldsymbol{l}_k$ 和 $\boldsymbol{m}_1, \boldsymbol{m}_2, \cdots, \boldsymbol{m}_k$。

令

$$\boldsymbol{a}_i = k_i\boldsymbol{l}_i, \quad \boldsymbol{b}_i = u_i\boldsymbol{m}_i$$

则

$$(k_i l_i)' \boldsymbol{\Sigma}_{11} (k_i l_i) = k_i^2 l_i' \boldsymbol{\Sigma}_{11} l_i = 1$$

$$(u_i m_i)' \boldsymbol{\Sigma}_{22} (u_i m_i) = u_i^2 m_i' \boldsymbol{\Sigma}_{22} m_i = 1$$

$$a_i = \frac{l_i}{\sqrt{l_i' \boldsymbol{\Sigma}_{11} l_i}}, \quad b_i = \frac{m_i}{\sqrt{m_i' \boldsymbol{\Sigma}_{22} m_i}} \tag{8.6.4}$$

因而典型变量为 $U_i = a_i' X_i, V_i = b_i' Y_i (i=1,2,\cdots,k)$。

2. 样本典型相关

前面介绍了针对协方差阵 $\boldsymbol{\Sigma}$ 已知的情况，当 $\boldsymbol{\Sigma}$ 未知时，就需要由样本数据估计 $\hat{\boldsymbol{\Sigma}}$ 进行典型相关分析。另外，也可以采用样本相关系数进行典型相关分析。

将样本相关系数矩阵记为 $\boldsymbol{R} = \begin{bmatrix} \boldsymbol{R}_{11} & \boldsymbol{R}_{12} \\ \boldsymbol{R}_{21} & \boldsymbol{R}_{22} \end{bmatrix} = (r_{ij})$，其中 $r_{ij} = \frac{S_{ij}}{\sqrt{S_{ii}}\sqrt{S_{jj}}}$。

令

$$\boldsymbol{D}_1 = \mathrm{diag}(\sqrt{S_{11}}, \sqrt{S_{22}}, \cdots, \sqrt{S_{pp}})$$

$$\boldsymbol{D}_2 = \mathrm{diag}(\sqrt{S_{(p+1)(p+1)}}, \sqrt{S_{(p+2)(p+2)}}, \cdots, \sqrt{S_{(p+q)(p+q)}})$$

则

$$\boldsymbol{\Sigma}_{11} = \boldsymbol{D}_1 R_{11} \boldsymbol{D}_1, \quad \boldsymbol{\Sigma}_{22} = \boldsymbol{D}_2 R_{22} \boldsymbol{D}_2$$

$$\boldsymbol{\Sigma}_{12} = \boldsymbol{D}_1 R_{12} \boldsymbol{D}_2, \quad \boldsymbol{\Sigma}_{21} = \boldsymbol{D}_2 R_{21} \boldsymbol{D}_1$$

代入式(8.6.2)和式(8.6.3)可得

$$(\boldsymbol{R}_{11}^{-1} \boldsymbol{R}_{12} \boldsymbol{R}_{22}^{-1} \boldsymbol{R}_{21} - \lambda^2 \boldsymbol{I}) \boldsymbol{D}_1 a = \boldsymbol{0}$$

$$(\boldsymbol{R}_{22}^{-1} \boldsymbol{R}_{21} \boldsymbol{R}_{11}^{-1} \boldsymbol{R}_{12} - \lambda^2 \boldsymbol{I}) \boldsymbol{D}_2 b = \boldsymbol{0}$$

则 $\boldsymbol{R}_{11}^{-1} \boldsymbol{R}_{12} \boldsymbol{R}_{22}^{-1} \boldsymbol{R}_{21}$ 和 $\boldsymbol{R}_{22}^{-1} \boldsymbol{R}_{21} \boldsymbol{R}_{11}^{-1} \boldsymbol{R}_{12}$ 的特征根为 λ^2，特征向量为 $\boldsymbol{D}_1 a$ 和 $\boldsymbol{D}_2 b$，所以 $a = \boldsymbol{D}_1^{-1} \boldsymbol{D}_1 a, b = \boldsymbol{D}_2^{-1} \boldsymbol{D}_2 b$。同时，$a$ 和 b 还需满足约束条件 $a' \boldsymbol{R}_{11} a = 1$，$b' \boldsymbol{R}_{22} b = 1$。

假设原始向量组 X 和 Y 存在 k 对典型变量 $U_1, U_2, \cdots, U_k$ 和 $V_1, V_2, \cdots, V_k$，即 $U_i = a_i' X_i, V_i = b_i' Y_i, i=1,2,\cdots,k$。类似总体典型相关，可求约束条件 $a_i' \boldsymbol{R}_{11} a_i = 1, b_i' \boldsymbol{R}_{22} b_i = 1$ 下的特征向量 a_i 和 b_i。

$$a_i = \frac{l_i}{\sqrt{l_i' \boldsymbol{R}_{11} l_i}}, \quad b_i = \frac{m_i}{\sqrt{m_i' \boldsymbol{R}_{22} m_i}} \tag{8.6.5}$$

则典型相关变量为 $U_i = a_i' X_i, V_i = b_i' Y_i (i=1,2,\cdots,k)$。

3. 显著性检验

在对两组变量 $\boldsymbol{X} = (X_1, X_2, \cdots, X_p)'$ 和 $\boldsymbol{Y} = (Y_1, Y_2, \cdots, Y_q)'$ 进行典型相关分析前,首先需检验两组变量是否相关。若两组变量不相关,讨论两组变量的典型相关就毫无意义。当两组变量不相关时,$\boldsymbol{\Sigma}_{12} = \mathrm{cov}(\boldsymbol{X}, \boldsymbol{Y}) = 0$,典型相关系数 $\lambda_i = \boldsymbol{a}_i' \boldsymbol{\Sigma}_{12} \boldsymbol{b}_i = 0$,由此可知,两组变量的相关性检验转化为典型相关系数的显著性检验。

典型相关系数的显著性检验是从最大的典型相关系数依次进行检验。设典型相关系数为 $\lambda_1, \lambda_2, \cdots, \lambda_k$ 且 $\lambda_1 \geqslant \lambda_2 \geqslant \cdots \geqslant \lambda_k$,首先对 λ_1 进行检验,假设

$$H_0 : \lambda_1 = 0, \quad H_1 : \lambda_1 \neq 0$$

设

$$\Lambda_1 = (1 - \hat{\lambda}_1^2)(1 - \hat{\lambda}_2^2) \cdots (1 - \hat{\lambda}_p^2) = \prod_{i=1}^{p} (1 - \hat{\lambda}_i^2)$$

对于大样本容量 n,则统计量为

$$Q_1 = -\left[n - 1 - \frac{1}{2}(p + q + 1) \right] \ln \Lambda_1$$

当 H_0 成立时,Q_1 近似服从 $\chi^2(pq)$。对于显著性水平 α,当 $Q_1 > \chi_\alpha^2(pq)$ 时拒绝原假设,则第一对典型变量显著相关。

类似地,对其余典型相关系数 λ_j 进行显著性检验

$$H_0 : \lambda_j = 0, \quad H_1 : \lambda_j \neq 0$$

设 $\Lambda_j = \prod_{k=j}^{p} (1 - \hat{\lambda}_k^2)$,则其统计量为

$$Q_j = -\left[n - 1 - \frac{1}{2}(p + q + 1) \right] \ln \Lambda_j, \quad j = 1, 2, \cdots, p$$

给定显著性水平 α,当 $Q_j > \chi_\alpha^2 [(p - j + 1)(q - j + 1)]$ 时拒绝原假设,则典型相关系数 λ_j 显著相关,即第 j 对典型变量显著相关。

4. 应用实例

例 8.6.2 20 位中年人的生理指标和训练指标如表 8.6.2 所示,其中体重为 X_1、腰围为 X_2、脉搏为 X_3、引体向上为 Y_1、仰卧起坐次数为 Y_2、跳跃次数为 Y_3。试对生理指标和训练指标进行典型相关分析。

表 8.6.2　生理指标和训练指标数据

编号	X_1	X_2	X_3	Y_1	Y_2	Y_3
1	191	36	50	5	162	60

编号	X_1	X_2	X_3	Y_1	Y_2	Y_3
2	189	37	52	2	110	60
3	193	38	58	12	101	101
4	162	35	62	12	105	37
5	189	35	46	13	155	58
6	182	36	56	4	101	42
7	211	38	56	8	101	38
8	167	34	60	6	125	40
9	176	31	74	15	200	40
10	154	33	56	17	251	250
11	169	34	50	17	120	38
12	166	33	52	13	210	115
13	154	34	64	14	215	105
14	247	46	50	1	50	50
15	193	36	46	6	70	31
16	202	37	62	12	210	120
17	176	37	54	4	60	25
18	157	32	52	11	230	80
19	156	33	54	15	225	73
20	138	33	68	2	110	43

解　（1）计算样本相关系数矩阵

利用 SPSS 软件计算样本相关系数矩阵如表 8.6.3 所示。

表 8.6.3　样本相关系数矩阵

		X_1	X_2	X_3	Y_1	Y_2	Y_3
相关	X_1	1	0.870	−0.366	−0.390	−0.493	−0.226
	X_2	0.870	1	−0.353	−0.552	−0.646	−0.191
	X_3	−0.366	−0.353	1	0.151	0.225	0.035
	Y_1	−0.390	−0.552	0.151	1	0.696	0.496
	Y_2	−0.493	−0.646	0.225	0.696	1	0.669
	Y_3	−0.226	−0.191	0.035	0.496	0.669	1

则

$$\boldsymbol{R}_{11} = \begin{bmatrix} 1 & 0.870 & -0.366 \\ 0.870 & 1 & -0.353 \\ -0.366 & -0.353 & 1 \end{bmatrix}, \quad \boldsymbol{R}_{12} = \begin{bmatrix} -0.390 & -0.493 & -0.226 \\ -0.552 & -0.646 & -0.191 \\ 0.151 & 0.225 & 0.035 \end{bmatrix}$$

$$\boldsymbol{R}_{21} = \begin{bmatrix} -0.390 & -0.552 & 0.151 \\ -0.493 & -0.646 & 0.225 \\ -0.226 & -0.191 & 0.035 \end{bmatrix}, \quad \boldsymbol{R}_{22} = \begin{bmatrix} 1 & 0.696 & 0.496 \\ 0.696 & 1 & 0.669 \\ 0.496 & 0.669 & 1 \end{bmatrix}$$

（2）计算典型相关系数及检验

计算 $\boldsymbol{R}_{11}^{-1}\boldsymbol{R}_{12}\boldsymbol{R}_{22}^{-1}\boldsymbol{R}_{21}$ 和 $\boldsymbol{R}_{22}^{-1}\boldsymbol{R}_{21}\boldsymbol{R}_{11}^{-1}\boldsymbol{R}_{12}$ 的特征根 $\hat{\lambda}_i^2$ 分别为 0.6638，0.0401，0.0051，所以典型相关系数 $\hat{\lambda}_1 = 0.796, \hat{\lambda}_2 = 0.200, \hat{\lambda}_3 = 0.071$。

对 $\hat{\lambda}_1$ 进行检验，得

$$\Lambda_1 = (1 - \hat{\lambda}_1^2)(1 - \hat{\lambda}_2^2)(1 - \hat{\lambda}_3^2) = (1 - 0.6338)(1 - 0.0401)(1 - 0.0051)$$
$$= 0.3211$$

$$Q_1 = -\left[n - 1 - \frac{1}{2}(p + q + 1)\right]\ln\Lambda_1 = -\left(20 - 1 - \frac{1}{2}(3 + 3 + 1)\right)\ln 0.3211$$
$$= 17.608$$

由于 $\chi_{0.05}^2(9) = 16.919 < Q_1$，所以在 0.05 的显著性水平下 $\hat{\lambda}_1$ 显著。

对 $\hat{\lambda}_2$ 进行检验，得

$$\Lambda_2 = (1 - \hat{\lambda}_2^2)(1 - \hat{\lambda}_3^2) = (1 - 0.0401)(1 - 0.0051) = 0.9550$$

$$Q_2 = -\left[n - 2 - \frac{1}{2}(p + q + 1)\right]\ln\Lambda_2 = -\left(20 - 2 - \frac{1}{2}(3 + 3 + 1)\right)\ln 0.9550$$
$$= 0.668$$

由于 $\chi_{0.05}^2(4) = 9.488 > Q_2$，所以 $\hat{\lambda}_2$ 不显著。

因为 $\hat{\lambda}_2 > \hat{\lambda}_3$，所以无需对 $\hat{\lambda}_3$ 进行检验。综上所述，在 0.05 的水平下只有 $\hat{\lambda}_1$ 显著，则只需求第一对典型变量即可。

（3）求解典型变量

$\boldsymbol{R}_{11}^{-1}\boldsymbol{R}_{12}\boldsymbol{R}_{22}^{-1}\boldsymbol{R}_{21}$ 和 $\boldsymbol{R}_{22}^{-1}\boldsymbol{R}_{21}\boldsymbol{R}_{11}^{-1}\boldsymbol{R}_{12}$ 关于 $\hat{\lambda}_1$ 对应的特征向量分别为

$$\boldsymbol{l}_1 = \begin{bmatrix} 0.4402 \\ -0.8973 \\ 0.0336 \end{bmatrix}, \quad \boldsymbol{m}_1 = \begin{bmatrix} -0.2620 \\ -0.7984 \\ 0.5421 \end{bmatrix}$$

由公式(8.6.5)可得

$$\hat{\pmb{a}}_1 = \begin{bmatrix} -0.774 \\ 1.579 \\ -0.059 \end{bmatrix}, \quad \hat{\pmb{b}}_1 = \begin{bmatrix} -0.347 \\ -1.056 \\ 0.717 \end{bmatrix}$$

所以第一对典型变量为

$$U_1 = -0.774X_1 + 1.579X_2 - 0.059X_3$$
$$V_1 = -0.347Y_1 - 1.056Y_2 + 0.717Y_3$$

$\pmb{X}$ 和 $\pmb{Y}$ 第一对典型变量的相关系数为 $\hat{\lambda}_1 = 0.796$,两者的相关性较为密切,可认为生理指标与训练指标间存在显著相关性。

8.7 判 别 分 析

判别分析是在分类已确定的条件下,根据所研究个体的观测指标来判别个体类型归属的一种多变量统计分析方法。判别分析在识别个体所属类别的情况下有着广泛的应用,例如根据现有的气象资料的情况下,预报明天的天气情况;根据人均 GDP 和人均消费水平判别地区经济发展所属类型。判别分析方法主要有距离判别法、贝叶斯判别法和逐步判别法等。

8.7.1 距离判别法

距离判别是给定样本与各总体间距离的计算值为准则进行类别判定的一种方法。与聚类分析法相似,对于样品与各总体间的距离中,以距离最近的一个总体作为判别的准则,即样品属于与之距离最近的一个总体。

设有 k 个总体 $G_1, G_2, \cdots, G_k$,其均值和协方差矩阵分别为 $\pmb{\mu}_i$ 和 $\pmb{\Sigma}_i (i = 1, 2, \cdots, k)$,从每个总体 G_i 中抽取 n_i 个样品,每个样品测 p 个指标。任取一个样品,其实测指标值为 $\pmb{X} = (x_1, x_2, \cdots, x_p)'$,试判断 $\pmb{X}$ 所属类别。

(1) 当 $\pmb{\Sigma}_1 = \pmb{\Sigma}_2 = \cdots = \pmb{\Sigma}_k = \pmb{\Sigma}$ 时,有

$$D^2(\pmb{X}, G_i) = (\pmb{X} - \pmb{\mu}_i)' \pmb{\Sigma}^{-1} (\pmb{X} - \pmb{\mu}_i)$$

判别函数为

$$W_{ij}(\pmb{X}) = \frac{1}{2} [D^2(\pmb{X}, G_j) - D^2(\pmb{X}, G_i)]$$

211

$$= \left[\boldsymbol{X} - \frac{1}{2}(\boldsymbol{\mu}_i + \boldsymbol{\mu}_j) \right]' \boldsymbol{\Sigma}^{-1}(\boldsymbol{\mu}_i - \boldsymbol{\mu}_j), \quad i,j = 1,2,\cdots,k$$

相应的判别准则为

$$\begin{cases} \boldsymbol{X} \in G_i, & W_{ij}(\boldsymbol{X}) > 0, j \neq i \\ \text{待判}, & \text{若某个 } W_{ij}(\boldsymbol{X}) = 0 \end{cases}$$

当均值和协方差矩阵未知时,可用其估计量代替,即

$$\hat{\boldsymbol{\mu}}_i = \overline{\boldsymbol{X}}^{(i)} = \frac{1}{n_i} \sum_{a=1}^{n_i} \boldsymbol{X}_a^{(i)}$$

$$\hat{\boldsymbol{\Sigma}} = \frac{1}{n-k} \sum_{i=1}^{k} \boldsymbol{S}_i$$

其中,$i = 1,2,\cdots,k$;$n = n_1 + n_2 + \cdots + n_k$;$\boldsymbol{S}_i = \sum_{a=1}^{n_i} (\boldsymbol{X}_a^{(i)} - \overline{\boldsymbol{X}}^{(i)})(\boldsymbol{X}_a^{(i)} - \overline{\boldsymbol{X}}^{(i)})'$ 为 G_i 的样本协方差矩阵。

(2) 当 $\boldsymbol{\Sigma}_1, \boldsymbol{\Sigma}_2, \cdots, \boldsymbol{\Sigma}_k$ 不全相等时,有

$$D^2(\boldsymbol{X}, G_i) = (\boldsymbol{X} - \boldsymbol{\mu}_i)' \boldsymbol{\Sigma}_i^{-1}(\boldsymbol{X} - \boldsymbol{\mu}_i)$$

判别函数为

$$W_{ji}(\boldsymbol{X}) = (\boldsymbol{X} - \boldsymbol{\mu}_j)'[\boldsymbol{V}^{(j)}]^{-1}(\boldsymbol{X} - \boldsymbol{\mu}_j) - (\boldsymbol{X} - \boldsymbol{\mu}_i)'[\boldsymbol{V}^{(i)}]^{-1}(\boldsymbol{X} - \boldsymbol{\mu}_i)$$

相应的判别准则

$$\begin{cases} \boldsymbol{X} \in G_i, & W_{ij}(\boldsymbol{X}) > 0, j \neq i \\ \text{待判}, & \text{若某个 } W_{ij}(\boldsymbol{X}) = 0 \end{cases}$$

当均值和协方差矩阵未知时,可用其估计量代替,即

$$\hat{\boldsymbol{\mu}}_i = \overline{\boldsymbol{X}}^{(i)} = \frac{1}{n_i} \sum_{a=1}^{n_i} \boldsymbol{X}_a^{(i)}$$

$$\hat{\boldsymbol{\Sigma}}^{(i)} = \frac{1}{n_i - 1} \sum_{i=1}^{k} \boldsymbol{S}_i$$

其中 $i = 1,2,\cdots,k$。

例 8.7.1　衡量人文发展的三大指标分别为预期寿命、成人识字率和实际人均 GDP,《人类发展报告》公布某年的相关数据如表 8.7.1 所示,请对表中未分类国家进行分类。

表 8.7.1　各国人文发展情况

类别	序号	国家名称	预期寿命/岁	成人识字率/%	人均 GDP
第一类 (高发展水 平国家)	1	美国	76	99	5374
	2	日本	79.5	99	5359
	3	瑞士	78	99	5372
	4	阿根廷	72.1	95.9	5242
	5	阿联酋	73.8	77.7	5370
第二类 (中等发展 水平国家)	6	保加利亚	71.2	93	4250
	7	古巴	75.3	94.9	3412
	8	巴拉圭	70	91.2	3390
	9	格鲁吉亚	72.8	99	2300
	10	南非	62.9	80.6	3799
待判样品	11	中国	68.5	79.3	1950
	12	罗马尼亚	69.9	96.9	2840
	13	希腊	77.6	93.8	5233
	14	哥伦比亚	69.3	90.3	5158

解　由表 8.7.1 可知,数据共计两类总体,5 个样品,3 个指标。

两类样本均值为

$$\overline{\boldsymbol{X}}^{(1)} = \begin{bmatrix} 75.88 \\ 94.12 \\ 5343.4 \end{bmatrix}, \quad \overline{\boldsymbol{X}}^{(2)} = \begin{bmatrix} 70.44 \\ 91.74 \\ 3430.2 \end{bmatrix}$$

假定两总体协方差相等,由 $\boldsymbol{S}_i = \sum\limits_{a=1}^{n_i} (\boldsymbol{X}_a^{(i)} - \overline{\boldsymbol{X}}^{(i)})(\boldsymbol{X}_a^{(i)} - \overline{\boldsymbol{X}}^{(i)})'$ 可得

$$\boldsymbol{S}_1 = \begin{bmatrix} 36.228 & 56.022 & 448.74 \\ 56.022 & 344.228 & -252.24 \\ 448.74 & -252.24 & 12987.2 \end{bmatrix}$$

$$\boldsymbol{S}_2 = \begin{bmatrix} 86.812 & 117.682 & -4895.74 \\ 117.682 & 188.672 & -11316.54 \\ -4895.74 & -11316.54 & 2087384.8 \end{bmatrix}$$

由 $\hat{\boldsymbol{\Sigma}} = \dfrac{1}{n_1 + n_2 - k}(\boldsymbol{S}_1 + \boldsymbol{S}_2) = \dfrac{1}{8}\boldsymbol{S}$ 可得

$$\hat{\boldsymbol{\Sigma}} = \begin{bmatrix} 15.38 & 21.713 & -555.875 \\ 21.713 & 66.6125 & -1446.1 \\ -555.875 & -1446.1 & 262546.5 \end{bmatrix}$$

$$\hat{\boldsymbol{\Sigma}}^{-1} = \begin{bmatrix} 0.1208965 & -0.0384479 & 0.0000442 \\ -0.0384479 & 0.0292784 & 0.0000799 \\ 0.0000442 & 0.0000799 & 0.00000434 \end{bmatrix}$$

$$\hat{\boldsymbol{\Sigma}}^{-1}(\boldsymbol{X}^{(1)} - \boldsymbol{X}^{(2)}) = \begin{bmatrix} 0.6507 \\ 0.0133 \\ 0.0087 \end{bmatrix}$$

由 $W(\boldsymbol{X}) = \left[\boldsymbol{X} - \dfrac{1}{2}(\boldsymbol{X}^{(1)} + \boldsymbol{X}^{(2)}) \right]' \boldsymbol{\Sigma}^{-1}(\boldsymbol{X}^{(1)} - \boldsymbol{X}^{(2)})$ 可得

$$W(\boldsymbol{X}) = 0.6507X_1 + 0.0133X_2 + 0.0087X_3 - 87.1774$$

将各样品进行判别归类如下：

序号	国家名称	$W(\boldsymbol{X})$	原类别	判别归类
1	美国	10.5552	1	1
2	日本	12.7017	1	1
3	瑞士	11.8392	1	1
4	阿根廷	6.8227	1	1
5	阿联酋	8.8051	1	1
6	保加利亚	−2.4699	2	2
7	古巴	−7.0991	2	2
8	巴拉圭	−10.7896	2	2
9	格鲁吉亚	−18.3883	2	2
10	南非	−11.9770	2	2
11	中国	−24.5071		2
12	罗马尼亚	−15.5847		2
13	希腊	10.2951		1
14	哥伦比亚	4.1921		1

判别情况如下表所示：

原分类	新分类	
	1	2
1	5	0
2	0	5

由上表可知,回代判对率为 $\dfrac{5+5}{10}=100\%$。待判样品的判别结果说明中国、罗马尼亚属于第二类即中等发展水平国家,希腊、哥伦比亚属于第一类即高发展水平国家。

8.7.2　贝叶斯判别法

距离判别法直观简单,但不足之处未考虑到各总体出现的概率。比如,当组 G_1 的样本比组 G_2 大很多时,单依据样品 $\boldsymbol{X}$ 距离两个组的远近判别其归属不合适;当人出现咳嗽等症状时,通常先判断可能患了普通感冒,因为普通感冒发病率很高。明显地,在判断之前人们已经有了先验的认识。

1. 基本思想

贝叶斯判别法的基本思想就是建立在对所研究的对象已有一定的认识,利用样本来修正先验认识,以确定后验特征,并以此来作出统计推断。

设有 k 个总体 $G_1,G_2,\cdots,G_k$,其先验概率分别为 $q_1,q_2,\cdots,q_k$。各总体的分布密度函数分别为:$f_1(\boldsymbol{X}),f_2(\boldsymbol{X}),\cdots,f_k(\boldsymbol{X})$。观测样品 $\boldsymbol{X}=(x_1,x_2,\cdots,x_p)'$,要判断 $\boldsymbol{X}$ 所属哪一个总体。

利用贝叶斯公式可知,$\boldsymbol{X}$ 来自第 g 个总体 G_g 的后验概率为

$$P(g\mid\boldsymbol{X})=\frac{q_g f_g(\boldsymbol{X})}{\sum\limits_{i=1}^{k}q_i f_i(\boldsymbol{X})},\quad g=1,2,\cdots,k \tag{8.7.1}$$

当 $P(h\mid\boldsymbol{X})=\max\limits_{1\leqslant g\leqslant k}P(g\mid\boldsymbol{X})$ 时,我们可以认为 $\boldsymbol{X}$ 来自第 h 个总体 G_h。

2. 多元正态总体的贝叶斯判别

由式(8.7.1)可知,要进行贝叶斯判别需知道总体的先验概率 q_g 和密度函数 $f_g(\boldsymbol{X})$。p 元正态分布密度函数为

$$f_g(\boldsymbol{X})=\frac{\mid\boldsymbol{\Sigma}_g\mid^{-1/2}}{(2\pi)^{p/2}}\exp\left[-\frac{1}{2}(\boldsymbol{X}-\boldsymbol{\mu}_g)'\boldsymbol{\Sigma}_g^{-1}(\boldsymbol{X}-\boldsymbol{\mu}_g)\right]$$

其中，$\boldsymbol{\mu}_g$ 和 $\boldsymbol{\Sigma}_g$ 分别是第 g 总体的均值向量（p 维）和协方差阵（p 阶）。

我们要寻找 $P(g|\boldsymbol{X})$ 的最大值，由于分母始终为常数，则只需 $q_g f_g(\boldsymbol{X})$ 最大即可。对 $q_g f_g(\boldsymbol{X})$ 取对数可得

$$\ln[q_g f_g(\boldsymbol{X})] = \ln q_g - \frac{p}{2}\ln(2\pi) - \frac{1}{2}\ln|\boldsymbol{\Sigma}_g| - \frac{1}{2}(\boldsymbol{X}-\boldsymbol{\mu}_g)'\boldsymbol{\Sigma}_g^{-1}(\boldsymbol{X}-\boldsymbol{\mu}_g)$$

去掉与 g 无关的项，记为

$$Z(g|\boldsymbol{X}) = \ln q_g - \frac{1}{2}\ln|\boldsymbol{\Sigma}_g| - \frac{1}{2}(\boldsymbol{X}-\boldsymbol{\mu}_g)'\boldsymbol{\Sigma}_g^{-1}(\boldsymbol{X}-\boldsymbol{\mu}_g)$$

$$= \ln q_g - \frac{1}{2}\ln|\boldsymbol{\Sigma}_g| - \frac{1}{2}\boldsymbol{X}'\boldsymbol{\Sigma}_g^{-1}\boldsymbol{X} - \frac{1}{2}\boldsymbol{\mu}_g'\boldsymbol{\Sigma}_g^{-1}\boldsymbol{\mu}_g + \boldsymbol{X}'\boldsymbol{\Sigma}_g^{-1}\boldsymbol{\mu}_g$$

所以此问题转化为寻找 $Z(g|\boldsymbol{X})$ 的最大值问题。

假设 k 个总体协方差矩阵相同，即 $\boldsymbol{\Sigma}_1 = \boldsymbol{\Sigma}_2 = \cdots = \boldsymbol{\Sigma}_k = \boldsymbol{\Sigma}$ 时，$\frac{1}{2}\ln|\boldsymbol{\Sigma}_g|$ 和 $\frac{1}{2}\boldsymbol{X}'\boldsymbol{\Sigma}_g^{-1}\boldsymbol{X}$ 两项与 g 无关，则判别函数为

$$y(g|\boldsymbol{X}) = \ln q_g - \frac{1}{2}\boldsymbol{\mu}_g'\boldsymbol{\Sigma}_g^{-1}\boldsymbol{\mu}_g + \boldsymbol{X}'\boldsymbol{\Sigma}_g^{-1}\boldsymbol{\mu}_g$$

由此可知，我们可以根据 $y(g|\boldsymbol{X})$ 的大小进行样本的判别分类。

后验概率

$$P(g|\boldsymbol{X}) = \frac{q_g f_g(\boldsymbol{X})}{\sum_{i=1}^{k} q_i f_i(\boldsymbol{X})} = \frac{\exp[y(g|\boldsymbol{X}) + \Delta(\boldsymbol{X})]}{\sum_{i=1}^{k}\exp[y(i|\boldsymbol{X}) + \Delta(\boldsymbol{X})]}$$

$$= \frac{\exp[y(g|\boldsymbol{X})]\exp[\Delta(\boldsymbol{X})]}{\sum_{i=1}^{k}\exp[y(i|\boldsymbol{X})]\exp[\Delta(\boldsymbol{X})]} = \frac{\exp[y(g|\boldsymbol{X})]}{\sum_{i=1}^{k}\exp[y(i|\boldsymbol{X})]}$$

由此可知，概率 $P(g|\boldsymbol{X})$ 最大时，$y(g|\boldsymbol{X})$ 最大，即 $y(h|\boldsymbol{X}) = \max\limits_{1\leqslant g\leqslant k} y(g|\boldsymbol{X})$ 时，样品 $\boldsymbol{X}$ 归属于总体 G_h。

例 8.7.2　采用贝叶斯判别法对表 8.7.1 的数据进行判别。

解　假定两总体协方差相等，由例 8.7.1 可知 $n_1 = n_2 = 5$。

$$\boldsymbol{\mu}_1 = \overline{\boldsymbol{X}}^{(1)} = \begin{bmatrix} 75.88 \\ 94.12 \\ 5343.4 \end{bmatrix}, \quad \boldsymbol{\mu}_2 = \overline{\boldsymbol{X}}^{(2)} = \begin{bmatrix} 70.44 \\ 91.74 \\ 3430.2 \end{bmatrix}$$

$$\hat{\boldsymbol{\Sigma}}^{-1} = \begin{bmatrix} 0.1208965 & -0.0384479 & 0.0000442 \\ -0.0384479 & 0.0292784 & 0.0000799 \\ 0.0000442 & 0.0000799 & 0.00000434 \end{bmatrix}$$

$$\ln q_1 = \ln q_2 = \ln \frac{5}{5+5} = -0.6931$$

$$\boldsymbol{\Sigma}_1^{-1} \boldsymbol{\mu}_1 = \begin{bmatrix} 5.7911 \\ 0.2650 \\ 0.0341 \end{bmatrix}, \quad \boldsymbol{\Sigma}_2^{-1} \boldsymbol{\mu}_2 = \begin{bmatrix} 5.1403 \\ 0.2517 \\ 0.0253 \end{bmatrix}$$

由 $y(g \mid \boldsymbol{X}) = \ln q_g - \frac{1}{2} \boldsymbol{\mu}_g' \boldsymbol{\Sigma}_g^{-1} \boldsymbol{\mu}_g + \boldsymbol{X}' \boldsymbol{\Sigma}_g^{-1} \boldsymbol{\mu}_g$ 可得

$$y(1 \mid \boldsymbol{X}) = -323.9088 + 5.7911 X_1 + 0.2650 X_2 + 0.0341 X_3$$

$$y(2 \mid \boldsymbol{X}) = -236.7314 + 5.1403 X_1 + 0.2517 X_2 + 0.0253 X_3$$

将各样品进行判别归类如下：

序号	国家名称	$y(1\mid\boldsymbol{X})$	$y(2\mid\boldsymbol{X})$	原类别	判别归类	后验概率
1	美国	325.5532	314.9980	1	1	1.0000
2	日本	345.3109	332.6091	1	1	1.0000
3	瑞士	337.0672	325.2280	1	1	1.0000
4	阿根廷	297.6490	290.8263	1	1	0.9989
5	阿联酋	307.0324	298.2274	1	1	0.9999
6	保加利亚	257.8683	260.3383	2	2	0.9220
7	古巴	253.5621	260.6613	2	2	0.9992
8	巴拉圭	221.1394	231.9290	2	2	1.0000
9	格鲁吉亚	202.2819	220.6702	2	2	1.0000
10	南非	191.1498	203.1268	2	2	1.0000
11	中国	160.2347	184.7418		2	1.0000
12	罗马尼亚	203.3307	218.9154		2	1.0000
13	希腊	328.6367	318.3417		1	1.0000
14	哥伦比亚	277.0879	272.8959		1	0.9851

结果表明,回代判对率为 100%。待判样品的判别结果与距离判别法结果一致。

8.7.3 逐步判别法

1. 基本思想和理论基础

通过前面的介绍,我们知道判别方法都是用变量构建判别式进行判别的。这些变量在判别式中的判别能力不同,有的作用较大,有的作用较小。理论和实践证明,如果变量个数太多,则所建立的判别函数计算量大,而且对无用或作用很小的变量进行判别,还会干扰影响判别效果。因此,筛选适当的变量就很重要。逐步判别法就是筛选具有显著判别能力变量的方法之一。

逐步判别法是采用"有进有出"的算法,即逐步引入变量,每次按变量的重要程度引入变量到判别式,原引入的变量可能由新变量的引入丧失重要性而被剔除,直到不能再引入新变量和剔除旧变量为止。

逐步判别法中需对变量的重要程度进行度量,一般采用威尔克斯(Wilks)统计量。设 W 为样本点的组内离差平方和,T 为样本点的总离差平方和,则

$$\Lambda = \frac{|W|}{|T|}$$

设判别函数中已有 q 个变量,记为 X^*,考虑是否增加变量 X_j,将矩阵 W,T 分块:

$$W = \begin{array}{c}{}^{q-1}\\{}_{1}\end{array}\begin{bmatrix}\overset{q-1}{W_{11}} & \overset{1}{W_{12}} \\ W_{21} & W_{22}\end{bmatrix}, \quad T = \begin{array}{c}{}^{q-1}\\{}_{1}\end{array}\begin{bmatrix}\overset{q-1}{T_{11}} & \overset{1}{T_{12}} \\ T_{21} & T_{22}\end{bmatrix}$$

则前 $q-1$ 个变量的威尔克斯统计量为

$$\Lambda_{q-1} = \frac{|W_{11}|}{|T_{11}|}$$

当增加第 q 个变量后,q 个变量的威尔克斯统计量为

$$\Lambda_q = \frac{|W|}{|T|} = \frac{\begin{vmatrix} W_{11} & W_{12} \\ W_{21} & W_{22}\end{vmatrix}}{\begin{vmatrix} T_{11} & T_{12} \\ T_{21} & T_{22}\end{vmatrix}} = \frac{|W_{11}W_{22} - W_{21}W_{11}^{-1}W_{12}|}{|T_{11}T_{22} - T_{21}T_{11}^{-1}T_{12}|}$$

$$= \Lambda_{q-1} \cdot \frac{|W_{22} - W_{21}W_{11}^{-1}W_{12}|}{|T_{22} - T_{21}T_{11}^{-1}T_{12}|}$$

则

$$\frac{\Lambda_{q-1}}{\Lambda_q} - 1 = \frac{|T_{22} - T_{21}T_{11}^{-1}T_{12}| - |W_{22} - W_{21}W_{11}^{-1}W_{12}|}{||W_{22} - W_{21}W_{11}^{-1}W_{12}||}$$

且

$$F = \frac{n-k-(q-1)}{k-1} \cdot \left(\frac{\Lambda_{q-1}}{\Lambda_q} - 1\right) \sim F_a(k-1, n-k-(q-1))$$

$F_a(k-1, n-k-(q-1))$ 是用以检验给定 $q-1$ 个变量(指标)条件下,是否增加第 q 个变量(指标)的判断标准。

2. 主要算法

(1) 引入变量的检验统计量

假定已经计算了 p 步,并引入了变量 $X_1, X_2, \cdots, X_q$。第 $p+1$ 步添加新变量 X_r,将变量分为两组,第一组是已经引入的变量,第二组仅有变量 X_r,则组内离差阵 $\boldsymbol{W}$ 可记为

$$\boldsymbol{W} = \begin{array}{c} q \\ 1 \end{array} \begin{bmatrix} \overset{q}{\boldsymbol{W}_{11}} & \overset{1}{\boldsymbol{W}_{12}} \\ \boldsymbol{W}_{21} & \boldsymbol{W}_{22} \end{bmatrix}, \quad |\boldsymbol{W}| = |\boldsymbol{W}_{11}| \cdot w_{rr}^{(q)}$$

其中,$w_{rr}^{(q)} = \boldsymbol{W}_{22} - \boldsymbol{W}_{21}\boldsymbol{W}_{11}^{-1}\boldsymbol{W}_{12} = \boldsymbol{W}_{rr} - \boldsymbol{W}_{r1}\boldsymbol{W}_{11}^{-1}\boldsymbol{W}_{1r}$。

类似地,总离差阵 $\boldsymbol{T}$ 可记为

$$\boldsymbol{T} = \begin{array}{c} q \\ 1 \end{array} \begin{bmatrix} \overset{q}{\boldsymbol{T}_{11}} & \overset{1}{\boldsymbol{T}_{12}} \\ \boldsymbol{T}_{21} & \boldsymbol{T}_{22} \end{bmatrix}, \quad |\boldsymbol{T}| = |\boldsymbol{T}_{11}| \cdot t_{rr}^{(q)}$$

其中,$t_{rr}^{(q)} = \boldsymbol{T}_{22} - \boldsymbol{T}_{21}\boldsymbol{T}_{11}^{-1}\boldsymbol{T}_{12} = \boldsymbol{T}_{rr} - \boldsymbol{T}_{r1}\boldsymbol{T}_{11}^{-1}\boldsymbol{T}_{1r}$,则

$$\Lambda_{q+1} = \frac{|\boldsymbol{W}|}{|\boldsymbol{T}|} = \frac{|\boldsymbol{W}_{11}| \cdot w_{rr}^{(q)}}{|\boldsymbol{T}_{11}| \cdot t_{rr}^{(q)}} = \Lambda_q \frac{w_{rr}^{(q)}}{t_{rr}^{(q)}}$$

令 $A_r^{-1} = \dfrac{w_{rr}^{(q)}}{t_{rr}^{(q)}}$,则

$$\frac{\Lambda_{q+1}}{\Lambda_q} - 1 = \frac{w_{rr}^{(q)}}{t_{rr}^{(q)}} - 1 = \frac{1}{A_r} - 1 = \frac{1-A_r}{A_r}$$

所以

$$F_{1r} = \frac{n-k-q}{k-1} \cdot \frac{1-A_r}{A_r} \sim F_a(k-1, n-k-q)$$

如果 $F_{1r} \geqslant F_a(k-1, n-k-q)$,则表明变量 X_r 的判别能力显著,应在判别函数中增加变量 X_r。于是,将判别能力显著的变量中最大的变量(使 A_r 最小的变量)作为入选的增加变量,记为 X_{q+1}。

(2) 剔除变量的检验统计量

假定已经计算了 p 步,并引入了变量 $X_1, X_2, \cdots, X_q$。第 $p+1$ 步剔除变

量 X_r。为方便起见,假定 X_r 是第 p 步引入的,即前 $p-1$ 步引进了不包括 X_r 在内的 $q-1$ 个变量,则

$$A_r = \frac{w_{rr}^{(q-1)}}{t_{rr}^{(q-1)}}$$

对相应的 $\boldsymbol{W}^{(q)}$,$\boldsymbol{T}^{(q)}$ 作消去变换得

$$w_{ij}^{(q+1)} = \begin{cases} \dfrac{1}{w_{rr}^{(q)}}, & i=j=r \\[2mm] -\dfrac{w_{ir}^{(q)}}{w_{rr}^{(q)}}, & i \neq r, j=r \\[2mm] \dfrac{w_{rj}^{(q)}}{w_{rr}^{(q)}}, & i=r, j \neq r \\[2mm] w_{ij}^{(q)} - \dfrac{w_{ir}^{(q)} \cdot w_{ri}^{(q)}}{w_{rr}^{(q)}}, & i \neq r, j \neq r \end{cases}$$

$$t_{ij}^{(q+1)} = \begin{cases} \dfrac{1}{t_{rr}^{(q)}}, & i=j=r \\[2mm] -\dfrac{t_{ir}^{(q)}}{t_{rr}^{(q)}}, & i \neq r, j=r \\[2mm] \dfrac{t_{rj}^{(q)}}{t_{rr}^{(q)}}, & i=r, j \neq r \\[2mm] t_{ij}^{(q)} - \dfrac{t_{ir}^{(q)} \cdot t_{ri}^{(q)}}{t_{rr}^{(q)}}, & i \neq r, j \neq r \end{cases}$$

$$A_r = \frac{\dfrac{1}{w_{rr}^{(q)}}}{\dfrac{1}{t_{rr}^{(q)}}} = \frac{t_{rr}^{(q)}}{w_{rr}^{(q)}}$$

所以

$$F_{2r} = \frac{n-k-(q-1)}{k-1} \cdot \frac{1-A_r}{A_r} \sim F_a(k-1, n-k-(q-1))$$

如果 $F_{2r} \leqslant F_a(k-1, n-k-(q-1))$,则表明变量 X_r 的判别能力不显著,应在判别函数中剔除变量 X_r。于是,将判别能力不显著的变量中最小的变量(使 A_r 最大的变量)作为剔除的变量。

重复上述变量的引入和剔除过程,直到既不能引入变量也不能剔除变量为止。此时,则可以利用选出的重要变量建立判别式,对样品进行判别分类。

需要注意的是,无论是引入还是剔除变量 X_i,都需要对相应的矩阵 $\boldsymbol{W}$ 和 $\boldsymbol{T}$ 进行以 (i,i) 为枢轴作消去变换,生成新的矩阵 $\boldsymbol{W}$ 和 $\boldsymbol{T}$。当样本容量很大时,引入变量和剔除变量的临界值都选取为 F_α,而且临界值通常不是查分布表所得,而是根据具体问题事先给定。当 F_α 的取值较大时,选入的变量较少,当 F_α 的取值较小时,选入的变量较多,如果 $F_\alpha = 0$,则全部变量都被引入。

3. 应用实例

例 8.7.3　采用逐步判别法对表 8.7.1 的数据进行判别。

解　由例 8.7.1 可知

$$\overline{\boldsymbol{X}}^{(1)} = \begin{bmatrix} 75.88 \\ 94.12 \\ 5343.4 \end{bmatrix}, \quad \overline{\boldsymbol{X}}^{(2)} = \begin{bmatrix} 70.44 \\ 91.74 \\ 3430.2 \end{bmatrix}$$

$$\boldsymbol{S}_1 = \begin{bmatrix} 36.228 & 56.022 & 448.74 \\ 56.022 & 344.228 & -252.24 \\ 448.74 & -252.24 & 12987.2 \end{bmatrix},$$

$$\boldsymbol{S}_2 = \begin{bmatrix} 86.812 & 117.682 & -4895.74 \\ 117.682 & 188.672 & -11316.54 \\ -4895.74 & -11316.54 & 2087384.8 \end{bmatrix}$$

则

$$\boldsymbol{W} = \boldsymbol{S}_1 + \boldsymbol{S}_2 = \begin{bmatrix} 123.04 & 173.704 & -4447 \\ 173.704 & 532.9 & -11568.78 \\ -4447 & -11568.78 & 2100372 \end{bmatrix}$$

由表 8.7.1 的数据可以计算出

$$\overline{\boldsymbol{X}} = \begin{bmatrix} 73.16 \\ 92.93 \\ 4386.8 \end{bmatrix}, \quad \boldsymbol{T} = \begin{bmatrix} 197.024 & 206.072 & 21572.52 \\ 206.072 & 547.061 & -185.24 \\ 21572.52 & -185.24 & 11251207.6 \end{bmatrix}$$

设引入变量的临界值为 F_1,剔除变量的临界值为 F_2,取 $F_1 = F_2 = 2$。

第一步,当判别函数中变量数量 $q = 0$ 时,

$$A_1 = \frac{w_{11}}{t_{11}} = \frac{123.04}{197.024} = 0.6245$$

$$A_2 = \frac{w_{22}}{t_{22}} = \frac{532.9}{547.061} = 0.9741$$

$$A_3 = \frac{w_{33}}{t_{33}} = \frac{2100372}{11251207.6} = 0.1867 (最小)$$

此时无剔除变量,考虑引进变量 X_3。

$$F = \frac{1 - A_3}{A_3} \cdot \frac{n - k - p}{k - 1} = \frac{1 - 0.1867}{0.1867} \cdot \frac{10 - 2 - 0}{2 - 1} = 34.8542$$

因为 $F > F_1 = 2$,所以引进变量 X_3。矩阵 W, T 以 $(3,3)$ 为枢轴作消去变换得

$$W^{(1)} = \begin{bmatrix} 113.6246 & 149.2101 & 0.0021 \\ 149.2101 & 469.1795 & 0.0055 \\ -0.0021 & -0.0055 & 4.76106e\text{-}07 \end{bmatrix}$$

$$T^{(1)} = \begin{bmatrix} 155.6619 & 206.4272 & -0.0019 \\ 206.4272 & 547.0580 & 1.6464e\text{-}05 \\ 0.0019 & -1.6464e\text{-}05 & 8.8879e\text{-}08 \end{bmatrix}$$

第二步,当 $q = 1$ 时,有

$$A_1^{(1)} = \frac{w_{11}^{(1)}}{t_{11}^{(1)}} = \frac{113.6246}{155.6619} = 0.7299 (最小)$$

$$A_2^{(1)} = \frac{w_{22}^{(1)}}{t_{22}^{(1)}} = \frac{469.1795}{547.0580} = 0.8576$$

此时无剔除变量,考虑引进变量 X_1。

$$F = \frac{1 - A_1^{(1)}}{A_1^{(1)}} \cdot \frac{n - k - p}{k - 1} = \frac{1 - 0.7299}{0.7299} \cdot \frac{10 - 2 - 1}{2 - 1} = 2.5904 > F_1$$

引进变量 X_1。矩阵 $W^{(1)}, T^{(1)}$ 以 $(1,1)$ 为枢轴作消去变换,得

$$W^{(2)} = \begin{bmatrix} 0.0088 & 1.3132 & 1.8634e\text{-}05 \\ -1.3132 & 273.2392 & 0.0027 \\ 1.8634e\text{-}05 & -0.0027 & 5.1556e\text{-}07 \end{bmatrix}$$

$$T^{(2)} = \begin{bmatrix} 0.0064 & 1.3261 & -1.2317e\text{-}05 \\ -1.3261 & 273.3097 & 0.0026 \\ -1.2317e\text{-}05 & -0.0026 & 1.1250e\text{-}07 \end{bmatrix}$$

第三步,当 $q = 2$ 时,对于已入选的变量 X_1 和 X_3,有

$$A_1^{(2)} = \frac{t_{11}^{(2)}}{w_{11}^{(2)}} = \frac{0.0064}{0.0088} = 0.7299 (最大)$$

$$A_3^{(2)} = \frac{t_{33}^{(2)}}{w_{33}^{(2)}} = \frac{1.1250e\text{-}07}{5.1556e\text{-}07} = 0.2182$$

对于未入选的变量 X_2,有

$$A_2^{(2)} = \frac{w_{22}^{(2)}}{t_{22}^{(2)}} = \frac{273.2392}{273.3097} = 0.9997$$

考虑剔除变量 X_1，得

$$F = \frac{1 - A_1^{(2)}}{A_1^{(2)}} \cdot \frac{n - k - p}{k - 1} = \frac{1 - 0.7299}{0.7299} \cdot \frac{10 - 2 - 1}{2 - 1} = 2.5904 > F_2$$

所以不能剔除变量 X_1，考虑引进变量 X_2。

$$F = \frac{1 - A_2^{(2)}}{A_2^{(2)}} \cdot \frac{n - k - p}{k - 1} = \frac{1 - 0.9997}{0.9997} \cdot \frac{10 - 2 - 2}{2 - 1} = 0.0018 < F_1$$

所以不能引进变量 X_2，逐步计算结束。

由 $y(g \mid \boldsymbol{X}) = \ln q_g - \frac{1}{2} \boldsymbol{\mu}'_g \boldsymbol{\Sigma}_g^{-1} \boldsymbol{\mu}_g + \boldsymbol{X}' \boldsymbol{\Sigma}_g^{-1} \boldsymbol{\mu}_g$ 可得判别函数为

$$y(1 \mid \boldsymbol{X}) = -323.9088 + 5.7911 X_1 + 0.0341 X_3$$

$$y(2 \mid \boldsymbol{X}) = -236.7314 + 5.1403 X_1 + 0.0253 X_3$$

将各样品进行判别归类如下：

序号	国家名称	$y(1 \mid \boldsymbol{X})$	$y(2 \mid \boldsymbol{X})$	原类别	判别归类	后验概率
1	美国	299.3200	290.0830	1	1	0.9999
2	日本	319.0777	307.6942	1	1	1.0000
3	瑞士	310.8340	300.3130	1	1	1.0000
4	阿根廷	272.2372	266.6915	1	1	0.9961
5	阿联酋	286.4434	278.6729	1	1	0.9996
6	保加利亚	233.2250	236.9332	2	2	0.9761
7	古巴	228.4154	236.7782	2	2	0.9998
8	巴拉圭	196.9731	208.9770	2	2	1.0000
9	格鲁吉亚	176.0487	195.7552	2	2	1.0000
10	南非	169.7923	182.8425	2	2	1.0000
11	中国	139.2216	164.7846		2	1.0000
12	罗马尼亚	177.6539	194.5290		2	1.0000
13	希腊	303.7815	294.7354		1	0.9999
14	哥伦比亚	253.1601	250.1704		1	0.9521

结果表明，回代判对率为 100%。待判样品的判别结果与利用全部变量所得的判别结果一致。

第9章 多元统计分析法在人力资源管理中的应用

　　企业竞争首要问题是人才竞争,如何吸引和留住企业人才决定着企业的成败。本章以建筑业人力资源管理为例对员工离职的动因问题进行研究。

　　建筑业作为劳动密集型产业,建筑企业员工的实践经验远大于书本知识的积累,成熟人才需要多年的工程实践经验,这使得建筑行业人才稀缺,加剧了建筑企业间的员工流动性。员工离职,会影响给企业生产和经营。由于建筑企业的特性(如工作环境差、流动性大等),为企业留住员工带来了一定的困难,如何留住员工,是非常值得研究的问题。本章针对建筑企业员工的离职问题,以成渝两地建筑企业为样本框架,随机抽样问卷调查员工离职影响因素,构建建筑企业员工离职影响因素模型,为企业人力资源管理提供参考。

9.1 员工离职动因问题的研究设计与数据收集

9.1.1 离职影响因素识别

1. 影响因素

　　如果建筑企业员工离职率在合理的范围内,可以给企业带来新鲜血液,对企业的发展是有利的。如果离职率过高,将会影响企业的发展。所以企业管理者应该采取相应的针对性措施来降低员工离职率。因此,分析研究建筑企业员工离职的主要原因,为企业管理者提出相应的对策就显得十分必要。

　　员工离职的影响因素很多,需要对其主要影响因素进行识别,本节根据相关文献结合我国建筑行业的实际情况,从个体、组织、外部因素三个方向对建筑企业员工离职的主要影响因素进行了识别,大体可以分为以下几个方面。

（1）个体因素

个体因素不仅包括员工的性别和年龄,还包括员工的受教育水平、婚姻状况以及工龄等许多方面。通过相关文献研究发现,个体因素对员工的忠诚度有显著影响。例如,Zajaic 和 Mathieu 认为员工受教育的程度越高,对公司的忠诚度就越低,员工的忠诚度与受教育程度呈负相关关系。Hrebiniak 和 Angle 研究发现,员工的忠诚度是随着员工工龄的增长而增长的,工龄长的员工对企业更忠诚,员工的忠诚度与工龄是呈正相关关系的。

（2）企业因素

企业因素主要是由企业规模、企业文化、企业制度、企业政策、企业前景等多方面构成的,企业因素对员工的离职也具有一定的影响。例如,丁会在研究房地产集团(公司)人才流失问题及对策中发现,员工离职的原因包括公司缺乏系统的人力资源管理体系,公司缺乏凝聚人心的企业文化,公司的前景不明朗,等等。

（3）工作压力

工作压力亦称"工作应激",由工作或与工作直接有关的因素所造成的应激。它指的是个体在工作环境的影响下产生的生理和心理的反应,代表了个体对环境压力的反应。如果工作压力过度将会导致员工产生疲劳、焦虑、压抑等情绪,使员工的工作能力下降,甚至出现精疲力竭等症状。相关文献表明,工作压力过大也是导致员工离职的重要原因之一。

（4）组织支持感

组织支持感是指员工所感受到的来自组织方面的支持。组织支持感包含两类,一类是物质支持感,指的是员工对组织是否关注其福利的感受,它主要由薪酬福利、工作环境、培训与发展三个方面产生。一类是精神支持感,指的是员工对组织是否重视其贡献的感受,如果员工认为组织不重视甚至是轻视自己对组织的贡献以及福利要求,那么员工会降低其工作积极性,甚至可能产生离职的念头。相反地,如果员工认为组织很重视自己对组织的贡献以及福利要求,那么员工会提高自身的工作积极性来回报组织,从而进一步得到组织的认同。同时,员工对组织的忠诚度也会增加。

（5）组织承诺

组织承诺也可称为组织忠诚或组织归属感。组织承诺通常是指个体认同并参与一个组织的强度,它和个人与组织之间的正式合同不同,它更像是一种

"心理契约"或者说是"心理合同"。组织承诺确定的是个体与组织间的连接程度,它主要描述了正式合同无法规定的工作之外的行为。通常来说,具有较高组织承诺的员工对组织具有较强的归属感和认同感。

（6）外部环境因素

外部环境因素主要包括生活质量、外部企业的诱惑、市场化的就业机制以及国家整体宏观经济运行情况等。例如,Mercer Human Resource Conulting公司 2002 年对美国 800 家公司的 1300 名员工的调查发现:随着国家宏观经济状况好转,消费者对国家经济发展的信心有所回升,就业率也明显提高,与此同时员工的忠诚度也相应地提升。

2. 影响因素的模型构建

依据研究目的及相关文献的探讨,在对建筑行业特点和建筑企业员工特点分析的基础上,本章对 Price-Mueller 模型中的影响因素进行了调整,如图 9.1.1 所示。

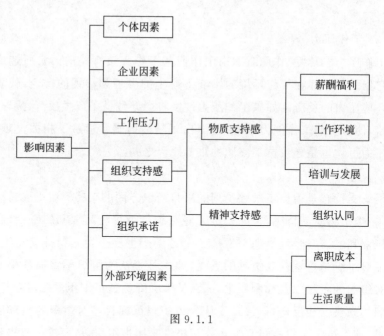

图 9.1.1

9.1.2 问卷设计与数据收集

成渝两地的建筑企业发展迅速,在西部地区乃至全国具有较好的代表性,所以选取成渝两地的建筑企业为调查对象,问卷调查员工离职影响因素及离职倾向。

1. 问卷设计

本节将要分析建筑企业员工离职的主要影响因素,为企业降低员工流失率提供参考。在对建筑行业特点和建筑企业员工特点分析的基础上,我们将Price-Mueller 模型中的影响因素进行了调整,并参考相关文献设计了一套调查问卷。

本问卷由离职倾向影响因素、离职倾向和基本信息三个部分组成。

第一部分为离职倾向影响因素,主要是调查员工产生离职意愿的主要影响因素。本部分包括组织因素、个体与组织因素、外部环境因素 3 个维度,而这些维度分别由企业因素、工作压力、组织支持感、组织承诺和外部环境因素5 个因素构成。这部分采取 Likert 的 5 点尺进行度量,它包括"非常不同意""不同意""一般""同意"和"非常同意"5 个等级,分别赋值为 1～5 分,分值越低,表示同意度越低。

第二部分为员工的离职倾向调查,共 4 题。以此来判断员工离职意愿的强烈程度。这部分问卷同样采用 Likert 的 5 点尺进行度量。离职倾向得分为这四项总和的平均分,得分越高说明离职意愿越强烈。

第三部分为基本信息部分,主要是为了解建筑企业员工的基本情况。这些信息主要由员工的性别、年龄、受教育程度以及工作年限等多方面构成。

2. 数据收集

因为离职问题对于被调查者来说是比较敏感的,所以直接对这些数据进行收集是比较困难的,而通过单位进行数据收集的方式,可能会导致数据失真。因此,本次问卷调查采取的是邮寄问卷和网上发送邮件相结合的方式来进行问卷的发放和回收。

我们一共发放了 738 份调查问卷,回收了 721 份问卷,回收率为 97.7%,其中有 697 份有效的调查问卷,有效率为 96.7%。其中重庆企业问卷 366份,成都企业问卷 361 份,两地企业问卷比例接近 1∶1,且来自不同的企业,样本的其他基本资料见表 9.1.1。

表 9.1.1　样本基本信息

变量	选　项	样本数	百分比/%
性别	男	420	58.3
	女	301	41.7

续表

变量	选 项	样本数	百分比/%
年龄	25 岁以下	233	32.3
	25～35 岁	437	60.6
	36～45 岁	34	4.7
	45 岁以上	17	2.4
婚姻状况	已婚	443	61.4
	未婚	278	38.6
学历	硕士及以上	45	6.3
	本科	239	33.1
	专科(含高职)	267	37.0
	高中(含中专、技校、职校)及以下	170	23.6
工作年限	1 年以下	85	11.8
	1～2 年	159	22.1
	3～5 年	193	26.8
	6～10 年	165	22.8
	10 年以上	119	16.5
工作职务	具体技术类人员	409	56.7
	基层管理人员	215	29.8
	中层及以上管理人员	97	13.5
单位类别	建设单位	91	12.6
	施工单位	312	43.3
	设计、监理、咨询单位	255	35.4
	其他	63	8.7
单位性质	国有企业	170	23.6
	民营企业	472	65.4
	外资、合资企业	51	7.1
	其他	28	3.9

9.1.3　统计方法与检验

1. 统计方法

对于调查问卷收集到的数据,我们通过 SPSS 软件采用多种分析方法相结合的方式来分析,应用的主要分析方法如下。

（1）聚类分析

利用聚类分析的方法对调查问卷的第一部分内容进行分析,来确定问卷的结构,以便后续分析。

（2）因子分析

为验证调查问卷的结构效度是否合理,对员工离职的主要影响因素采用因子分析法进行分析。

（3）相关分析

通过对企业因素、工作压力、组织支持感、组织承诺、外部环境因素和离职倾向的相关性分析,来分析建筑企业员工离职的因素与员工离职的关系。

（4）方差分析

通过方差分析法来分析包括性别、年龄、学历、婚姻状况等个体变量对离职影响因素和离职倾向的差异性。

（5）回归分析

相关性分析只是对研究模型中各因素间的关系进行方向性的研究,无法说明各变量间是否存在定量的因果关系,而我们运用回归分析正好能起到验证作用。

2. 信度和效度检验

信度指的是检测前后的数据的一致性程度,它测量的是数据内部之间相互符合的程度,通过测量分析数据的可靠性和稳定性。通过内在信度的分析,可以检验出测量的是否为同一概念。调查问卷如果具有较高的内在信度和一致性,则说明调查的结果是比较可靠和稳定的,它具有一定程度的参考价值。

为了检验调查问卷收集的数据的有效性和可靠性,一般需要对数据进行因素分析。利用统计分析工具 SPSS 19.0 提供的"Cronbach's Alpha 信度系数"检验功能对问卷第一、二部分的信度进行检验(这里的数据分析如无特别说明,均是利用 SPSS 19.0 的相关功能进行的),输出结果如表 9.1.2 所示。

表 9.1.2 可靠性统计量

类　　别	项数	α 系数	基于标准化项的 α 系数
离职影响因素	25	0.796	0.798
离职倾向	4	0.799	0.822
问卷总信度	29	0.781	0.784

Cronbach's Alpha 信度系数——α 系数通常介于 0 和 1 之间,如果调查问卷可信度越高,则 α 系数的值越接近 1,这也说明问卷的内在一致性越高;相反地,如果调查问卷的可信度越低,那么 α 系数的值就越接近 0。通常情况下,α 系数如果介于 0.80~0.90 非常好;介于 0.70~0.80 相当好;介于 0.65~0.70 是最小可接受值;如果系数的值在 0.60~0.65 则最好拒绝。从表 9.1.2 中可发现,问卷的离职影响因素、离职倾向和问卷总信度的 α 系数都介于 0.70~0.80,说明问卷内部具有较好的信度。

效度指的是测量工具或手段能够准确测出所需测量的事物的程度,它指的是测量所得到的结果能否真实地反映所考察内容的程度。如果测量结果与所考察的内容越吻合,则效度越高;反之,则效度越低。调查问卷的效度检验结果如表 9.1.3 所示。

表 9.1.3 Kaiser-Meyer-Olkin(KMO)样本测度和 Bartlett 检验

项　　目		离职影响因素	离职倾向
取样足够度的 KMO 度量		0.725	0.716
Bartlett 的球形度检验	近似卡方	912.211	531.269
	df	351	21
	Sig.	0.000	0.000

从检验结果得知,两个维度 KMO 的值均大于 0.7 的标准,显著水平为 0,说明变量之间具有较高的相关度,其相关系数矩阵通过了 Bartlett 检验,这说明了调查问卷具备良好的效度,可以采用因子分析的方法来进行分析检验。

9.2　离职影响因素的因子分析

9.2.1　离职影响因素的聚类分析

9.1 节已经对问卷进行了效度检验,结果显示该问卷适合做因子分析。因此,利用统计软件 SPSS 19.0 对问卷离职倾向影响因素的 25 个问题进行聚类分析。

聚类分析指将物理或抽象对象的集合分为相对同质的群组的分析过程。聚类分析的目标是在相似的基础上收集数据来进行分类,它要求划分的类是未知的,这是一种探索性的分析。聚类分析通常有两种,一种是变量聚类,另一种是样本聚类。本节采取的是变量聚类,其结果如图 9.2.1 所示。

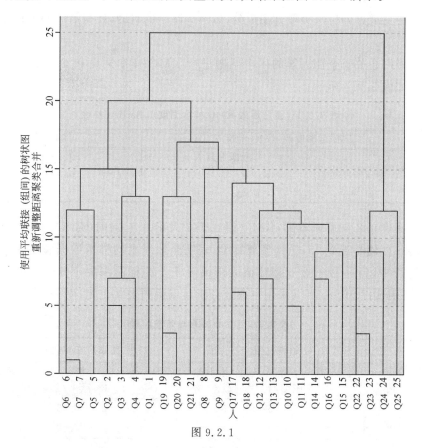

图 9.2.1

根据聚类分析的树状图,可以发现调查问卷第一部分的问题可分为五大类:第 1～4 为第一类,第 5～7 题为第二类,第 8～18 题为第三类,第 19～21 题为第四类,第 22～25 题为第五类。由建筑企业员工离职动因模型(图 9.1.1)可知,员工离职的主要因素除个体因素外,还包括企业因素、工作压力、组织支持感、组织承诺和外部环境因素五类,这与聚类分析的树状图是一致的,说明设计的问卷结构是合理的。结合调查问卷的实际内容我们将第一类影响因素命名为企业因素,第二类命名为工作压力,第三类命名为组织支持感,第四类命名为组织承诺,第五类命名为外部环境因素。

9.2.2　离职影响因素的因子分析

1. 企业因素的主成分分析

因为企业因素只有 4 个问题,所以利用统计软件 SPSS 19.0 对其影响因素采用主成分分析法提取其主成分,以达到降维的目的,使得后续的分析更加容易。

将问卷关于企业因素的 4 个问题进行 KMO 样本测度和 Bartlett 检验,结果如表 9.2.1 所示。

表 9.2.1　企业因素 KMO 样本测度和 Bartlett 检验

取样足够度的 KMO 度量		0.741
Bartlett 的球形度检验	近似卡方	89.165
	df	6
	Sig.	0.000

从表 9.2.1 可以看到,KMO 值 0.741 大于 0.7,同时 Bartlett 球形度检验的 Sig. 值小于 0.05,达到显著标准,表明企业因素的样本数据满足主成分分析条件。企业因素按照特征值大于或等于 1 的标准来决定其主成分的个数,利用软件 SPSS 19.0 采用主成分分析可以得到表 9.2.2。

表 9.2.2　企业因素总方差解释

成分	初始特征值			提取平方和载入		
	合计	方差贡献率/%	累积贡献率/%	合计	方差贡献率/%	累积贡献率/%
1	2.226	55.65	55.65	2.226	55.65	55.65
2	1.160	28.99	84.64	1.160	28.99	84.64

成分	初始特征值			提取平方和载入		
	合计	方差贡献率/%	累积贡献率/%	合计	方差贡献率/%	累积贡献率/%
3	0.331	8.28	92.92			
4	0.283	7.08	100.00			

由表 9.2.2 可知,特征值大于 1 的成分有两个,分别为 2.226 和 1.160。同时,其方差贡献累积大于 80%,这说明样本的主要信息能够用这两个成分来代表,它们的载荷情况如表 9.2.3 所示。

表 9.2.3　企业因素载荷矩阵

问卷问题	成　　分	
	1	2
Q_1	0.643	0.728
Q_2	0.811	0.052
Q_3	0.760	−0.318
Q_4	0.760	−0.354

按照主成分分析法计算企业因素的主成分。首先,计算出主成分 $F_i(i=1,2)$ 的特征向量,其公式为

$$主成分 F_i 的特征向量 = \frac{F_i 的成分系数}{\mathrm{SQRT}(F_i 对应的特征值)}$$

通过计算,企业因素中主成分 F_1,F_2 的特征向量如表 9.2.4 所示。

表 9.2.4　特征向量表

1	2
0.431	0.676
0.543	0.049
0.509	−0.295
0.509	−0.329

所以企业因素的主成分 F_1,F_2 的值可表示为

$$F_1 = 0.431 \cdot Q_1 + 0.543 \cdot Q_2 + 0.509 \cdot Q_3 + 0.509 \cdot Q_4$$
$$F_2 = 0.676 \cdot Q_1 + 0.049 \cdot Q_2 - 0.295 \cdot Q_3 - 0.329 \cdot Q_4$$

由于主成分 F_i 的权重公式为

$$\lambda_i = \frac{v_i}{\sum_{i=1}^{n} v_i}$$

其中,n 为主成分个数,v_i 为方差贡献率,$\sum_{i=1}^{n} v_i$ 为累积方差贡献率,所以

$$\lambda_1 = \frac{55.65}{84.64} = 0.657, \quad \lambda_2 = \frac{28.99}{84.64} = 0.343$$

由于综合统计量 F 的公式为

$$F = \sum_{i=1}^{n} \lambda_i \cdot F_i$$

其中 n 为主成分个数,所以企业因素的综合统计量为

$$F = 0.657 \cdot F_1 + 0.343 \cdot F_2$$

2. 工作压力的主成分分析

将问卷关于工作压力的 3 个问题进行 KMO 样本测度和 Bartlett 检验,结果如表 9.2.5 所示。

表 9.2.5 工作压力 KMO 样本测度和 Bartlett 检验

取样足够度的 Kaiser-Meyer-Olkin 度量		0.759
Bartlett 的球形度检验	近似卡方	71.704
	df	3
	Sig.	0.000

从表 9.2.5 可以看到,KMO 值为 0.759,Sig. 值小于 0.05,这说明数据结构效度良好,适合做主成分分析。按照特征值大于或等于 1 的标准来决定工作压力的主成分,得到表 9.2.6。

表 9.2.6 工作压力总方差解释

成分	初始特征值			提取平方和载入		
	合计	方差贡献率/%	累积贡献率/%	合计	方差贡献率/%	累积贡献率/%
1	1.454	48.45	48.45	1.454	48.45	48.45
2	1.131	37.7	86.15	1.131	37.7	86.15
3	0.415	13.85	100.00			

由表 9.2.6 可知,特征值大于 1 的成分有两个,其方差贡献累计大于 80%,这说明样本的主要信息能够用这两个成分来代表,它们的载荷情况如表 9.2.7 所示。

表 9.2.7 工作压力载荷矩阵

问卷问题	成 分	
	1	2
Q_5	0.739	0.673
Q_6	0.844	-0.263
Q_7	0.834	-0.330

与企业因素的主成分分析类似,利用公式

$$\text{主成分 } G_i \text{ 的特征向量} = \frac{G_i \text{ 的成分系数}}{\text{SQRT}(G_i \text{ 对应的特征值})}$$

求出工作压力中主成分 G_1,G_2 的特征向量如表 9.2.8 所示。

表 9.2.8 特征向量表

1	2
0.613	0.633
0.700	-0.248
0.692	-0.310

所以工作压力的主成分 G_1,G_2 的值可表示为

$$G_1 = 0.613Q_5 + 0.700Q_6 + 0.692Q_7$$

$$G_2 = 0.633 \cdot Q_5 - 0.248 \cdot Q_6 - 0.310 \cdot Q_7$$

由权重公式 $\lambda_i = \dfrac{v_i}{\sum_{i=1}^{n} v_i}$ 计算得 $\lambda_1 = \dfrac{48.45}{86.15} = 0.562, \lambda_2 = \dfrac{37.7}{86.15} = 0.438$。

与企业因素计算方法类似,按公式 $G = \lambda_1 \cdot G_1 + \lambda_2 \cdot G_2$ 进行计算,得到工作压力的综合统计量为

$$G = 0.562 \cdot G_1 + 0.438 \cdot G_2$$

3. 组织支持感的因子分析

由于问卷关于组织支持感的问题有 11 个,采用因子分析法研究组织支持

感的影响因素,首先进行 KMO 样本测度和 Bartlett 检验,结果如表 9.2.9
所示。

表 9.2.9　组织支持感 KMO 样本测度和 Bartlett 检验

取样足够度的 Kaiser-Meyer-Olkin 度量		0.734
Bartlett 的球形度检验	近似卡方	313.429
	df	91
	Sig.	0.000

从表 9.2.9 中可以看到,KMO 值为 0.734>0.7,Sig. 值小于 0.05,这说
明数据结构效度良好,且有共同的因素存在,适合做因子分析。利用软件
SPSS 19.0 在主成分因子分析法中采用方差最大正交旋转的方式进行分析,
得到表 9.2.10。

表 9.2.10　组织支持感总方差解释

成分	初始特征值			提取平方和载入			旋转平方和载入		
	合计	方差贡献率/%	累积贡献率/%	合计	方差贡献率/%	累积贡献率/%	合计	方差贡献率/%	累积贡献率/%
1	2.877	26.156	26.156	2.877	26.156	26.156	3.167	28.794	28.794
2	2.569	23.353	49.509	2.569	23.353	49.509	2.845	25.863	54.657
3	2.390	21.729	71.238	2.390	21.729	71.238	1.555	14.138	68.795
4	1.001	9.097	80.336	1.001	9.097	80.336	1.269	11.540	80.336
5	0.502	4.562	84.897						
6	0.446	4.057	85.955						
7	0.408	3.709	92.664						
8	0.263	2.391	95.054						
9	0.234	2.131	97.185						
10	0.205	1.867	99.053						
11	0.104	0.948	100.000						

　　按照特征值大于或等于 1 的标准来决定组织支持感的因子个数,由表 9.2.10
可知,特征值大于 1 的成分有 4 个,其方差贡献累积大于 80%,这说明样本的
主要信息能够用这 4 个因子来解释,它们的载荷情况如表 9.2.11 所示。

表 9.2.11 组织支持感载荷矩阵

问卷问题	成 分			
	1	2	3	4
Q_8	0.423	0.560	−0.094	−0.445
Q_9	0.414	0.581	−0.205	−0.349
Q_{10}	0.357	0.538	0.276	0.149
Q_{11}	0.594	0.213	0.233	0.125
Q_{12}	0.359	0.180	0.604	0.307
Q_{13}	0.585	0.149	−0.545	0.131
Q_{14}	0.502	−0.521	0.051	−0.297
Q_{15}	0.636	−0.307	−0.062	−0.066
Q_{16}	0.426	−0.438	0.046	−0.410
Q_{17}	0.466	−0.179	−0.398	0.318
Q_{18}	0.415	0.103	−0.327	0.405

从表 9.2.11 中可以发现,4 个因子与各题项的系数关系并不特别明显,要想直接看出各因子代表的含义是比较困难的。所以,需要旋转因子使得每个因子只与极少项有亲缘关系(即较高的载荷值,代表各因子对各个变量的影响率)。旋转方法也有多种,本节采用正交旋转中的最大方差法进行旋转,以0.500 为输出因子载荷的临界值,得到表 9.2.12。

表 9.2.12 组织支持感旋转后载荷矩阵

问卷问题	成 分			
	1	2	3	4
Q_8	0.821			
Q_9	0.805			
Q_{12}		0.783		
Q_{13}		0.723		
Q_{10}		0.594		
Q_{11}		0.563		
Q_{14}			0.779	
Q_{16}			0.732	
Q_{15}			0.607	

237

问卷问题	成 分			
	1	2	3	4
Q_{17}				0.683
Q_{18}				0.651

从问卷中可以发现,组织支持感对应的问题如下:

Q_8:您对单位提供的工资和福利很满意;

Q_9:与其他单位相比,您所在的单位的薪资水平是公平的;

Q_{10}:经常在野外施工场地,工作具有一定的危险性;

Q_{11}:工作地点常常根据项目的安排频繁变动;

Q_{12}:公司的设备管理及维护都很及时到位;

Q_{13}:你觉得公司的工作环境很好;

Q_{14}:企业提供的培训和学习机会很多;

Q_{15}:企业提供的晋升机会很多,发展空间很大;

Q_{16}:您认为组织的升迁制度很公平;

Q_{17}:单位很注重员工的工作目标、价值观;

Q_{18}:单位很重视员工的工作意见。

根据旋转后的因子载荷矩阵表,结合问卷中各问题的内容,可以将因子 $1(Q_8,Q_9)$命名为薪酬福利,因子 $2(Q_{10},Q_{11},Q_{12},Q_{13})$命名为工作环境,因子 $3(Q_{14},Q_{15},Q_{16})$命名为培训与发展,因子 $4(Q_{17},Q_{18})$命名为组织认同。

利用 SPSS 19.0 求出组织支持感中公共因子 Z_1,Z_2,Z_3,Z_4 的得分系数如表 9.2.13 所示。

表 9.2.13　旋转后的得分系数矩阵

问卷问题	成 分			
	1	2	3	4
Q_8	0.077	−0.158	0.454	−0.077
Q_9	0.322	0.070	−0.008	−0.111
Q_{10}	−0.004	0.465	−0.133	0.093
Q_{11}	0.027	0.443	−0.110	−0.018
Q_{12}	0.430	−0.057	−0.103	0.039

问卷问题	成　分			
	1	2	3	4
Q_{13}	0.463	-0.150	0.006	-0.140
Q_{14}	-0.001	0.006	0.119	0.511
Q_{15}	0.127	0.001	0.119	-0.651
Q_{16}	-0.148	0.016	0.466	0.308
Q_{17}	-0.223	0.425	0.158	-0.088
Q_{18}	-0.052	0.009	0.427	-0.131

由表 9.2.13 可以得到公共因子 Z_1, Z_2, Z_3, Z_4 表达式：

$$Z_1 = 0.077q_8 + 0.322q_9 - 0.004q_{10} + 0.027q_{11} + 0.430q_{12} + 0.463q_{13} - $$
$$0.001q_{14} + 0.127q_{15} - 0.148q_{16} - 0.223q_{17} - 0.052q_{18}$$

$$Z_2 = -0.158q_8 + 0.070q_9 + 0.465q_{10} + 0.443q_{11} - 0.057q_{12} - 0.150q_{13} + $$
$$0.006q_{14} + 0.001q_{15} + 0.016q_{16} + 0.425q_{17} + 0.009q_{18}$$

$$Z_3 = 0.454q_8 - 0.008q_9 - 0.133q_{10} - 0.110q_{11} - 0.103q_{12} + 0.006q_{13} + $$
$$0.119q_{14} + 0.119q_{15} + 0.466q_{16} + 0.158q_{17} + 0.427q_{18}$$

$$Z_4 = -0.077q_8 - 0.111q_9 + 0.093q_{10} - 0.018q_{11} + 0.039q_{12} - 0.140q_{13} + $$
$$0.511q_{14} - 0.651q_{15} + 0.308q_{16} - 0.088q_{17} - 0.131q_{18}$$

其中，$q_i(i=8,9,\cdots,18)$ 是 Q_i 标准化后的数据。

由权重公式 $\lambda_i = \dfrac{v_i}{\sum\limits_{i=1}^{n} v_i}$ 计算得

$$\lambda_1 = \frac{28.794}{80.336} = 0.358, \quad \lambda_2 = \frac{25.863}{80.336} = 0.322$$

$$\lambda_3 = \frac{14.138}{80.336} = 0.176, \quad \lambda_4 = \frac{11.54}{80.336} = 0.144$$

所以组织支持感的综合统计量为

$$Z = \sum_{i=1}^{4} \lambda_i Z_i = 0.358 \cdot Z_1 + 0.322 \cdot Z_2 + 0.176 \cdot Z_3 + 0.144 \cdot Z_4$$

4. 组织承诺的主成分分析

将问卷的组织承诺 3 个问题进行 KMO 样本测度和 Bartlett 检验,结果如表 9.2.14。

表 9.2.14　组织承诺的 KMO 样本测度和 Bartlett 检验

取样足够度的 Kaiser-Meyer-Olkin 度量		0.747
Bartlett 的球形度检验	近似卡方	229.111
	df	55
	Sig.	0.000

从表 9.2.14 中可以看到,Sig. 值小于 0.05,达到显著标准,KMO 值为 0.747>0.7,说明数据结构效度良好,适合做主成分分析。同样按照特征值大于或等于 1 的标准来决定组织承诺的主成分个数,得到表 9.2.15。

表 9.2.15　组织承诺总方差解释

成分	初始特征值			提取平方和载入		
	合计	方差贡献率/%	累积贡献率/%	合计	方差贡献率/%	累积贡献率/%
1	1.388	46.27	46.27	1.388	46.27	46.27
2	1.110	37.00	83.27	1.110	37.00	83.27
3	0.502	16.73	100.00			

由表 9.2.15 可知,特征值大于 1 的成分有两个,它们分别为 1.388 和 1.110,其方差贡献累积大于 80%,这说明样本的主要信息能够用这两个成分来代表,说明这两个主成分能较好地代表样本的总体信息,它们的载荷情况如表 9.2.16 所示。

表 9.2.16　组织承诺载荷矩阵

问卷问题	成　分	
	1	2
Q_{19}	0.825	−0.227
Q_{20}	0.797	−0.369
Q_{21}	0.610	0.789

采用与企业因素主成分分析相同的方法,求出组织承诺因素中主成分 C_1,C_2 的特征向量如表 9.2.17 所示。

表 9.2.17 特征向量表

1	2
0.700	−0.216
0.677	−0.350
0.518	0.749

所以组织承诺的主成分 C_1, C_2 的值可表示为

$$C_1 = 0.700 \cdot Q_{19} + 0.677 \cdot Q_{20} + 0.518 \cdot Q_{21}$$

$$C_2 = -0.216 \cdot Q_{19} - 0.350 \cdot Q_{20} + 0.749 \cdot Q_{21}$$

由权重公式 $\lambda_i = \dfrac{v_i}{\sum\limits_{i=1}^{n} v_i}$ 计算得 $\lambda_1 = \dfrac{46.27}{83.27} = 0.556, \lambda_2 = \dfrac{37}{83.27} = 0.444,$

所以组织承诺的综合统计量为

$$C = \lambda_1 C_1 + \lambda_2 C_2 = 0.556 \cdot C_1 + 0.444 \cdot C_2$$

5. 外部环境因素的因子分析

将问卷的外部环境因素 4 个问题进行 KMO 样本测度和 Bartlett 检验,结果如表 9.2.18 所示。

表 9.2.18 外部环境因素的 KMO 样本测度和 Bartlett 检验

取样足够度的 Kaiser-Meyer-Olkin 度量		0.723
Bartlett 的球形度检验	近似卡方	134.040
	df	15
	Sig.	0.000

从表 9.2.18 中可以看到,Sig. 值小于 0.05,达到显著标准,KMO 值为 0.723>0.7,说明数据结构效度良好,适合做因子分析。与前面的方法相同,外部环境因素的因子个数依旧按照特征值大于或等于 1 的标准来决定,可得到表 9.2.19。

表 9.2.19 外部环境因素总方差解释

成分	初始特征值			提取平方和载入			旋转平方和载入		
	合计	方差贡献率/%	累积贡献率/%	合计	方差贡献率/%	累积贡献率/%	合计	方差贡献率/%	累积贡献率/%
1	1.764	44.103	44.103	1.764	44.103	44.103	1.761	44.024	44.024
2	1.439	35.978	80.081	1.439	35.978	80.081	1.442	36.057	80.081

成分	初始特征值			提取平方和载入			旋转平方和载入		
	合计	方差贡献率/%	累积贡献率/%	合计	方差贡献率/%	累积贡献率/%	合计	方差贡献率/%	累积贡献率/%
3	0.558	13.962	94.042						
4	0.238	5.958	100.000						

由表 9.2.19 可知,特征值大于 1 的成分有两个,其方差贡献累积大于 80%,这说明样本的主要信息能够用这两个成分来代表,同样采用因子载荷方差最大正交旋转法,以 0.500 为输出因子载荷的临界值,其旋转后的因子载荷矩阵如表 9.2.20 所示。

表 9.2.20　外部环境因素旋转后的载荷矩阵

问卷问题	成　　分	
	1	2
Q_{22}	0.906	
Q_{23}	0.726	
Q_{24}	0.636	
Q_{25}		0.954

根据旋转后的因子载荷矩阵表,结合问卷调查的内容,对外部环境因素的两个因子分别命名,因子 1 命名为离职成本,因子 2 命名为生活质量。

利用 SPSS 19.0 求出环境因素中公共因子 W_1,W_2 的得分系数,如表 9.2.21 所示。

表 9.2.21　旋转后的得分系数矩阵

问卷问题	成　　分	
	1	2
Q_{22}	0.374	-0.089
Q_{23}	0.477	-0.126
Q_{24}	0.447	0.220
Q_{25}	-0.033	0.943

由表 9.2.21 可以得到公共因子 W_1,W_2 表达式:

$$W_1 = 0.374q_{22} + 0.477q_{23} + 0.447q_{24} - 0.033q_{25}$$

$$W_2 = -0.089q_{22} - 0.126q_{23} + 0.220q_{24} + 0.943q_{25}$$

其中，$q_i(i=22,23,24,25)$ 是 Q_i 标准化后的数据。

由权重公式 $\lambda_i = \dfrac{v_i}{\sum\limits_{i=1}^{n} v_i}$ 计算得 $\lambda_1 = \dfrac{44.024}{80.081} = 0.550$，$\lambda_2 = \dfrac{36.057}{80.081} =$

0.450，所以外部环境因素的综合统计量为

$$W = 0.550 \cdot W_1 + 0.450 \cdot W_2$$

9.3　基于因子分析的回归模型

1. 离职影响因素与离职倾向的相关性

社会经济现象之间存在着大量的数量关系。这种关系分为两类，一类是函数关系，它反映着现象之间严格的、确定性的依存关系；另一类为相关关系，它反映了变量之间的不确定、不严格的依存关系。相关分析就是探索两个及其以上变量间的相关方向以及相关程度。

本节采用 Pearson 相关分析法，对离职影响因素与离职倾向的相关性进行分析。将调查问卷第二部分有关离职倾向的 4 个问题的数据均值作为离职倾向的数值，与 9.2 节因子分析法所得到的企业因素、工作压力、组织支持感、组织承诺和外部环境因素的数值相结合，并对它们进行相关性分析，结果如表 9.3.1 所示。

表 9.3.1　离职影响因素和离职倾向的相关性分析

变量		企业因素	工作压力	组织支持感	组织承诺	外部环境因素	离职倾向
企业因素	Pearson 相关性	1	0.048	0.158	0.159	0.055	-0.200*
	显著性		0.100	0.066	0.098	0.569	0.042
工作压力	Pearson 相关性	0.048	1	-0.394**	-0.276*	-0.062	0.431**
	显著性	0.100		0.009	0.023	0.522	0.007
组织支持感	Pearson 相关性	0.158	-0.394**	1	0.307**	0.107	-0.641**
	显著性	0.066	0.009		0.001	0.943	0.001
组织承诺	Pearson 相关性	0.159	-0.276*	0.307**	1	0.120	-0.585**
	显著性	0.098	0.023	0.001		0.211	0.005
外部环境因素	Pearson 相关性	0.055	-0.062	0.107	0.120	1	-0.227*
	显著性	0.569	0.522	0.943	0.211		0.030

变量		企业因素	工作压力	组织支持感	组织承诺	外部环境因素	离职倾向
离职倾向	Pearson 相关性	−0.200*	0.431**	−0.641**	−0.585**	−0.227*	1
	显著性	0.042	0.007	0.001	0.005	0.030	

* 在 0.05 水平(双侧)上显著相关;

** 在 0.01 水平(双侧)上显著相关。

从表 9.3.1 中可以看出,在建筑企业中,企业因素与离职倾向呈负相关关系;工作压力与离职倾向呈正相关关系,工作压力与组织支持感、组织承诺呈负相关关系;组织支持感与离职倾向呈负相关关系,组织支持感与组织承诺呈正相关关系;组织承诺与离职倾向呈负相关关系;外部环境因素与离职倾向呈负相关关系。

2. 离职影响因素对离职倾向的回归分析

相关性分析只能对员工离职的影响因素与离职倾向之间的相关性和方向性进行说明,但它无法对两者之间的因果关系进行解释。因此,采用多元线性回归法对它们进行分析。

本节利用离职倾向、企业因素、工作压力、组织支持感、组织承诺和外部环境因素的标准化数值,来构建基于因子分析的多元线性回归模型,分析各因素对员工离职产生的影响,其结果如表 9.3.2 所示。

表 9.3.2　回归模型总参数

模型	复相关系数 R	确定系数 R^2	调整后的 R^2	估计的标准误差	Durbin-Watson 值
1	0.716[a]	0.513	0.504	0.47434	
2	0.738[b]	0.545	0.510	0.47536	
3	0.781[c]	0.610	0.608	0.37402	
4	0.788[d]	0.621	0.614	0.36587	
5	0.797[e]	0.635	0.618	0.32454	1.743

表中符号意义:

a.预测变量:(常量),企业因素。

b.预测变量:(常量),企业因素,工作压力。

c.预测变量:(常量),企业因素,工作压力,组织支持感。

d.预测变量:(常量),企业因素,工作压力,组织支持感,组织承诺。

e.预测变量:(常量),企业因素,工作压力,组织支持感,组织承诺,外部环境因素。

从表 9.3.2 中可以看出,Durbin-Watson 的值为 1.743,介于 1.5～2.5,说明残差之间不存在自相关现象。

从表 9.3.3 中可以看到,该模型 VIF 的值小于 10,不存在多重共线性问题,其显著性概率 Sig.<0.05,说明企业因素、工作压力、组织支持感、组织承诺、外部环境因素与离职倾向之间存在线性回归关系,且回归效果显著。离职倾向的标准回归方程为

表 9.3.3　离职影响因素对离职倾向的回归分析

模型		非标准化系数		标准系数	t	Sig.	共线性统计量	
		B	标准误差	Beta			容差	VIF
1	(常量)	3.227	0.279		11.550	0.000		
	企业因素	−0.303	0.085	−0.200	−4.211	0.042	1.000	1.000
2	(常量)	3.087	0.332		9.309	0.000		
	企业因素	−0.116	0.087	−0.130	−4.335	0.036	0.965	1.036
	工作压力	0.255	0.070	0.177	3.786	0.014	0.965	1.036
3	(常量)	2.929	0.355		8.245	0.000		
	企业因素	−0.145	0.090	−0.162	−4.611	0.034	0.899	1.112
	工作压力	0.429	0.073	0.340	3.396	0.003	0.883	1.133
	组织支持感	−0.707	0.087	−0.728	−3.224	0.011	0.830	1.205
4	(常量)	2.640	0.378		6.982	0.000		
	企业因素	−0.341	0.096	−0.258	−4.294	0.021	0.762	1.313
	工作压力	0.581	0.087	0.498	3.165	0.008	0.871	1.148
	组织支持感	−0.712	0.072	−0.677	−2.940	0.002	0.813	1.230
	组织承诺	−0.737	0.103	−0.648	−4.320	0.002	0.758	1.319
5	(常量)	2.984	0.071		9.069	0.000		
	企业因素	−0.327	0.079	−0.237	−2.337	0.017	0.789	1.267
	工作压力	0.548	0.095	0.462	3.507	0.003	0.631	1.585
	组织支持感	−0.754	0.023	−0.650	−4.440	0.001	0.722	1.385
	组织承诺	−0.693	0.088	−0.610	−4.159	0.000	0.872	1.147
	外部环境因素	−0.288	0.074	−0.217	−2.095	0.008	0.973	1.028

$$Q = -0.237 \cdot F + 0.462 \cdot G - 0.650 \cdot Z - 0.610 \cdot C - 0.217 \cdot W$$

从标准系数中可看出,在建筑企业中,组织支持感、组织承诺对离职倾向的影响很大,工作压力对离职倾向也有较大的影响,企业因素和外部环境因素对离职倾向的影响比较小,这和相关文献的结论是一致的。

9.4 个体因素差异性分析

本部分主要探讨个体因素对企业因素、工作压力、组织支持感、组织承诺、外部环境因素以及离职倾向产生的影响,并采用单因素方差分析来检验不同性别、年龄、受教育程度、工作年龄等个体因素对各研究变量是否有显著差异。

1. 性别的差异性分析

利用统计软件 SPSS 19.0 采用单因素方差分析法,比较性别对各因素的影响,结果如表 9.4.1 显示。

表 9.4.1 性别单因素方差分析

影响因素	性别	样本数	均值	标准差	F	Sig.
企业因素	男	420	3.194	0.750	0.759	0.385
	女	301	3.082	0.660		
工作压力	男	420	3.106	0.637	4.975	0.037
	女	301	2.899	0.703		
组织支持感	男	420	3.210	0.694	0.085	0.772
	女	301	3.175	0.629		
组织承诺	男	420	3.342	0.629	0.328	0.568
	女	301	3.277	0.646		
外部环境因素	男	420	3.223	0.750	0.266	0.607
	女	301	3.151	0.812		
离职倾向	男	420	3.500	0.661	5.369	0.029
	女	301	3.189	0.665		

表 9.4.1 表明,性别差异对工作压力、离职倾向都具有显著性差异。从表中还可以发现,男性的工作压力均值大于女性,男性员工的离职倾向高于女性员工,这和建筑行业的行业特点有关系。而性别对其他动因不存在显著差异,这与大多数的研究是一致的。

2. 年龄的差异性分析

利用统计软件 SPSS 19.0 采用单因素方差分析法,比较年龄对各因素的影响,检验结果如表 9.4.2 所示。

表 9.4.2　年龄单因素方差分析

影响因素	年龄	样本数	均值	标准差	F	Sig.
企业因素	25 岁以下	233	3.114	0.748	0.539	0.656
	25～35 岁	437	3.182	0.696		
	36～45 岁	34	3.167	0.723		
	45 岁以上	17	2.667	0.882		
工作压力	25 岁以下	233	3.342	0.965	0.355	0.786
	25～35 岁	437	3.351	0.943		
	36～45 岁	34	3.667	0.516		
	45 岁以上	17	3.000	0.732		
组织支持感	25 岁以下	233	3.016	0.707	1.873	0.138
	25～35 岁	437	3.052	0.641		
	36～45 岁	34	2.444	0.554		
	45 岁以上	17	3.389	0.839		
组织承诺	25 岁以下	233	3.366	0.623	1.997	0.118
	25～35 岁	437	3.081	0.691		
	36～45 岁	34	3.333	0.492		
	45 岁以上	17	3.500	0.550		
外部环境因素	25 岁以下	233	3.398	0.629	0.674	0.569
	25～35 岁	437	3.273	0.641		
	36～45 岁	34	3.444	0.621		
	45 岁以上	17	3.000	0.667		
离职倾向	25 岁以下	233	3.171	0.811	0.366	0.777
	25～35 岁	437	3.175	0.768		
	36～45 岁	34	3.500	0.837		
	45 岁以上	17	3.333	0.589		

从表 9.4.2 看出,年龄与企业因素、工作压力、组织支持感、组织承诺、外部环境因素、离职倾向之间不存在显著差异,这可能是样本中大年龄段的员工

247

数量太少的原因。但是 25 岁以下和 25～35 岁年龄段的员工在各动因方面的均值大小是差不多的,这说明 35 岁以下的员工在离职决策上的差异并不明显。

3. 婚姻状况的差异性分析

利用统计软件 SPSS 19.0 采用单因素方差分析法,比较婚姻状况对各因素的影响,检验结果如表 9.4.3 所示。

表 9.4.3　婚姻状况单因素方差分析

影响因素	婚姻状况	样本数	均值	标准差	F	Sig.
企业因素	已婚	443	3.133	0.717	0.083	0.774
	未婚	278	3.170	0.714		
工作压力	已婚	443	3.095	0.613	0.795	0.304
	未婚	278	3.149	0.601		
组织支持感	已婚	443	3.024	0.680	0.407	0.136
	未婚	278	3.214	0.662		
组织承诺	已婚	443	3.176	0.678	0.157	0.213
	未婚	278	3.325	0.650		
外部环境因素	已婚	443	3.316	0.666	5.001	0.027
	未婚	278	3.113	0.587		
离职倾向	已婚	443	3.154	0.799	6.513	0.005
	未婚	278	3.555	0.737		

从表 9.4.3 可知,在建筑企业中,不同的婚姻状况在企业因素、工作压力、组织支持感和组织承诺上不存在显著差异,而在外部环境因素、离职倾向上有显著差异。已婚员工在外部环境因素的均值大于未婚员工,可能是因为已婚员工在离职时对家庭因素等外部环境因素考虑得较多,而未婚员工则主要考虑自身的发展。在离职倾向方面,因为未婚员工顾虑相对较少,所以离职意愿较已婚员工要强一些。

4. 教育水平的差异性分析

利用统计软件 SPSS 19.0 采用单因素方差分析法,比较教育水平对各因素的影响,检验结果如表 9.4.4 所示。

表 9.4.4 教育水平单因素方差分析

影响因素	教育水平	样本数	均值	标准差	F	Sig.
企业因素	硕士及以上	45	3.614	0.748	4.087	0.045
	本科	239	3.582	0.696		
	专科	267	3.167	0.723		
	高中及以下	170	2.667	0.882		
工作压力	硕士及以上	45	3.342	0.965	0.698	0.555
	本科	239	3.351	0.943		
	专科	267	3.667	0.516		
	高中及以下	170	3.000	0.732		
组织支持感	硕士及以上	45	3.016	0.707	1.398	0.247
	本科	239	3.052	0.641		
	专科	267	2.444	0.554		
	高中及以下	170	3.389	0.839		
组织承诺	硕士及以上	45	3.366	0.623	0.290	0.833
	本科	239	3.081	0.691		
	专科	267	3.333	0.492		
	高中及以下	170	3.500	0.550		
外部环境因素	硕士及以上	45	3.398	0.629	1.150	0.332
	本科	239	3.273	0.641		
	专科	267	3.444	0.621		
	高中及以下	170	3.000	0.667		
离职倾向	硕士及以上	45	3.171	0.811	5.107	0.026
	本科	239	3.175	0.768		
	专科	267	3.500	0.837		
	高中及以下	170	3.333	0.589		

从表 9.4.4 可以看到,不同学历样本的员工在企业因素、离职倾向上有显著差异,而在工作压力、组织支持感、组织承诺、外部环境因素上并没有表现出显著性差异。

表中学历较高的员工在企业因素的均值大于学历较低的员工,说明高学历员工更注重企业规模文化等方面的选择。由表可知,员工的受教育程度越低,员工的离职愿望越强烈。这可能是因为建筑行业中低技术含量的工作具有较强的项目周期性的缘故,员工一旦项目结束就可能离职。

5. 工作年限的差异性分析

利用统计软件 SPSS 19.0 采用单因素方差分析法,比较工作年限对各因素的影响,检验结果如表 9.4.5 所示。

表 9.4.5　工作年限单因素方差分析

影响因素	性别	样本数	均值	标准差	F	Sig.
企业因素	1 年以下	85	3.500	0.548	1.432	0.264
	1～2 年	159	3.250	0.835		
	3～5 年	193	3.022	0.547		
	6～10 年	165	3.286	0.951		
	10 年以上	119	3.857	0.690		
工作压力	1 年以下	85	2.833	0.769	1.055	0.407
	1～2 年	159	2.875	0.835		
	3～5 年	193	2.945	0.576		
	6～10 年	165	3.143	0.669		
	10 年以上	119	3.530	0.816		
组织支持感	1 年以下	85	2.104	0.611	5.564	0.012
	1～2 年	159	2.625	0.916		
	3～5 年	193	2.667	0.587		
	6～10 年	165	2.714	0.756		
	10 年以上	119	3.090	0.655		
组织承诺	1 年以下	85	2.276	0.642	4.448	0.020
	1～2 年	159	2.476	0.855		
	3～5 年	193	2.611	0.788		
	6～10 年	165	3.175	0.524		
	10 年以上	119	3.500	0.923		
外部环境因素	1 年以下	85	2.857	0.680	4.288	0.022
	1～2 年	159	3.184	0.641		
	3～5 年	193	3.333	0.620		
	6～10 年	165	3.449	0.672		
	10 年以上	119	3.518	0.764		
离职倾向	1 年以下	85	3.217	0.585	6.133	0.003
	1～2 年	159	3.625	0.582		
	3～5 年	193	2.500	0.635		
	6～10 年	165	1.464	0.643		
	10 年以上	119	1.264	0.636		

通过表 9.4.5 可知,工作年限对组织支持感、组织承诺、外部环境因素以及离职倾向有着显著的影响,而对企业因素和工作压力没有显著影响。从数值上看,组织支持感、组织承诺、外部环境因素随着工作年限的增加而变大,说明工作时间越长,组织支持感越强,组织承诺水平也会提高;工作时间越长,员工离职时考虑的外部环境因素会越多。通过表 9.4.5 分析还可以看出,在建筑企业中,工作年限 1～2 年的员工离职意愿最大,1 年以下的员工离职意愿较大,而 10 年以上的员工离职意愿最小。这可能是因为工作年限较长的员工离职考虑的因素较多,所以员工的离职率相对较低。

6. 工作职务的差异性分析

利用统计软件 SPSS 19.0 采用单因素方差分析法,比较工作职务对各因素的影响,检验结果如表 9.4.6 所示。

表 9.4.6 工作职务单因素方差分析

影响因素	性别	样本数	均值	标准差	F	Sig.
企业因素	具体技术类人员	409	3.500	0.905		
	基层管理人员	215	3.450	0.688	0.018	0.894
	中层及以上管理人员	97	3.042	0.396		
工作压力	具体技术类人员	409	3.318	0.681		
	基层管理人员	216	2.750	0.866	0.448	0.142
	中层及以上管理人员	97	2.727	0.472		
组织支持感	具体技术类人员	409	2.312	0.876		
	基层管理人员	216	2.636	0.948	0.603	0.145
	中层及以上管理人员	97	3.375	0.392		
组织承诺	具体技术类人员	409	3.125	0.617		
	基层管理人员	216	3.288	0.684	0.914	0.230
	中层及以上管理人员	97	3.655	0.510		
外部环境因素	具体技术类人员	409	2.583	0.429		
	基层管理人员	216	2.788	0.654	0.670	0.235
	中层及以上管理人员	97	2.967	0.481		
离职倾向	具体技术类人员	409	3.491	0.461		
	基层管理人员	216	3.083	0.597	0.361	0.239
	中层及以上管理人员	97	2.591	0.664		

研究发现,不同的工作职务对员工的工作压力、组织支持感、组织承诺和离职倾向的影响不显著,说明建筑企业的工作职务不是员工离职的主要影响因素。

7. 单位类别的差异性分析

利用统计软件 SPSS 19.0 采用单因素方差分析法,比较单位类别对各因素的影响,检验结果如表 9.4.7 所示。

表 9.4.7　单位类别单因素方差分析

影响因素	性别	样本数	均值	标准差	F	Sig.
企业因素	建设单位	91	3.500	0.905	5.018	0.034
	施工单位	312	3.250	0.688		
	设计、监理、咨询单位	255	3.442	0.596		
	其他	63	3.118	0.681		
工作压力	建设单位	91	2.950	0.866	6.148	0.022
	施工单位	312	3.527	0.572		
	设计、监理、咨询单位	255	3.013	0.876		
	其他	63	2.936	0.948		
组织支持感	建设单位	91	3.575	0.392	5.003	0.040
	施工单位	312	3.125	0.617		
	设计、监理、咨询单位	255	3.388	0.684		
	其他	63	3.055	0.510		
组织承诺	建设单位	91	3.583	0.429	5.514	0.031
	施工单位	312	3.188	0.654		
	设计、监理、咨询单位	255	3.300	0.481		
	其他	63	2.967	0.805		
外部环境因素	建设单位	91	3.400	0.364	5.370	0.035
	施工单位	312	3.191	0.461		
	设计、监理、咨询单位	255	3.083	0.597		
	其他	63	2.991	0.664		
离职倾向	建设单位	91	3.160	0.390	6.810	0.014
	施工单位	312	3.639	0.476		
	设计、监理、咨询单位	255	3.458	0.689		
	其他	63	3.264	0.674		

通过表 9.4.7 可知,不同单位类别的员工对企业因素、工作压力、组织支持感、组织承诺、外部环境因素和离职倾向都有显著不同。研究发现,在企业因素和外部环境因素方面,建设单位和设计、监理、咨询单位相对较好,其工作压力也相对较小。施工单位因为工作特点决定了其员工的组织支持感、组织承诺相对较弱,所以离职意愿也相对较强。

8．单位性质的差异性分析

利用统计软件 SPSS 19.0 采用单因素方差分析法,比较单位性质对各因素的影响,检验结果如表 9.4.8 所示。

表 9.4.8　单位性质单因素方差分析

影响因素	性别	样本数	均值	标准差	F	Sig.
企业因素	国有企业	170	3.500	0.905	5.318	0.044
	民营企业	472	3.042	0.688		
	外资、合资企业	51	3.450	0.396		
	其他	28	3.118	0.681		
工作压力	国有企业	170	2.850	0.866	5.448	0.042
	民营企业	472	3.104	0.572		
	外资、合资企业	51	2.927	0.876		
	其他	28	3.136	0.948		
组织支持感	国有企业	170	3.375	0.392	6.003	0.029
	民营企业	472	3.125	0.617		
	外资、合资企业	51	3.455	0.684		
	其他	28	3.188	0.510		
组织承诺	国有企业	170	3.400	0.429	5.914	0.030
	民营企业	472	3.088	0.654		
	外资、合资企业	51	3.267	0.481		
	其他	28	2.983	0.805		
外部环境因素	国有企业	170	3.400	0.364	6.370	0.025
	民营企业	472	3.191	0.461		
	外资、合资企业	51	3.383	0.597		
	其他	28	3.191	0.664		
离职倾向	国有企业	170	2.864	0.390	7.110	0.004
	民营企业	472	3.239	0.476		
	外资、合资企业	51	2.960	0.689		
	其他	28	3.158	0.674		

通过表 9.4.8 可知,不同单位性质的员工对企业因素、工作压力、组织支持感、组织承诺、外部环境因素和离职倾向都有显著不同。研究发现,在企业因素和外部环境因素方面,国有企业、外资、合资企业相对较好,其工作压力也相对较小。民营企业的员工组织支持感、组织承诺相对较弱,离职意愿也相对较强。

9.5　降低员工离职率的对策

1. 研究发现

通过对成渝两地建筑企业员工离职倾向的实证研究,能够得出的结论如下:

(1) 建筑企业员工的性别、学历、工作年限等个体因素对员工离职具有一定程度的影响,但其影响程度各异。其中,员工的性别、婚姻状况、受教育程度、工作年限对员工离职的影响显著。

在本次接受调查的 721 名建筑企业员工中,男性员工占 58.3%,女性员工占 41.7%,男性员工比例大于女性员工,通过差异分析还可以发现,男性员工的离职意愿比女性员工的离职意愿要强烈。从本次调查对象的年龄来看,35 岁以下的员工超过了 90%,而 45 岁以上的员工却只有 2.4%,调查对象明显年轻化,这可能与此次问卷的调查方式有关。本次调查问卷采用网上发送邮件和邮寄问卷的方式进行,对于年龄相对较大的员工来讲,完成问卷有一定的难度,导致年龄大的员工数量较少。研究显示,35 岁以下的员工在离职决策上的差异并不明显,这可能与样本特征有较大关系。

通过研究还发现,随着工作年限的增加员工的离职意愿不断降低。同时,调查显示已婚员工较未婚员工数量更多,而未婚员工离职意愿较已婚员工要强一些。通过研究还发现,建筑企业员工普遍受教育程度不高,本科以下的员工超过了 90%,这说明建筑行业对员工的学历要求不高,通过差异分析还可以发现,在建筑行业中学历较低的一线员工离职意愿较强。

(2) 企业因素、工作压力、组织支持感、组织承诺和外部环境因素对建筑企业员工的离职意愿具有一定的影响。其中,工作压力对员工离职倾向有正显著性影响,企业因素、组织支持感、组织承诺和外部环境因素对员工离职倾向有负显著性影响。在离职倾向影响因素中,组织支持感、组织承诺对离职倾向的影响很大,工作压力对离职倾向也有较大的影响,企业因素和外部环境因素对离职倾向的影响比较小。

从研究中发现,组织支持感中的薪酬福利是企业员工特别是一线员工离职的主要因素。工作压力也是建筑企业员工非常重视的因素,由于建筑行业的特性导致员工的工作压力大,员工容易产生强烈的离职意愿。研究还发现,组织支持感中个人发展以及组织承诺也是员工离职不可忽视的因素,而企业员工的离职意愿受外部环境因素和企业因素的影响相对较小。

2. 对策

(1) 建立科学有效的薪酬福利体系

从本章数据分析中发现,组织支持感对离职倾向的影响很大,组织支持感又分为薪酬福利、工作环境、培训与发展、组织认同 4 个维度。而从因子分析中发现,薪酬福利对组织支持感的影响最大。所以建立科学且具有竞争力的薪酬福利体系,能有效降低建筑企业员工的离职率。

员工从企业中获得报酬后,通常会和企业的内部员工以及外部员工做对比,结合个人的付出,对自己的薪酬福利的公平性做出分析判断。如果员工对得到的结果不满意,则会产生离职的意愿;如果员工对得到的结果满意,则会增加员工对企业的忠诚度,更加努力地工作。所以,企业应该建立科学有效的薪酬福利体系,激励员工,增加员工对工作的满意度。

科学有效的薪酬福利体系可以吸引大量的优秀人才并有效地防止企业核心员工的流失,从而避免因为人才流失给企业造成的损害。随着建筑行业的发展,企业的经济环境和工作性质也发生了显著的变化,在建筑行业中以工作职务和工作价值来确定报酬的传统薪酬福利体系正逐渐转变为以团队水平和团队贡献为基准的薪酬体系。

(2) 建立有效的晋升和人才培训机制

建筑企业管理者需要建立一套科学有效的晋升机制。该机制必须符合建筑行业的特点,针对不同学历、不同类型的员工所建立的晋升渠道也应有所不同,使各类员工都有公平的机会参与晋升,以确保晋升机制是公正、公平、公开的。

除了建立有效的晋升机制之外,建立有效的人才培训机制也是员工管理的重要组成部分。人才培训可以降低企业员工的离职率,提升员工的工作能力,进而促进企业的发展。在进行企业员工培训之前,首先需要对员工的能力和素质进行分析,并结合企业的战略规划,对员工做出具有针对性的、有效的培训。与此同时,企业对员工的培训除了具有针对性之外,还要满足建筑行业的工艺和技术方面的要求。由于建筑行业的特殊性,培训可以采取分期、分批的方式进行,既避免了工学之间的矛盾,还可以达到培训效果,也不影响施工项目的进展。

(3) 改善工作环境

通常情况下,建筑企业员工特别是施工现场的员工,办公环境很差。他们通常都是在施工的现场搭建活动板房,作为办公和生活的地方。这些活动板房冬冷夏热,周围缺乏必要的生活配套设施,而且办公的条件也很简陋,这虽然是由建筑行业的特点决定的,但仍然会从客观上影响员工的情绪,降低员工的工作效率。

所以,为了降低工作中的各种负面因素的影响,企业管理者需要尽可能地改善员工的办公环境,完善周边的生活配套设施。只有这样才能缓解工作带来的压力,提高员工的工作效率,促进企业更好的发展。

(4) 实行人本管理,提高组织承诺和归属感

企业要想留住人才的关键就是提高员工对企业的承诺,只有提高企业中员工的组织承诺,才能使员工有主人翁感,感受到自己是企业的一员,愿意留在企业中与企业共同成长。人才是否愿意到企业工作,对企业的评价是一个重要的参考标准。

良好的薪酬对企业的人才具有很强的吸引力,但是有活力并关心员工的企业对人才的吸引力更强。中国的传统文化十分重视情感,所以企业要想留住员工,就必须加强企业对员工的物质和精神关怀,为员工创造和谐的工作环境和生活环境,进而提供企业员工对企业的组织承诺和归属感。从本章数据分析中也可以看出企业员工对组织承诺与其离职倾向呈显著负相关关系。

(5) 注重工作压力管理和个性化管理

通过研究发现,个体因素也会对企业员工的离职行为产生一定的影响。所以,企业管理者对员工的管理,需要因人而异,针对不同特点的员工需要采取不同的措施。只有这样才能提高员工工作的积极性,增加其忠诚度,进而留住人才。因此,个性化管理是企业进行员工管理的重要组成部分。

工作压力是一个影响工作绩效和职业健康的消极因素,同时它也是一种强大的推动力。如何利用和管理好工作压力,是当今企业人才管理重要课题。本章分析的结果显示,员工的工作压力大也是建筑企业员工离职的主要原因之一。

所以,企业要吸引人才,留住人才就必须重视工作压力的管理方式以及对员工实行个性化管理。

3. 结论

随着我国建筑企业的蓬勃发展,企业间的人才流动问题越来越受到企业管理者的重视,如何对员工进行有效的管理,降低企业的离职率,是当今企业必须解决的问题之一。本章通过对国内外相关文献分析的基础上,建立了建筑企业员工的离职模型,并以成渝两地建筑企业员工为研究对象,进行实证分

析研究,进而得出了建筑企业员工离职的主要影响因素。同时,以此作为依据,为企业留住人才,降低其员工离职率提出相应的对策。

研究的结果显示,建筑企业员工的性别、受教育程度、工作年限、婚姻状况对员工离职的影响显著。而组织承诺和组织支持感对员工离职的影响很大,工作压力对员工离职也具有较大的影响,企业因素和外部环境因素对员工离职的影响比较小。

因此,对建筑企业进行员工流失管理时,应该从以上几个方面来采取相应的措施。例如,改善工作环境,提高组织承诺和归属感,建立科学有效的薪酬福利体系,建立有效的晋升和人才培训机制,注重工作压力管理和个性化管理等来降低员工的离职率,促进企业的发展。

4. 研究局限与展望

因为研究资源和个人经验等方面的原因,导致研究仍然存在着许多的不足之处:

(1) 因为离职问题对于被调查者来说是比较敏感的,所以要想直接对这些数据进行收集是比较困难的,而通过单位进行数据收集的方式,可能会导致数据失真。因此,本次问卷调查采取的是邮寄问卷和网上发送邮件相结合的方式来进行问卷的发放和回收,这对研究结论的普遍性将带来一定的影响。

(2) 这里采用的调查问卷虽然是在前人开发的基础上进行修正的,但不可避免地仍然存在一定程度的主观判断。同时,被调查者可能受到众多因素影响而未能表达出自己的真实想法,使得调查的结果存在某种程度的失真。

(3) 离职倾向指的是员工单方面产生离职意愿的强烈程度,它并不代表员工已经发生了实际的离职行为。而且员工离职的影响因素很多,本章的数据分析结果未必能全面反映员工离职的原因。

未来的研究可以从以下几个方面得到发展:

(1) 可以增加样本的来源,制定出更具针对性的调查问卷,进而更深入地分析建筑企业员工的离职问题。

(2) 可以适当增加一些调节因素,这样对员工离职问题的研究会更加全面。

(3) 这里主要是研究建筑企业员工的离职问题,研究的是各层次员工离职的共同原因,在以后的研究中可以分别对各层次员工的离职问题进行深入研究,例如可以研究高端技术型人才的离职问题。

CHAPTER
10

第 10 章 多元统计分析法在高等教育评价中的应用

10.1 高等教育评价的研究概述

1. 研究背景

高等教育处于教育的最高层,它对教育事业航向起着指导作用。同时,一个国家高等教育的发展规模及水平,往往成为衡量该国教育发展规模和水平的标志,同时高等教育也是国家文明程度、科学技术及综合国力的象征。国家科学技术水平取决于教育发展的规模和水平,特别是高等教育的发展规模和水平。因此,提高国家高等教育的质量和水平,将直接提升国家的核心竞争力和国际地位。在信息、知识和经济全球化时代,中国欲跻身强国之林,就必须大力发展高等教育。

为适应我国经济建设和社会发展的需要,满足人民群众接受高等教育的迫切要求,近些年来,我国高等学校已经连续不断扩大招生规模。我国高等教育从 1999 年开始连续扩大招生,加快了从"精英教育"向"大众化教育"迈进的步伐,一年一个台阶,呈现出跳跃式发展趋势。1999 年全国普通高等学校在校生约 160 万人,但 2015 年我国高校在校生人数达到 2600 多万人,其数量和规模都居世界首位。高等教育的扩招对于推动我国经济结构的调整,实现经济增长方式的转变,实现经济的可持续发展起到了积极的作用。

高等教育在如此高速发展的情况下,如何保证教育的质量就成了教育界、学生、家长以及社会各界有识之士广泛关注的话题。近年来,国内多所高校都引进了教育评估机制,旨在及时、全面、准确地反映学校的教学情况。建立什么样的教育评价体系,以达到预期的目标?采用什么样的教育评价方法,才能全面客观地评价高等教育现状以此来提高教育质量?如何通过引入评估方法,通过广泛论证与可行性分析来提高教学质量和改革的成效? 这些都是当前教育科学研究的主要课题,也是国家教育部门、高等学校领导以及广大师生最关心的问题。因此,开展高等教育教学评价体系的研究具有很重要的意义。

2. 高等教育评价的研究概述

我国的高等学校教学质量评估开始于 1985 年,其标志是国家教委在1985 年召开的全国第一次"高等工程教育评估问题专题讨论会"。中国的高等教育评价发展至今已有 30 多年的历史了,从最开始的政府单一评估发展到政府评价、民间机构评价、社会评价、大学自己评价等主体多元化的评价模式。

高等教育评价主要可以分为两类,一类是政府评价,另一类是社会评价。其中,以政府作为主体的评价又可以分为两类,一是由教育行政部门组织的各种工作评价。例如,高等学校本科教学工作评估、高等学校研究生院评估以及其他专项评估工作。二是体现政府行为导向的各种高校重点项目评定。例如,全国重点高校的评定、国家"211 工程"的验收评估以及"985 工程"等高校的教育评估。大学社会评价是指社会团体作为评价主体的评价方式。例如,网大(中国)有限公司发布的中国大学排行榜、中国管理科学研究院主持的中国大学评价、中国科学评价中心与《中国青年报》联合发布的中国高校竞争力评价、教育部学位与研究生教育发展中心开展的一级学科整体水平评估等。

但是无论哪种教育评价,都需要科学的评价方法。教育现象涉及多个变量,且这些变量间又存在一定的联系,需要处理多个变量的观测数据,单纯的定性分析或者是一元统计分析不能客观全面地反映教育的真实情况。多元统计分析作为一种对多变量综合处理的分析技术,是运用概率论与数理统计的方法研究多个变量问题间的理论方法。因此,对于高等教育评价这个复杂的多元系统来说,采用多元统计分析是比较合适的。

国内利用多元统计分析对高等教育进行评价始于 20 世纪 90 年代初,比如,谭旭辉在 1993 年运用因子分析对学生建立教学质量评估体系指标,对高等教育业绩进行评价;1996 年金昌录、许虎男等用主成分分析方法建立多层次综合评价模型,对教师教学质量进行评估;2002 年,缪柏其、宁静、牛惠芳等通过马氏距离和因子分析消除有效问卷数的影响以对课堂教学评估方法提出改进;同年,方海燕提出根据学生对教师课堂教学质量的评分建立评估体系,对得到的数据进行统计分析;2003 年,牛惠芳、缪柏其对课堂教学评估中权重的制定方法进行了探讨;2006 年,刘磊、黄斌运用因子分析法对教学质量评估问卷数据进行综合分析;同年,马恩林结合聚类分析和主成分分析建立关于教师教学水平的多元分层评估模型;2008年游维操对湖北工业大学某学期评估问卷的数据进行了主成分分析;同年,徐瑾、张伦俊结合学生的平均学分绩点的数学模型,采用聚类分析和因子分析建立学生成绩综合评价模型。

综上所述,多元统计分析在高校教学质量评价中的应用主要体现在,利用主成分分析、因子分析的方法将多个指标降维成少数几个综合指标,进而构造出综合评判函数或者进行综合排序;利用聚类分析的方法对未知标准或类别的数据进行分类。

10.2　高等教育评价的影响因素分析

10.2.1　评价指标体系的构建

1. 评估指标的选取

近年来高校教师课堂教学质量评估的研究中,分析手段日趋多样化,简单地对各类指标加权求和的方法,早已不适合现代的教学质量评估。随着多元统计方法的发展,各类统计指标越来越精细化,越来越合理,越来越有利于我们对教学情况进行分析。

教学质量是高等学校的生命线,在高等教育进入快速发展的今天,高校的教学评价是实现教学科学管理的重要保证。通过教学评价可以科学地处理和分析教学信息,进而及时准确地发现问题,为学校有针对性地采取有效措施,加强教学基本建设提供帮助。因此,开展教学质量评估研究,依据教学规律,构建科学、合理的教学质量评估体系,具有十分重要意义,是确保高等学校教学质量的有效途径。

影响学校教学质量的因素很多,即有主观因素,也有客观因素,涉及学校办学指导思想、人才培养模式、管理制度、师资力量、教学条件和育人环境等。评估教师的教学质量是高校教学评估的核心问题,而合理选取评估指标是决定课堂教学评估的首要环节。为合理选取评估指标,我们将相关文献整理得表10.2.1。

表 10.2.1　评估指标

论文作者	评估指标 1	评估指标 2	评估指标 3	评估指标 4	评估指标 5
周高岚	教师素质	教学文件			
刘磊等	教学水平	教学态度	教学效果		
缪柏其等	教学方法	教学态度	教学重难点		
李俊文等	教学方法	教学内容	职业修养		
孟晓燕等	课堂板书	授课方法	授课进度	教授效果	
杨建国	教学态度	教学内容	教学方法	教学效果	
牛惠芳等	课前准备	语言表达	教学态度	教学方法	教师师德
马恩林	接受程度	亲和程度	教学态度	教学方式	教学互动

根据已有文献,各高校教学质量评价指标有多种,但多数都是从教学态度、教学内容、教学方法、教学效果四个方面出发设计的,只是指标的侧重有所不同。在已有文献中,评价等级也有所不同,有的分为优、良、中、较差、差五级,有些分为四级或三级。综合近几年的文献,可以发现指标设计越来越合理,指标表述越来越简约,更容易让人理解。

2. 问卷设计与数据收集

通过对相关文献的分析发现,各高校教学质量评价的指标多种,为了解某高校教师的教学质量,本章结合相关文献设计了一套调查问卷,其问卷内容如表 10.2.2 所示。

表 10.2.2　问卷内容

1. 遇到不懂的地方,我能及时获得教师的帮助

2. 教师积极主动地了解我们对课程的疑问

3. 教师对课程的要求,对我是个挑战,激发我努力学习

4. 课程教师提出的问题能引导我独立思考、独立学习

5. 教师熟悉教学内容,突出重点和难点

6. 课堂气氛活跃,能吸引我的注意力

7. 课程教师积极有效地运用多媒体上课

8. 课程教师能够有效地利用教学时间

9. 教学内容能够和我们的专业紧密联系

10. 课程总体收获比期望多

问卷选项包括"非常不符合""不符合""一般符合""符合"和"非常符合"5个等级,用以反映课堂教学质量的真实情况。整个问卷内容采取 Likert 的 5点尺进行度量,并对这 5 个选项分别赋值为 1~5 分,分值越低,表示符合程度越低。

这里针对 27 位教师的教学情况进行调查,累计发放了 511 份调查问卷,回收了 498 份问卷,回收率为 97.5%,其中 482 份为有效的调查问卷,有效率为 96.8%。对于调查问卷收集到的数据,本章将通过相关分析、因子分析、聚类分析、判别分析多种分析方法相结合的方式来分析。

3. 信度和效度检验

为了检验调查问卷收集的数据的有效性和可靠性,一般需要对数据进行因素分析。利用统计分析工具 SPSS 19.0 提供的"Cronbach's Alpha 信度系数"检验功能对问卷的信度进行检验(本章中的数据分析如无特别说明,均是利用 SPSS19.0 的相关功能进行的),输出结果如表 10.2.3 所示。

表 10.2.3　可靠性统计量

α 系数	基于标准化项的 α 系数	项数
0.763	0.789	10

Cronbach's Alpha 信度系数的值 α 通常介于 0~1,如果调查问卷可信度越高,则 α 系数的值越接近于 1,这也说明问卷的内在一致性越高;相反地,如果调查问卷的可信度越低,那么 α 系数的值就越接近于 0。从表 10.2.3 中可发现,问卷信度的 α 系数都介于 0.70~0.80,说明问卷内部具有较好的可信度。

利用 SPSS 对问卷数据计算相关系数矩阵以检测变量间是否有相关性,其相关系数矩阵如表 10.2.4 所示。

表 10.2.4　相关系数矩阵

		N_1	N_2	N_3	N_4	N_5	N_6	N_7	N_8	N_9	N_{10}
相关性	N_1	1.000	0.343	0.352	0.321	0.343	0.323	0.359	0.346	0.328	0.325
	N_2	0.343	1.000	0.360	0.305	0.354	0.320	0.353	0.399	0.371	0.345
	N_3	0.352	0.360	1.000	0.355	0.354	0.384	0.307	0.393	0.449	0.365
	N_4	0.321	0.305	0.355	1.000	0.356	0.309	0.385	0.309	0.278	0.304
	N_5	0.343	0.354	0.354	0.356	1.000	0.334	0.383	0.336	0.349	0.331

续表

		N_1	N_2	N_3	N_4	N_5	N_6	N_7	N_8	N_9	N_{10}
相关性	N_6	0.323	0.320	0.384	0.309	0.334	1.000	0.451	0.362	0.428	0.340
	N_7	0.359	0.353	0.307	0.385	0.383	0.451	1.000	0.361	0.330	0.402
	N_8	0.346	0.399	0.393	0.309	0.336	0.362	0.361	1.000	0.497	0.320
	N_9	0.328	0.371	0.449	0.278	0.349	0.428	0.330	0.497	1.000	0.402
	N_{10}	0.325	0.345	0.365	0.304	0.331	0.340	0.402	0.320	0.402	1.000

由表 10.2.4 可以发现,几乎所有变量间的相关系数都在 0.3 以上,表明各变量间具有较高的相关性,适合进行因子分析。为进一步检测变量是否适合进行因子分析,我们采用 Bartlett 效度检验的方法来进行检测。

效度是指测量工具或手段能够准确测出所需测量的事物的程度,是测量所得到的结果能否真实地反映所考察内容的程度。如果测量结果与所考察的内容越吻合,则效度越高;反之,则效度越低。调查问卷的效度检验结果如表 10.2.5 所示。

表 10.2.5　KMO 样本测度和 Bartlett 检验

取样足够度的 Kaiser-Meyer-Olkin 度量		0.913
Bartlett 的球形度检验	近似卡方	1356.995
	df	45
	Sig.	0.000

由表 10.2.5 可知,Bartlett 的球形度检验的显著度为 0,说明变量之间存在较高的线性相关关系。而 KMO 值为 0.913,比较接近于 1,说明原数据适合进行因子分析。

10.2.2　因子分析

本节利用 SPSS 软件对数据进行因子分析,以因子累计方差贡献率不低于总方差水平的 80% 来提取公因子,其结果如表 10.2.6 所示。

表 10.2.6　总方差解释

成分	初始特征值			提取平方和载入			旋转平方和载入		
	合计	方差贡献率/%	累积贡献率/%	合计	方差贡献率/%	累积贡献率/%	合计	方差贡献率/%	累积贡献率/%
1	4.095	40.955	40.955	4.095	40.955	40.955	2.137	21.370	21.370
2	1.236	12.363	53.318	1.236	12.363	53.318	1.958	19.583	40.952
3	1.089	10.890	64.208	1.089	10.890	64.208	1.684	16.840	57.792
4	0.842	8.421	72.629	0.842	8.421	72.629	1.157	11.569	69.361
5	0.757	7.574	80.203	0.757	7.574	80.203	1.084	10.842	80.203
6	0.639	6.394	86.597						
7	0.560	5.597	92.194						
8	0.477	4.772	96.967						
9	0.303	3.033	100.000						
10	$-1.179E-17$	$-1.179E-16$	100.000						

　　由表 10.2.6 可以看出,第一个公因子的特征值为 4.095,方差贡献率为 40.955%,即它解释了原 10 个变量总方差的 40.955% 信息。为使公因子的意义明确,采用方差最大正交旋转法进行旋转,第一个公因子的方差贡献率为 21.370%,前 5 个公因子的累计方差贡献率为 80.203%,大于 80%,这说明这 5 个因子解释了原始变量 80% 以上的信息。

　　为使公因子意义明确,利用 SPSS 进行方差最大正交旋转,其旋转后的因子载荷如表 10.2.7 所示。

表 10.2.7　旋转后的载荷

	成　分				
	F_1	F_2	F_3	F_4	F_5
N_1	0.924	0.207	0.182	0.068	0.163
N_2	0.923	0.202	0.185	0.062	0.168
N_3	0.338	-0.015	0.656	0.237	0.104
N_4	0.043	0.406	0.575	0.269	0.342
N_5	0.184	0.748	0.168	0.348	0.154
N_6	0.451	0.667	-0.126	0.186	-0.013
N_7	0.231	0.118	0.096	0.017	0.933

	成　　分				
	F_1	F_2	F_3	F_4	F_5
N_8	0.094	0.798	0.267	-0.082	0.087
N_9	0.092	0.157	0.133	0.925	0.018
N_{10}	0.067	0.165	0.845	-0.038	-0.009

表内方框中为重点关注数据。

由表 10.2.7 可以发现,第一个公因子 F_1 上的载荷值较高的是 0.924 和 0.923,明显高于其他变量的载荷值。这说明第一个公因子主要由 N_1 和 N_2 两个变量决定,结合问卷的内容可以将因子 F_1 命名为教学沟通;第二个公因子 F_2 上的载荷值较高的是变量 5、变量 6 和变量 8,结合问卷的内容可以将因子 F_2 命名为教学过程;第三个公因子 F_3 上的载荷值较高的是变量 3、变量 4 和变量 10,结合问卷的内容可以将因子 F_3 命名为教学效果;第四个公因子 F_4 上的载荷值较高的是 0.925,它对应的变量为 N_9,结合问卷的内容可以将因子 F_4 命名为教学内容;第五个公因子 F_5 上的载荷值较高的是 0.933,它对应的变量为 N_7,结合问卷的内容可以将因子 F_5 命名为教学方法。

经过正交旋转后的因子得分系数如表 10.2.8 所示。

表 10.2.8　因子得分系数

	成　　分				
	F_1	F_2	F_3	F_4	F_5
N_1	0.518	-0.105	-0.018	-0.067	-0.067
N_2	0.510	-0.109	-0.011	-0.069	-0.069
N_3	0.128	-0.254	0.431	0.135	-0.069
N_4	-0.208	0.114	0.284	0.101	0.238
N_5	-0.114	0.415	-0.080	0.159	0.019
N_6	0.160	0.396	-0.271	0.031	-0.172
N_7	-0.084	-0.090	-0.136	-0.044	1.015
N_8	-0.151	0.567	0.076	-0.321	-0.062
N_9	-0.052	-0.137	-0.070	0.925	-0.046
N_{10}	-0.069	-0.006	0.641	-0.211	-0.198

由表 10.2.8 可得因子表达式为

$$F_1 = 0.518N_1 + 0.510N_2 + 0.128N_3 - 0.208N_4 - 0.114N_5 + $$
$$0.160N_6 - 0.084N_7 - 0.151N_8 - 0.052N_9 - 0.069N_{10}$$

$$F_2 = -0.105N_1 - 0.109N_2 - 0.254N_3 + 0.114N_4 + 0.415N_5 + $$
$$0.396N_6 - 0.090N_7 + 0.567N_8 - 0.137N_9 - 0.006N_{10}$$

$$F_3 = -0.018N_1 - 0.011N_2 + 0.431N_3 + 0.284N_4 - 0.080N_5 - $$
$$0.271N_6 - 0.136N_7 + 0.076N_8 - 0.070N_9 + 0.641N_{10}$$

$$F_4 = -0.067N_1 - 0.069N_2 + 0.135N_3 + 0.101N_4 + 0.159N_5 + $$
$$0.031N_6 - 0.044N_7 - 0.321N_8 + 0.925N_9 - 0.211N_{10}$$

$$F_5 = -0.067N_1 - 0.069N_2 - 0.069N_3 + 0.238N_4 + 0.019N_5 - $$
$$0.172N_6 + 1.015N_7 - 0.062N_8 - 0.046N_9 - 0.198N_{10}$$

其中，$N_1, N_2, \cdots, N_{10}$ 为标准化后的数据。

以 5 个因子各自的方差贡献率作权重，即权重公式 $\lambda_i = \dfrac{v_i}{\sum\limits_{i=1}^{n} v_i}$ 计算得

$$\lambda_1 = \frac{21.370}{80.203} = 0.266, \quad \lambda_2 = \frac{19.583}{80.203} = 0.244$$

$$\lambda_3 = \frac{16.840}{80.203} = 0.210, \quad \lambda_4 = \frac{11.569}{80.203} = 0.144, \quad \lambda_5 = \frac{10.842}{80.203} = 0.135$$

所以各因子的综合得分值为

$$F = 0.266 \cdot F_1 + 0.244 \cdot F_2 + 0.210 \cdot F_3 + 0.144 \cdot F_4 + 0.135 \cdot F_5$$

由上式可得 27 位教师教学评价的综合得分，如表 10.2.9 所示。

表 10.2.9 综合得分排序表

教师序号	FAC1_1	FAC2_1	FAC3_1	FAC4_1	FAC5_1	F	综合排名
18	0.010	0.252	0.344	0.289	0.196	0.205	1
10	0.148	0.265	−0.946	0.712	0.595	0.088	2
2	0.111	0.515	0.478	−1.488	0.286	0.080	3
15	0.244	0.503	0.723	0.413	−2.631	0.044	4
26	0.244	0.503	0.723	0.413	−2.631	0.044	5
9	−0.327	0.922	−0.795	−0.067	0.378	0.012	6
7	−0.494	−0.999	1.199	0.190	0.739	0.004	7
17	0.339	−0.946	0.575	−0.170	0.142	−0.025	8
6	0.286	0.277	−2.235	1.136	0.993	−0.028	9
14	0.523	−1.145	−1.134	1.511	0.749	−0.060	10
8	0.486	−0.894	0.290	−0.690	0.440	−0.068	11

教师序号	FAC1_1	FAC2_1	FAC3_1	FAC4_1	FAC5_1	F	综合排名
1	0.382	0.515	−0.566	0.836	−2.233	−0.073	12
21	0.440	−0.683	0.710	−1.947	0.231	−0.150	13
4	0.312	1.041	0.746	−5.042	0.464	−0.170	14
5	0.615	0.766	−0.187	0.960	−5.060	−0.233	15
11	0.186	−0.475	−2.273	1.155	0.931	−0.252	16
25	1.293	−2.858	−0.760	1.627	−0.105	−0.293	17
24	1.311	−0.080	−0.732	−0.106	−3.849	−0.359	18
3	0.883	0.499	−1.405	−3.101	0.164	−0.363	19
16	−0.319	−1.727	−1.418	1.056	1.474	−0.453	20
27	−0.330	2.105	−1.420	−2.076	−2.178	−0.465	21
19	−0.569	−3.186	2.420	−2.145	1.317	−0.552	22
20	1.624	−2.360	−2.785	−0.560	0.572	−0.732	23
22	1.108	0.097	−5.602	−2.329	0.173	−1.170	24
23	1.781	−5.993	1.072	−1.043	−2.409	−1.239	25
12	−5.918	−1.327	−1.166	−0.435	−1.046	−2.347	26
13	−5.918	−1.327	−1.166	−0.435	−1.046	−2.347	27

　　从表 10.2.9 中可以发现,编号为 18 的教师教学评价得分最高,编号为 10 号和 2 号的教师教学评价排行第 2 和第 3,这些都是从综合得分 F 排序所得出的结论。我们也可以对教学沟通、教学过程、教学效果、教学内容和教学方法进行排序,寻找在这些方面评价较高的教师。

表 10.2.10　因子得分排序表

教师序号	FAC1_1	F_1 排名	FAC2_1	F_2 排名	FAC3_1	F_3 排名	FAC4_1	F_4 排名	FAC5_1	F_5 排名
1	0.382	11	0.515	5	−0.566	13	0.836	7	−2.233	22
2	0.111	19	0.515	6	0.478	9	−1.488	21	0.286	12
3	0.883	6	0.499	9	−1.405	21	−3.101	26	0.164	16
4	0.312	13	1.041	2	0.746	4	−5.042	27	0.464	9
5	0.615	7	0.766	4	−0.187	12	0.960	6	−5.060	27
6	0.286	14	0.277	10	−2.235	24	1.136	4	0.993	3
7	−0.494	24	−0.999	19	1.199	2	0.190	12	0.739	6
8	0.486	9	−0.894	17	0.290	11	−0.690	19	0.440	10
9	−0.327	22	0.922	3	−0.795	16	−0.067	13	0.378	11
10	0.148	18	0.265	11	−0.946	17	0.712	8	0.595	7

续表

教师序号	FAC1_1	F_1 排名	FAC2_1	F_2 排名	FAC3_1	F_3 排名	FAC4_1	F_4 排名	FAC5_1	F_5 排名
11	0.186	17	−0.475	15	−2.273	25	1.155	3	0.931	4
12	−5.918	26	−1.327	21	−1.166	19	−0.435	16	−1.046	19
13	−5.918	27	−1.327	22	−1.166	20	−0.435	17	−1.046	20
14	0.523	8	−1.145	20	−1.134	18	1.511	2	0.749	5
15	0.244	15	0.503	7	0.723	5	0.413	9	−2.631	24
16	−0.319	21	−1.727	23	−1.418	22	1.056	5	1.474	1
17	0.339	12	−0.946	18	0.575	8	−0.170	15	0.142	17
18	0.010	20	0.252	12	0.344	10	0.289	11	0.196	14
19	−0.569	25	−3.186	26	2.420	1	−2.145	24	1.317	2
20	1.624	2	−2.360	24	−2.785	26	−0.560	18	0.572	8
21	0.440	10	−0.683	16	0.710	7	−1.947	22	0.231	13
22	1.108	5	0.097	13	−5.602	27	−2.329	25	0.173	15
23	1.781	1	−5.993	27	1.072	3	−1.043	20	−2.409	23
24	1.311	3	−0.080	14	−0.732	14	−0.106	14	−3.849	26
25	1.293	4	−2.858	25	−0.760	15	1.627	1	−0.105	18
26	0.244	16	0.503	8	0.723	6	0.413	10	−2.631	25
27	−0.330	23	2.105	1	−1.420	23	−2.076	23	−2.178	21

由表 10.2.10 可以发现,编号为 23 号、20 号、24 号的教师在教学沟通方面评价较高;编号为 27 号、4 号、9 号的教师在教学过程中评价较高;编号为 19 号、7 号、23 号的教师在教学效果方面评价优秀;编号为 25 号、14 号、11 号的教师在教学内容方面评价较好;编号为 16 号、19 号、6 号的教师在教学方法方面表现突出。这些数据将给学校开展教学培训提供有力的支持,例如在教学方法方面的培训就可以邀请编号为 16 号、19 号、6 号的教师进行经验分享,促进教师在教学方法方面的成长。同时,从该表格可以发现教师在教学沟通、教学过程、教学效果、教学内容和教学方法 5 个方面的差异,促使教师针对性加强某方面的能力,从而提高教师自身的教学水平。

10.2.3 聚类分析

将表 10.2.10 的 5 个公共因子采用系统聚类法,以 Pearson 相关性为度量标准进行聚类分析,其结果如图 10.2.1 所示。

从图 10.2.1 可以看出,可以将 27 位教师分为 5 类,其中编号 15、26、1、

使用平均联接(组间)的树状图
重新调整距离聚类合并

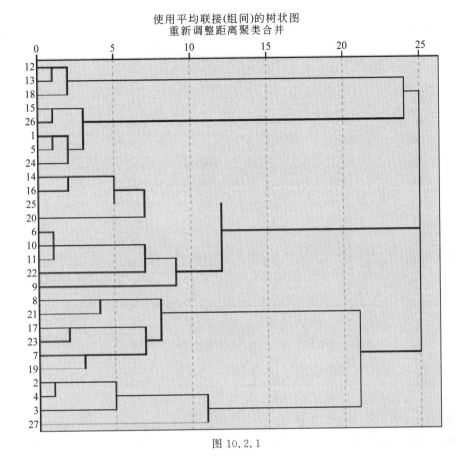

图 10.2.1

5、24 划分为 1 类,编号 2、4、3、27 为 2 类,编号 14、16、25、20、6、10、11、22、9
划分为 3 类,编号 8、21、17、23、7、19 划分为 4 类,编号 12、13、18 划分为第 5
类,如表 10.2.11 所示。

表 10. 2. 11　教师分类表

教师序号	F_1 排名	F_2 排名	F_3 排名	F_4 排名	F_5 排名	类别
1	11	5	13	7	22	1
5	7	4	12	6	27	1
15	15	7	5	9	24	1
24	3	14	14	14	26	1
26	16	8	6	10	25	1
2	19	6	9	21	12	2

教师序号	F_1 排名	F_2 排名	F_3 排名	F_4 排名	F_5 排名	类别
3	6	9	21	26	16	2
4	13	2	4	27	9	2
27	23	1	23	23	21	2
6	14	10	24	4	3	3
9	22	3	16	13	11	3
10	18	11	17	8	7	3
11	17	15	25	3	4	3
14	8	20	18	2	5	3
16	21	23	22	5	1	3
20	2	24	26	18	8	3
22	5	13	27	25	15	3
25	4	25	15	1	18	3
7	24	19	2	12	6	4
8	9	17	11	19	10	4
17	12	18	8	15	17	4
19	25	26	1	24	2	4
21	10	16	7	22	13	4
23	1	27	3	20	23	4
12	26	21	19	16	19	5
13	27	22	20	17	20	5
18	20	12	10	11	14	5

从表 10.2.11 可以看出,第 1 类教师在教学沟通、教学过程、教学效果和教学内容四个方面的整体教学评价都不错,仅在教学方法上评价不高;第 2 类教师在教学过程方面的评价较好,但在教学内容方面评价不高;第 3 类教师在教学方法方面评价不错,但在教学效果方面评价一般;第 4 类教师在教学效果方面成效突出,但在教学过程方面评价不高;第 5 类教师在教学内容方面评价一般,在教学沟通上做得不好。从整体来看,第 1 类教师整体表现较好。

10.2.4 判别分析

判别分析主要有两个作用:一是对未归类的样本进行判别归类;二是对已知类别的样本进行检验。本节前期已经使用聚类分析对样本进行了分类,所以只需要使用判别分析进行分类效果检验。利用 SPSS 软件运用贝叶斯判别法对 5 个因子进行分类判别,其分类判别函数系数如表 10.2.12 所示。

表 10.2.12　分类判别函数系数

	分类类别				
	F_1	F_2	F_3	F_4	F_5
FAC1_1	0.361	0.167	0.300	0.057	−2.797
FAC2_1	1.472	1.065	−1.260	−1.059	−0.740
FAC3_1	1.505	1.266	−2.838	0.983	−0.531
FAC4_1	−0.321	−3.055	1.620	−1.195	−0.069
FAC5_1	−4.529	−1.333	2.275	0.127	−0.379
(常量)	−9.377	−6.612	−6.114	−3.835	−7.721

由表 10.2.12 可得,各类的贝叶斯判别式分别为

$Y_1 = -9.377 + 0.361 \cdot F_1 + 1.472 \cdot F_2 + 1.505 \cdot F_3 - 0.321 \cdot F_4 - 4.529 \cdot F_5$

$Y_2 = -6.612 + 0.167 \cdot F_1 + 1.065 \cdot F_2 + 1.266 \cdot F_3 - 3.055 \cdot F_4 - 1.333 \cdot F_5$

$Y_3 = -6.114 + 0.300 \cdot F_1 - 1.260 \cdot F_2 - 2.838 \cdot F_3 + 1.620 \cdot F_4 + 2.275 \cdot F_5$

$Y_4 = -3.835 + 0.057 \cdot F_1 - 1.059 \cdot F_2 + 0.983 \cdot F_3 - 1.195 \cdot F_4 + 0.127 \cdot F_5$

$Y_5 = -7.721 - 2.797 \cdot F_1 - 0.740 \cdot F_2 - 0.531 \cdot F_3 - 0.069 \cdot F_4 - 0.379 \cdot F_5$

根据贝叶斯判别法确定各样本的观察结果,如表 10.2.13 所示。

通过表 10.2.13 可以看出,通过聚类分析的分组(实际组)与判别分析的分组(预测组),除了编号为 18 号的教师之外,其他教师所有的分类结果都是一致的。同时,从表中还可以发现编号为 1 号的教师出自 1 类的后验概率为 0.997,其他教师出自各组的后验概率也很高,其最终汇总结果如表 10.2.14 所示。

表 10.2.13　案例顺序统计量

案例数目	实际组	最高组					第二最高组			判别式得分			
		预测组	$P(D>d\mid G=g)$ p	df	$P(G=g\mid D=d)$	到质心的平方 Mahalanobis 距离	组	$P(G=g\mid D=d)$	到质心的平方 Mahalanobis 距离	函数 1	函数 2	函数 3	函数 4
1	1	1	0.604	4	0.997	2.730	4	0.001	16.148	-1.608	2.026	0.177	0.033
2	2	2	0.733	4	0.693	2.014	4	0.306	3.648	-1.070	-1.328	0.508	-0.464
3	2	2	0.685	4	0.971	2.277	4	0.029	9.304	-0.571	-1.669	1.290	-1.610
4	2	2	0.120	4	1.000	7.309	4	0.000	24.078	-3.176	-4.046	1.149	-1.704
5	1	3	0.375	4	1.000	4.238	2	0.000	37.073	-4.814	3.376	0.048	0.308
6	3	3	0.945	4	1.000	0.747	4	0.000	23.957	3.210	1.322	-0.423	-0.641
7	4	4	0.880	4	0.980	1.189	3	0.009	10.502	0.389	-0.937	-0.333	0.967
8	4	4	0.845	4	0.963	1.395	2	0.020	9.192	0.277	-0.975	0.536	0.422
9	3	3	0.221	4	0.685	5.718	4	0.224	7.954	0.566	0.218	0.075	-0.789
10	3	3	0.832	4	0.989	1.468	4	0.010	10.667	1.597	0.676	0.305	-0.243
11	3	3	0.929	4	1.000	0.865	4	0.000	24.457	3.527	1.217	0.220	-0.300
12	5	5	0.557	4	1.000	3.005	4	0.000	31.773	0.286	-0.313	-4.934	-0.623
13	5	5	0.557	4	1.000	3.005	4	0.000	31.773	0.286	-0.313	-4.934	-0.623
14	3	3	0.931	4	1.000	0.854	4	0.000	17.399	2.944	1.030	0.333	0.644
15	1	1	0.973	4	0.999	0.508	2	0.001	14.899	-3.222	1.380	0.059	0.431
16	3	3	0.628	4	1.000	2.595	4	0.000	21.685	-3.932	0.249	-0.301	0.511
17	4	4	0.856	4	0.975	1.331	3	0.012	10.086	0.049	-0.583	-0.318	0.724
18	5	4**	0.439	4	0.860	3.763	3	0.078	8.574	-0.016	0.031	0.188	0.156
19	4	4	0.201	4	0.999	5.971	2	0.001	19.677	-0.194	-3.878	-0.404	1.727
20	3	3	0.813	4	1.000	1.579	4	0.000	19.348	3.509	0.075	1.245	0.067
21	4	4	0.713	4	0.667	2.124	3	0.333	3.512	-1.004	-1.942	0.638	0.104
22	3	3	0.092	4	1.000	7.983	2	0.000	34.267	3.266	0.468	1.335	-2.835
23	4	4	0.216	4	1.000	5.782	1	0.000	24.385	-1.106	-1.094	0.517	3.406
24	1	1	0.990	4	1.000	0.304	2	0.000	18.893	-3.344	2.126	0.746	0.176
25	3	3	0.378	4	0.997	4.209	4	0.003	15.951	2.617	1.110	0.586	1.802
26	1	1	0.973	4	0.999	0.508	2	0.001	14.899	-3.222	1.380	0.059	0.431
27	2	2	0.180	4	0.736	6.269	1	0.264	8.324	-3.110	0.395	0.153	-2.078

初始

表 10.2.14　分类结果

分类类别		预测组成员					合计
		1	2	3	4	5	
初始	计数 1	5	0	0	0	0	5
	2	0	4	0	0	0	4
	3	0	0	9	0	0	9
	4	0	0	0	6	0	6
	5	0	0	0	1	2	3
	% 1	100.0	0.0	0.0	0.0	0.0	100.0
	2	0.0	100.0	0.0	0.0	0.0	100.0
	3	0.0	0.0	100.0	0.0	0.0	100.0
	4	0.0	0.0	0.0	100.0	0.0	100.0
	5	0.0	0.0	0.0	33.3	66.7	100.0

从表 10.2.14 中可以发现,第一类教师成员有 5 人,第二类有 4 人,第三类有 9 人,第四类有 6 人,他们用贝叶斯判别法判断出的分类情况与实际分类完全一样。而第五类教师成员有 3 人,与实际分类相拟合的有 2 人,错分到第四类的有 1 人,准确率为 66.7%。通过该表发现,整个样本中只有 1 人分类错误,所有样本判别的结果与聚类相匹配的概率为 96.3%。总体来说,用系统聚类法对 27 位教师的分类经过贝叶斯判别法验证后是可靠的。

10.3　结论及展望

1. 结论

高等教育评价体系属于复杂的多元系统,单纯的定性分析或者是一元统计分析所得到的结果已不能满足现实需求。因此,运用多元统计分析的各种方法,从不同角度分析研究高等教育对高校教育工作具有一定的指导作用。高等教育评价包含了许多方面,本章将多元统计分析中相关性分析、因子分析、聚类分析和判别分析多种方法相结合,来研究高校教师的教学质量。

在研究高校教师教学质量时,我们选取了 27 位教师作为研究对象,并以调查问卷的形式进行调研,以实现原始数据的收集。整个问卷从教学沟通、教学过程、教学效果、教学内容和教学方法五个方面设计相关问题。通过因子分析法,我们将 27 位教师的教学评价进行深入分析,得到各位教师的综合得分、各因子得分的排名情况,进而形成对各教师教学质量的评价。在此之后,我们在因子分析的基础上进行聚类分析和判别分析,对教师整体教学情况进行了分类,这些分析的结果有助于学校了解教师的整体教学情况,对学校开展针对性的教学培训提供有力的支持。

2. 展望

在对高校教师教学质量进行评价时,除了对整体进行评价之外,还可以尝试对不同层次、不同学科、不同课程性质的教师授课情况进行多元分析,为进一步改进和提高教学测评工作提供决策参考。

另外,高等教育评价是多方面的,除了教师教学质量以外,还可以运用多元统计分析方法对高校教学资源、大学生成绩等进行分析。

第11章 多元统计分析法在建筑领域中的应用

房地产作为国民经济发展的支柱性产业,它的健康发展关乎国计民生。商品住宅价格作为商品住宅市场的信号,不仅关系到商品住宅产业的发展,而且反映了复杂的社会经济关系,因此一直备受政府、居民、开发企业、银行等社会各界的关注。所以分析商品住宅价格的影响因素、预测商品住宅价格变化趋势,具有重要的意义。

11.1 商品住宅价格现状和影响因素

11.1.1 商品住宅价格现状

根据住宅交易方式的不同,住宅价格分为买卖价格和租赁价格。住宅售价又可分为商品住宅售价和经济适用住宅售价,本书只对商品住宅价格进行分析。随着我国城市化进程速度的加快,我国商品住宅价格呈逐年上升趋势,具体情况如图 11.1.1 和图 11.1.2 所示。

从图 11.1.1 和图 11.1.2 可以看出,我国商品住宅价格和销售面积除了2008 年相对有所减少外,整体成逐年上升的趋势,2008 年住宅价格和销售面积的减少是由全球的金融危机所导致,由于金融危机,整个经济的大环境是不稳定的,很多有购房需求的居民持观望态度。由相关统计年鉴可知,2000 年住宅价格为 1948 元/平方米,2012 年住宅价格上涨到 5430 元/平方米,涨幅高达 2.8 倍,其销售面积同期涨幅达到 6 倍。这对我国经济生活的影响是十分巨大的。

全国住宅商品房平均销售价格/(元/平方米)

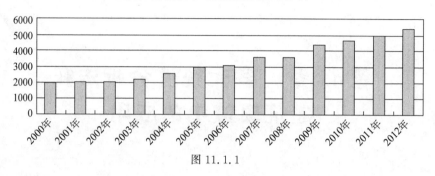

图 11.1.1

全国住宅商品房销售面积/万平方米

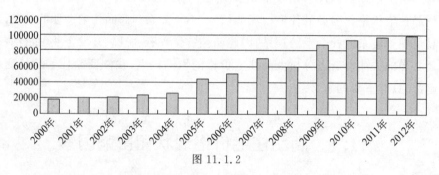

图 11.1.2

11.1.2　商品住宅价格影响因素分类

　　影响城市商品住宅价格的影响因素众多,主要包括人口因素、政策因素、经济因素、社会因素、国际因素、心理因素等。不同的影响因素引起的商品住宅价格变动的方向不尽相同,有的因素的变化会导致商品住宅价格上升,有些因素的变化则会导致商品住宅价格下降。例如,如果商品住宅附近有铁路通过,则铁路可能是其贬值因素;如果住宅附近存在学校,则学校可能是升值因素。除此之外,不同的影响因素引起住宅价格变动的程度也是不尽相同的。例如,通常情况下住房的朝向、户型对价格影响比较大,楼层的影响则相对较小。

　　分析住宅价格的难点在于准确量化各影响因素对价格的影响程度。例如,如果一条道路紧邻住宅居住区,因其噪声、汽车尾气污染和不安全因素等的影响,会降低住宅的售价;但是又因其交通的便利性,会提高住宅的售价。随着时间的推移,人们对消费偏好会发生变化,各影响因素对住宅价格的影响也会随着时间而发生变化。考虑到众多影响因素分析的难度和复杂程度,因此本书只从宏观层面分析住宅价格的各主要影响因素,而忽略其他影响较小的因素。

商品住宅作为特殊的商品,同样满足供给需求的市场规律。因此,可以从供给和需求两方面来分析其影响因素。

1. 供给角度

从供给角度来看,商品住宅价格同其他商品一样主要由成本和利润构成,而商品住宅的成本主要包括土地成本、建安成本、税收费用、销售费用、银行利息费用等。其中,土地成本和建安成本占据了很大的比重。近年来,土地价格随着房地产行业的迅猛发展也水涨船高,土地成本在房地产开发成本中占据了主要的地位。

(1) 土地成本

由于人们对房屋的需求将直接导致对城市土地的需求,因此房价与地价具有极强的正相关关系。我国城市土地所有权归属国家,土地出让收益也归地方政府所有,这就导致了土地成为地方政府的主要财政收入来源之一。近年来,土地成本在整个房价成本中的比重越来越高,土地出让价格与房地产价格的联系越来越密切。

(2) 建安成本

房地产开发周期长,一般需要 2~3 年的时间。建筑材料、人工费用等建安成本随着时间的累积而不断攀升,这就导致了房地产建安成本的持续上涨,进而导致了房地产价格的进一步上升。

除此以外,商品住宅价格还与住宅竣工面积、施工面积、销售面积和住宅投资额等相关。

2. 需求角度

从市场需求的角度来看,商品住宅的影响因素主要包括人口数量、国民经济发展水平、居民可支配收入水平、金融环境和政策因素等。

(1) 人口数量

商品住宅的需求主体是人,随着城市人口数量增加,必然有越来越多的居民需要购置房屋解决生活需要,因此住宅需求增长是城市人口数量增长最为直接的表现形式。除此之外,家庭规模等对商品住宅价格也有着很大的影响。

随着家庭结构的变化,家庭户数在增加,住宅需求也势必扩大,进而促使住宅价格的进一步上升。

(2) 国民经济发展水平

一个国家或地区的经济发展水平决定了居民收入水平和开发商资金的充裕程度。城市的经济发展状况对城市住宅价格的影响极大。根据世界银行研究表明,住宅需求与人均 GDP 有着密切的联系,当一个国家人均 GDP 在 800～4000 美元时,房地产进入高速发展期;当人均 GDP 在 4000～8000 美元时,房地产进入稳定快速增长期。

(3) 居民可支配收入水平

随着居民收入的增加,生活水平的提高,人们对居住和活动所需要空间的需求也因此剧增,从而导致住宅价格上涨。居民可支配收入水平直接决定消费者购买力水平,可支配收入水平越高,则购买力越强,潜在的住房需求转化为现实的住房需求的能力就越强。

(4) 贷款利率

目前,我国房地产消费有很大部分是信贷消费,所以金融环境的宽松程度决定了消费者的购买欲望和购买能力。在紧缩的金融环境下,消费者获得购房资金比较困难,这就导致居民对住宅的需求减少,房价下降。反之,在宽松的金融环境下,购房贷款较容易,住宅的需求量增加,房价上升。同时,房地产开发商品住宅贷款的利率越高,其投资的机会成本越大,开发商为保证利润不损失,只能抬高住宅的销售价格。简单来说,银行利率是影响房价的重要因素之一,利率直接影响居民购房的成本和开发商房产的开发成本。

除此之外,商品住宅价格还与政策因素、居民消费水平(恩格尔系数)和个人储蓄等相关。

11.2　全国商品住宅价格影响因素分析

11.2.1　影响因素模型

1. 指标选取

通过前面的分析可知,商品住宅价格的影响因素主要包括供给和需求两个方面,供给方面主要包括土地成本、建安成本、住宅竣工面积、施工面积、销售面积和住宅投资额等,需求方面主要包括人口数量、国民经济发展水平、居民可支配收入水平、利率、恩格尔系数和个人储蓄等。通过前面的分析结合相关文献,我们选取商品住宅价格作为被解释变量,解释变量为影响商品住宅价格的 11 个指标,如表 11.2.1 所示。

表 11.2.1　商品住宅价格与影响因素

Y：商品住宅平均销售价格(元/平方米)	X_6：城镇人口(万人)
X_1：商品住宅竣工价值(亿元)	X_7：人均国内生产总值(元)
X_2：商品住宅竣工面积(万平方米)	X_8：城镇居民家庭人均可支配收入(元)
X_3：商品住宅施工面积(万平方米)	X_9：城镇居民家庭恩格尔系数(%)
X_4：商品住宅销售面积(万平方米)	X_{10}：城乡居民人民币储蓄存款年底余额(亿元)
X_5：房地产开发住宅投资额(亿元)	X_{11}：1～3 年贷款利率(%)

2. 数据来源及数据处理

由于 1～3 年贷款利率对开发商的房地产开发成本影响较大,所以我们选择 1～3 年贷款利率数据进行分析。本章所采用的数据除贷款利率之外都来自国家统计局,贷款利率数据来自中国人民银行网站。在对这些原始数据进行研究时,我们发现这些数据存在着不完备的情况,因此使用这些数据前需要对原始数据进行完善和必要的技术处理。最终我们选择 2000—2012 年各指标的统计数据进行分析研究,具体数据如表 11.2.2 所示。

表 11.2.2　2000—2012 年全国商品住宅均价及其影响因素指标

年度	Y	X_1	X_2	X_3	X_4	X_5
2000	1948	2173.6	20603.32	50498.25	16570.28	3311.98
2001	2017	2622.41	24625.4	61582.99	19938.75	4216.68
2002	2092	3190.99	28524.7	73208.65	23702.31	5227.76
2003	2197	4128.94	33774.61	91390.49	29778.85	6776.69
2004	2608	4620.7	34677.18	108196.54	33819.89	8836.95
2005	2936.96	6060.13	43682.85	129078.38	49587.83	10860.93
2006	3119.25	6717.23	45471.75	151742.72	55422.95	13638.41
2007	3645.18	7853.07	49831.35	186788.43	70135.88	18005.42
2008	3576	9295.26	54334.1	222891.8	59280.35	22440.87

年度	Y	X_1	X_2	X_3	X_4	X_5
2009	4459	11500.24	59628.71	251328.78	86184.89	25613.69
2010	4725	13527.53	63443.1	314760.12	93376.6	34026.23
2011	4993.17	16947.74	74319.05	387705.98	96528.41	44319.5
2012	5429.93	19147.45	79043.2	428964.05	98467.51	49374.21

年度	X_6	X_7	X_8	X_9	X_{10}	X_{11}
2000	45906	7942	6280	39.4	64332.38	5.94
2001	48064	8717	6859.6	38.2	73762.43	5.94
2002	50212	9506	7702.8	37.7	86910.65	5.49
2003	52376	10666	8472.2	37.1	103617.65	5.49
2004	54283	12487	9421.6	37.7	119555.39	5.76
2005	56212	14368	10493	36.7	141050.99	5.76
2006	58288	16738	11759.5	35.8	161587.3	6.3
2007	60633	20505	13785.8	36.3	172534.19	7.56
2008	62403	24121	15780.8	37.9	217885.35	5.4
2009	64512	26222	17174.7	36.5	260771.66	5.4
2010	66978	30876	19109.4	35.7	303302.49	5.85
2011	69079	36403	21809.8	36.3	343635.89	6.65
2012	71182	40007	24564.7	36.2	399551	6.15

3. 模型建立

在房屋价格影响因素研究中,多元回归法是国内外学者广泛采用的方法。一方面,多元回归可以描述各影响因素与房价之间的解释关系;另一方面,多元回归还可以描述各影响因素与房价之间的解释程度,即各因素对房价的影响大小关系。

我们将商品住宅平均销售价格 Y 作为因变量,其余的指标 $X_i(i=1,2,\cdots,11)$ 作为自变量,构建多元回归模型

$$Y = \beta_0 + \sum_{i=1}^{11} \beta_i X_i + \varepsilon$$

其中,β_i 是回归参数,ε 是随机扰动项。

11.2.2　影响因素回归分析

利用 SPSS 软件对表 11.2.2 的数据进行最小二乘法参数回归估计,为避免多重共线性,采用逐步回归法对数据进行处理分析得到表 11.2.3～表 11.2.6。

表 11.2.3　输入和移去的变量

模型	输入的变量	移去的变量	方　　法
1	X_8	0.0	步进(准则:F-to-enter 的概率≤0.050,F-to-remove 的概率≥0.100)
2	X_4	0.0	步进(准则:F-to-enter 的概率≤0.050,F-to-remove 的概率≥0.100)
3	X_2	0.0	步进(准则:F-to-enter 的概率≤0.050,F-to-remove 的概率≥0.100)

表 11.2.4　模型汇总

模型	R	R^2	调整 R^2	标准估计的误差	Durbin-Watson 值
1	0.989[a]	0.978	0.976	187.137	
2	0.998[b]	0.996	0.995	87.253	
3	0.999[c]	0.997	0.996	73.367	1.960

a. 预测变量:(常量),X_8。

b. 预测变量:(常量),X_8,X_4。

c. 预测变量:(常量),X_8,X_4,X_2。

表 11.2.5　方差分析

模型		平方和	df	均方	F	Sig.
1	回归	17325515.555	1	17325515.555	494.730	0.000[a]
	残差	385221.864	11	35020.169		
	总计	17710737.420	12			
2	回归	17634606.525	2	8817303.262	1158.177	0.000[b]
	残差	76130.895	10	7613.089		
	总计	17710737.420	12			

模型		平方和	df	均方	F	Sig.
3	回归	17662293.469	3	5887431.156	1093.777	0.000ᶜ
	残差	48443.951	9	5382.661		
	总计	17710737.420	12			

a. 预测变量：(常量)，X_8。

b. 预测变量：(常量)，X_8，X_4。

c. 预测变量：(常量)，X_8，X_4，X_2。

表 11.2.6　回归系数

模型		非标准化系数		标准系数	t	Sig.
		B	标准误差	Beta		
1	(常量)	675.353	131.597		5.132	0.000
	X_8	0.202	0.009	0.989	22.243	0.000
2	(常量)	860.254	67.873		12.674	0.000
	X_8	0.103	0.016	0.506	6.450	0.000
	X_4	0.020	0.003	0.500	6.372	0.000
3	(常量)	1027.978	93.414		11.005	0.000
	X_8	0.151	0.025	0.739	6.063	0.000
	X_4	0.024	0.003	0.604	7.524	0.000
	X_2	−0.022	0.010	−0.335	−2.268	0.050

　　逐步回归法的原理是选择对因变量贡献最大的自变量进入回归方程，随后重新计算各自变量对因变量的贡献大小，并考察已在方程中的变量是否由于新变量的引入而不再有统计意义。如果有，则将它剔除，并重新计算各自变量对因变量的贡献。如仍有变量低于入选标准，则继续考虑剔除，直到方程内没有变量可被剔除，方程外没有变量可被引进为止。

　　本次逐步回归自变量进入模型的标准，我们选定为概率小于等于 0.05，变量移出模型的标准为概率大于等于 0.10，表 11.2.3 结果显示本次进入回归模型的自变量为 X_8(城镇居民家庭人均可支配收入)，X_4(商品住宅销售面积)，X_2(商品住宅竣工面积)。

　　从表 11.2.4 可以知道，进入模型的变量依次为城镇居民家庭人均可支配收入、商品住宅销售面积和商品住宅竣工面积。其中,复相关系数 R 为 0.999,R^2 判定系数为 0.997,调整 R^2 判定系数为 0.996,三个自变量对因变量商品住宅平均销售价格的解释程度达到 99.6%,这说明城镇居民家庭人均可支配收入、商品住宅销售面积和商品住宅竣工面积对商品住宅平均销售价格的解释力很强。同时,D-W 值为 1.960 介于 1.5 与 2.5,说明模型不存在自相关。

从表 11.2.5 可知,回归方程的显著性检验 F 值为 1093.777,F 检验的概率是 0.000 小于 0.05,说明解释变量对被解释变量的作用是显著的,回归模型显著成立。

从表 11.2.6 可知,解释变量回归系数的 t 检验 p 值小于显著性水平 0.05,表明三个自变量的作用显著,模型中的回归系数是有意义的。

由于住宅价格的影响因素单位不同,所以无法直接比较它们对住宅价格的影响程度。通常我们用标准化后的回归系数 Beta 进行比较。一般地,我们认为标准系数 $|\text{Beta}| \geqslant 0.6$ 时,自变量对因变量的影响很大;标准系数 $0.3 \leqslant |\text{Beta}| < 0.6$ 时,自变量对因变量的影响较大;标准系数 $|\text{Beta}| < 0.3$ 时,自变量对因变量的影响较小。

由表 11.2.6 可知,X_8 的标准系数 $|\text{Beta}| = 0.739$,X_4 的标准系数 $|\text{Beta}| = 0.604$,X_2 的标准系数 $|\text{Beta}| = 0.335$,所以城镇居民家庭人均可支配收入和商品住宅销售面积对住宅平均销售价格有很大的影响,商品住宅竣工面积对住宅平均销售价格有较大的影响。同时,还可以发现商品住宅竣工面积的增多会导致住宅平均销售价格的下降,这与实际情况是相符的。

由表 11.2.6 可得回归方程如下:

$$Y = 1027.978 + 0.151X_8 + 0.024X_4 - 0.022X_2 \qquad (11.2.1)$$

方程(11.2.1)表明,商品住宅平均销售价格 Y 与城镇居民家庭人均可支配收入 X_8(单位:元)、商品住宅销售面积 X_4(单位:万平方米)和商品住宅竣工面积 X_2(单位:万平方米)有关。城镇居民家庭人均可支配收入每增加一元,住宅平均销售价格增加 0.151 元;商品住宅销售面积每增加一万平方米,住宅平均销售价格增加 0.024 元;商品住宅竣工面积每增加一万平方米,住宅平均销售价格减少 0.022 元。

由式(11.2.1)对商品住宅平均销售价格进行估计,其结果如表 11.2.7 所示。

表 11.2.7　商品住宅实际销售价格与估计价格比较

年度	2000	2001	2002	2003	2004	2005	2006
商品住宅平均销售价格/元	1948	2017	2092	2197	2608	2936.96	3119.25
商品住宅平均销售价格估计/元	1920.67	2000.55	2132.41	2278.93	2499.42	2841.51	3133.43
误差率/%	−1.40	−0.82	1.93	3.73	−4.16	−3.25	0.45
年度	2007	2008	2009	2010	2011	2012	
商品住宅平均销售价格/元	3645.18	3576	4459	4725	4993.17	5429.93	
商品住宅平均销售价格估计/元	3696.61	3638.26	4377.96	4758.79	5002.92	5361.52	
误差率/%	1.41	1.74	−1.82	0.72	0.20	−1.26	

由表 11.2.7 可以发现,商品住宅估计销售价格与实际销售价格误差最大为 4.16%,最小为 0.20%,从整体来看商品住宅估计销售价格与实际销售价格基本是一致的。这说明该模型对我国商品住宅价格具有统计意义上的解释,因此我们利用该模型对未来的商品住宅平均销售价格进行预测是可行的。

11.3　重庆市商品住宅价格影响因素分析

通过 11.2 节的分析可知,城镇居民家庭人均可支配收入、商品住宅销售面积和商品住宅竣工面积是全国商品住宅价格的主要影响因素,为进一步验证这些影响因素是否仍然为各大城市商品住宅价格的主要影响因素,我们进一步进行实证研究。

我们采用与 11.2 节相同的方法对重庆市商品住宅价格进行分析,选择 2000—2012 年重庆市各指标的统计数据进行分析研究,具体数据如表 11.3.1 所示。

284

表 11.3.1　2000—2012 年重庆市商品住宅均价及其影响因素指标

年度	Y	X_1	X_2	X_3	X_4	X_5
2000	1077	46.16	622.08	1896.18	491.09	72.8125
2001	1133	53.31	738.41	2508.30	635.04	110.7126
2002	1277	83.82	1033.60	3081.57	870.41	130.6998
2003	1324	101.87	1231.75	3747.34	1132.95	177.4341
2004	1572.56	114.05	1227.66	4544.54	1157.95	217.1303
2005	1900.66	184.04	1713.55	5514.75	1792.41	300.4026
2006	2081.31	224.24	1700.05	6655.00	2011.70	376.7847
2007	2588.22	256.89	1769.19	8179.29	3310.13	521.8209
2008	2640	319.24	1951.35	9166.21	2669.93	619.525
2009	3266	484.06	2384.51	10338.12	3771.22	789.0183
2010	4040	510.08	2179.81	13744.78	3986.31	1091.485
2011	4492.3	752.49	2826.78	15923.84	4063.42	1438.446
2012	4804.8	937.34	3386.35	16997.85	4105.11	1706.769

年度	X_6	X_7	X_8	X_9	X_{10}	X_{11}
2000	1013.88	6274	6176.00	42.2	1085.36	5.94
2001	1058.12	6963	6572.00	40.8	1317.17	5.94
2002	1123.12	7912	7238.00	38	1595.01	5.49
2003	1174.55	9098	8094.00	38	1896.56	5.49
2004	1215.42	10845	9221.00	37.8	2189.73	5.76
2005	1265.95	12404	10244.00	36.4	2545.85	5.76
2006	1311.29	13939	11570.00	36.3	2949.05	6.3
2007	1361.35	16629	12590.78	37.2	3228.15	7.56
2008	1419.09	20490	14367.55	39.6	3988.96	5.4
2009	1474.92	22920	15748.67	37.7	4908.68	5.4
2010	1529.55	27596	17532.43	37.6	5839.66	5.85
2011	1605.96	34500	20249.70	39.1	6990.25	6.65
2012	1678.11	38914	22968.14	41.5	8361.64	6.15

利用 SPSS 软件对表 11.3.1 的数据进行最小二乘法参数回归估计,为避免多重共线性,采用逐步回归法对数据进行处理分析得到表 11.3.2～表 11.3.4。

表 11.3.2　模型汇总

模型	R	R^2	调整 R^2	标准估计的误差	Durbin-Watson 值
1	0.998[a]	0.995	0.995	94.372	2.325

a. 预测变量：(常量)，X_3。

表 11.3.3　方差分析

模型		平方和	df	均方	F	Sig.
1	回归	20329042.096	1	20329042.096	2282.589	0.000[a]
	残差	97967.483	11	8906.135		
	总计	20427009.579	12			

a. 预测变量：(常量)，X_3。

表 11.3.4　回归系数

模型		非标准化系数		标准系数	t	Sig.
		B	标准误差	Beta		
1	(常量)	471.257	49.467		9.527	0.000
	X_3	0.255	0.005	0.998	47.776	0.000

　　由表 11.3.2 可知，复相关系数 R 为 0.998，R^2 判定系数为 0.995，调整 R^2 判定系数为 0.995，这说明商品住宅施工面积 X_3 对商品住宅平均销售价格的解释力很强。同时，D-W 值为 2.325，介于 1.5 与 2.5 之间，说明模型不存在自相关。

　　由表 11.3.3 可知，在回归方程的显著性检验中，$F=2282.589$ 且 F 检验的概率是 0.000 小于 0.05，表明回归方程是有意义的。

　　从表 11.3.4 可知，回归系数的 t 检验 p 值为 0.000 小于显著性水平 0.05，表明回归系数是有意义的。但单从一个经济区域来看，许多经济行为是具有共性的，商品住宅施工面积可能是其他经济变量的因变量。例如，城市人口越多，商品住宅施工面积也越大，房地产开发住宅投资额也越大。因此，商品住宅施工面积不一定是商品住宅价格的最终影响因素。因此，我们把 11 个指标进行 Pearson 相关分析，结果如表 11.3.5 所示。

表 11.3.5　相关性

		X_1	X_2	X_3	X_4	X_5	X_6	X_7	X_8	X_9	X_{10}	X_{11}
X_1	Pearson 相关性	1	0.966**	0.974**	0.893**	0.994**	0.946**	0.991**	0.982**	0.179	0.993**	0.228
	显著性(双侧)		0.000	0.000	0.000	0.000	0.000	0.000	0.000	0.558	0.000	0.454
	N	13	13	13	13	13	13	13	13	13	13	13
X_2	Pearson 相关性	0.966**	1	0.962**	0.926**	0.952**	0.980**	0.967**	0.980**	−0.026	0.971**	0.221
	显著性(双侧)	0.000		0.000	0.000	0.000	0.000	0.000	0.000	0.933	0.000	0.469
	N	13	13	13	13	13	13	13	13	13	13	13
X_3	Pearson 相关性	0.974**	0.962**	1	0.951**	0.986**	0.982**	0.994**	0.995**	0.051	0.991**	0.276
	显著性(双侧)	0.000	0.000		0.000	0.000	0.000	0.000	0.000	0.867	0.000	0.362
	N	13	13	13	13	13	13	13	13	13	13	13
X_4	Pearson 相关性	0.893**	0.926**	0.951**	1	0.902**	0.965**	0.925**	0.946**	−0.122	0.921**	0.343
	显著性(双侧)	0.000	0.000	0.000		0.000	0.000	0.000	0.000	0.692	0.000	0.251
	N	13	13	13	13	13	13	13	13	13	13	13
X_5	Pearson 相关性	0.994**	0.952**	0.986**	0.902**	1	0.949**	0.996**	0.984**	0.178	0.995**	0.259
	显著性(双侧)	0.000	0.000	0.000	0.000		0.000	0.000	0.000	0.562	0.000	0.393
	N	13	13	13	13	13	13	13	13	13	13	13
X_6	Pearson 相关性	0.946**	0.980**	0.982**	0.965**	0.949**	1	0.971**	0.987**	−0.080	0.970**	0.242
	显著性(双侧)	0.000	0.000	0.000	0.000	0.000		0.000	0.000	0.795	0.000	0.425
	N	13	13	13	13	13	13	13	13	13	13	13

续表

		X_1	X_2	X_3	X_4	X_5	X_6	X_7	X_8	X_9	X_{10}	X_{11}
X_7	Pearson 相关性	0.991**	0.967**	0.994**	0.925**	0.996**	0.971**	1	0.995**	0.131	0.998**	0.241
	显著性(双侧)	0.000	0.000	0.000	0.000	0.000	0.000		0.000	0.669	0.000	0.428
	N	13	13	13	13	13	13	13	13	13	13	13
X_8	Pearson 相关性	0.982**	0.980**	0.995**	0.946**	0.984**	0.987**	0.995**	1	0.063	0.994**	0.248
	显著性(双侧)	0.000	0.000	0.000	0.000	0.000	0.000	0.000		0.837	0.000	0.414
	N	13	13	13	13	13	13	13	13	13	13	13
X_9	Pearson 相关性	0.179	-0.026	0.051	-0.122	0.178	-0.080	0.131	0.063	1	0.117	-0.076
	显著性(双侧)	0.558	0.933	0.867	0.692	0.562	0.795	0.669	0.837		0.703	0.806
	N	13	13	13	13	13	13	13	13	13	13	13
X_{10}	Pearson 相关性	0.993**	0.971**	0.991**	0.921**	0.995**	0.970**	0.998**	0.994**	0.117	1	0.215
	显著性(双侧)	0.000	0.000	0.000	0.000	0.000	0.000	0.000	0.000	0.703		0.481
	N	13	13	13	13	13	13	13	13	13	13	13
X_{11}	Pearson 相关性	0.228	0.221	0.276	0.343	0.259	0.242	0.241	0.248	-0.076	0.215	1
	显著性(双侧)	0.454	0.469	0.362	0.251	0.393	0.425	0.428	0.414	0.806	0.481	
	N	13	13	13	13	13	13	13	13	13	13	13

** 在 0.01 水平(双侧)上显著相关。

从表 11.3.5 可以发现,除变量 X_9 和 X_{11} 之外,其他影响因素与商品住宅施工面积显著相关。因此,剔除商品住宅施工面积重新进行回归分析,其结果如表 11.3.6~表 11.3.8 所示。

表 11.3.6　模型汇总

模型	R	R^2	调整 R^2	标准估计的误差	Durbin-Watson 值
1	0.992[a]	0.984	0.982	173.201	
2	0.997[b]	0.994	0.993	110.019	1.669

a. 预测变量:(常量),X_7。

b. 预测变量:(常量),X_7,X_4。

表 11.3.7　方差分析

模型		平方和	df	均方	F	Sig.
1	回归	20097025.172	1	20097025.172	669.932	0.000[a]
	残差	329984.407	11	29998.582		
	总计	20427009.579	12			
2	回归	20305967.692	2	10152983.846	838.799	0.000[b]
	残差	121041.887	10	12104.189		
	总计	20427009.579	12			

a. 预测变量:(常量),X_7。

b. 预测变量:(常量),X_7,X_4。

表 11.3.8　回归系数

模型		非标准化系数		标准系数	t	Sig.
		B	标准误差	Beta		
1	(常量)	348.742	95.219		3.663	0.004
	X_7	0.121	0.005	0.992	25.883	0.000
2	(常量)	305.769	61.362		4.983	0.001
	X_7	0.091	0.008	0.746	11.672	0.000
	X_4	0.247	0.059	0.266	4.155	0.002

由表 11.3.6 可知,复相关系数 R 为 0.997,R^2 判定系数为 0.994,调整 R^2 判定系数为 0.993,这说明商品住宅施工面积 X_3 对商品住宅平均销售价格的解释力很强。同时,D-W 值为 1.669,介于 1.5 与 2.5 之间,说明模型不存在自相关。

从表 11.3.7 可知,回归方程的显著性检验 F 值为 838.799,F 检验的概率是 0.000 小于 0.05,说明解释变量对被解释变量的作用是显著的,回归模型显著成立。

从表 11.3.8 可知,解释变量回归系数的 t 检验 p 值都小于显著性水平 0.05,表明两个自变量的作用显著,模型中的回归系数是有意义的,因此其回归方程为

$$Y = 305.769 + 0.091X_7 + 0.247X_4 \qquad (11.3.1)$$

方程(11.3.1)表明,商品住宅平均销售价格 Y 与 X_7 人均地区生产总值(单位:元)和 X_4 商品住宅销售面积(单位:万平方米)有关。人均地区生产总值每增加 1 元,住宅平均销售价格增加 0.091 元;商品住宅销售面积每增加 1 万平方米,住宅平均销售价格增加 0.247 元。

由式(11.3.1)对商品住宅平均销售价格进行估计,其结果如表 11.3.9 所示。

表 11.3.9 重庆市商品住宅实际销售价格与估计价格比较

年度	2000	2001	2002	2003	2004	2005	2006
商品住宅平均销售价格/元	1077	1133	1277	1324	1572.56	1900.66	2081.31
商品住宅平均(估计)销售价格/元	998	1096.26	1240.75	1413.53	1578.68	1877.26	2071.11
误差率/%	−7.34	−3.24	−2.84	6.76	0.39	−1.23	−0.49
年度	2007	2008	2009	2010	2011	2012	
商品住宅平均销售价格/元	2588.22	2640	3266	4040	4492.3	4804.8	
商品住宅平均(估计)销售价格/元	2636.61	2829.83	3322.98	3801.62	4448.93	4860.91	
误差率/%	1.87	7.19	1.74	−5.90	−0.97	1.17	

由表 11.3.9 可以发现,商品住宅估计销售价格与实际销售价格误差最大为 7.34%,最小为 0.39%,从整体来看商品住宅估计销售价格与实际销售价格基本是一致的。这说明该模型对我国商品住宅价格具有统计意义上的解释。

11.4　政　策　建　议

从 11.2 节和 11.3 节的分析可以发现,回归方程(11.2.1)和方程(11.3.1)虽然有所区别,但从整体来看商品住宅平均销售价格与人们的经济能力(X_7 或 X_8)和商品住宅销售面积 X_4 关系密切,同时商品住宅竣工面积 X_2 或施工面积 X_3 对住宅的价格也具有一定的影响。

除了重庆以外,全国不同区域其他城市的回归分析也存在类似的情况。因为各大城市房地产市场有着不同的发展状况,所以对这些城市进行回归分析时,会发现各地城市的住宅价格影响因素不尽相同,既便所受的影响因素相同,影响效果也不相同。因此,国家在制定政策时应该因地制宜,根据不同地区的实际情况,选择适宜的方法鼓励或者控制房地产市场的发展。

1. 分区域调控

通过前面的分析可知,由于我国区域经济发展水平的不均衡,在进行房地产调控时,不能一概而论,在进行相关政策研究时,应先对不同区域的房地产发展状况进行调查研究,充分摸清区域特定条件。

(1) 发达城市。该类城市商品住宅供需旺盛,成交量大,价格较高,购房者以投资和投机为主,区域外购房资金比例较高。因此,经济发达城市应建立相应的房地产和金融行业信息系统,进而有效地辨别房地产市场中投资和投机需求的情况,及时分析区域内的供需情况,相应调整土地供应量,以保障本区域内居民的住房需求。

(2) 中等发达城市。该类城市商品住宅供需情况平稳,成交量不大,价格水平一般,购房者主要以自住为主。该类城市的房地产企业处在发展中,地方政府应正确控制市场节奏,引导房地产企业发展。该区域的房地产调控目标是拉动本地需求,控制房价过快上涨,努力满足本地中低层次居民的住房需求。

(3) 落后城市。该类城市经济发展水平较为落后,人均收入水平较低,但居民对于改善住房条件的需求较强,有一定的需求水平。地方政府要在稳定房价的前提下,加大住房的供应,对于购房者采取税收优惠和地方补贴的政策,鼓励居民购买新房,努力拉动本地区房地产行业的发展。

2．调控措施

通过前面的分析可知,我国商品住宅价格变动的影响因素具有复杂性和综合性。因此,要切实有效地控制我国商品住宅价格,可以从以下几方面进行调控。

（1）充分利用金融调节政策,加强税收管理。根据购房者不同的购买动机实行有差别的首付比例和贷款利率,对于投资和投机购房者提高首付比例和贷款利率,对于自住购房者给予适当优惠。实行首次购房与非首次购房、普通住房与非普通住房的差别税收政策。

（2）协调运用财政政策与货币政策。单一的货币政策和财政政策很难完成对房地产的调控,地产的调控需要综合运用各种政策和经济手段。针对我国当前的房地产市场运行和发展的现状,财政政策和货币政策需要相互配合,并保持政策的一致性和连贯性,才能有效地调控房地产市场。

（3）确保保障性住房的建设,调整住房供应结构。政府在保障性住房上要切实落实土地供应、资金投入和税费优惠等政策,加大保障性住房的建设力度。与此同时,要加大对房地产企业囤地的打击力度,加快处置闲置用地,适时调整住房供应结构,确保人们合理的住房需求。

（4）完善房地产行业信息检测系统。通过房地产行业信息检测系统,及时了解房地产的供给和需求情况,实时监测住宅价格波动情况,以提高政府职能部门宏观调控的工作效率与决策水平。

CHAPTER 12

第12章 多元统计分析法在经济领域中的应用

12.1 绪 论

12.1.1 研究背景及意义

区域经济发展不平衡是国际性的普遍现象,世界各国都不同程度地面临经济发展不平衡问题的困扰。众所周知,经济社会发展的平衡是相对的,其不平衡是绝对的。暂时的经济不平衡有利于保持竞争的压力与活力,进而促进生产要素的合理化。但长期的经济发展不平衡,会影响社会的公平,会阻碍国民经济的平稳发展。

中国是一个地域辽阔、人口众多的发展中国家,也是世界上自然地理、经济社会、人口资源差异最大的国家之一。我国区域经济发展的差异性是由自然、历史、政治、地理、社会等诸多因素长期作用而成的。改革开放以来,我国东部地区经济实力明显比西部地区的经济实力强,这与我国当时"两个大局"的战略思想有关。当时,邓小平提出在生产力布局上向东部倾斜的政策,形成东—中—西梯度发展的经济发展模式。随着国家经济的不断发展,当初的发展模式已不能适应我国现在的国情。我国东西部经济发展的差异化不利于社会的稳定和全国统一市场的形成,从而影响了经济的可持续发展。

因此,加快西部地区经济发展成为我国解决社会、经济矛盾实现共同富裕的重大问题。如何加快西部的发展,缩小区域经济差异,是一个值得深入研究的重大战略问题,也成为区域经济学研究的热点内容之一。重庆是中国大规模开发西部战略的重点和前沿阵地,也是西部地区新的经济增长点。

重庆的腾飞,是西部大开发的一个重要组成部分。重庆从1997年直辖以来,推行了一系列的对外开放和经济发展措施,实现了国民经济的快速发展。与此同时,重庆市内部各区域间的经济差异也日趋明显。重庆主城区经济相对较为发达,处于特大城市经济生活水平,但是其中某些区(县)经济发展相对较慢,生活条件也没有得到很好的改善,这不利于重庆市整体经济的发展和全面建设小康社会目标的实现,也不利于提高人民的生活水平和社会的安定团结。

因此研究重庆市的区域经济差异,不但可以提高重庆市的整体经济水平、缩小城乡差距,加快重庆市的城市化进程,维护社会安定团结,还可以作为区域经济差异研究的典范,具有较好的理论研究意义和现实意义。

而研究区域经济的差异性,需要有一套科学有效的区域经济发展评价指标。这些指标的评价结果是政府部门判断该区域现有的经济水平和制定该区域经济发展策略的重要依据。对于各级政府部门而言,想制定当地经济发展的相关策略,提高居民生活水平和生活幸福指数,就必须了解当地城区经济的发展状况,因此很有必要提出一些合理的统计方法来对城区经济发展指标进行研究。

目前区域经济分析常用的数学方法有线性规划、决策论和多元统计分析等。其中多元统计主要的分析方法有聚类分析、主成分分析、因子分析和回归分析等。本章将利用主成分分析、因子分析和聚类分析,从现实的角度分析重庆区域经济差异的现状及成因,进而对缩小区域经济差异、加快西部地区经济发展提出有针对性的政策措施。

12.1.2　区域经济研究概述

近年来,国内外区域经济研究主要表现在三个方面。

(1) 地区差异的构成与分解。

最近几年以来,学术界开始运用一些新的研究方法对地区差异的构成与来源进行分解,以揭示引起地区差异变动的主要因素。Kim 采用锡尔系数研究各产业的地区差异,发现内陆地区建筑、交通、工业和农业间的差异大于沿海地区间的差异;Ravi 采用锡尔系数和基尼系数来研究中国区域经济差异,发现沿海与内陆间的差异小于农村与城市间的差异;Masahisa 采用锡尔系数对 GDP 和工业总产值对进行分解,发现内地和沿海间的差异逐渐扩大。

(2) 运用新经济增长理论的研究成果深入分析区域经济发展的实际问题。

新经济增长理论注重动态分析,强调技术进步的内生性和人力资本在经济增长中的作用,为区域经济发展的实证研究提供了新的理论工具。俞路等人研究了东部沿海地区三大都市圈的经济发展差异,发现三大都市圈与全国其他地区的经济差异正在逐步扩大,但内部核心地区(北京、上海、广州等地区)的差异正在不断减小。

(3)关于企业投资定位和地方政府经济发展政策评价的实证研究。

通过问卷调查以及对大量统计数据的分析,着重探讨影响区域经济发展的因素,为企业决策和地方政府制定经济发展政策提供依据。

12.1.3　区域经济指标评价体系的构建

1. 构建指标体系的原则

对地区经济进行评价,目的在于能客观地反映地区的综合经济实力,体现一个地区的整体经济发展水平。因此,在构建经济指标评价体系时所选取的指标要能涵盖社会经济发展的各个方面,具体原则如下:

(1)代表性

对区域经济发展进行评价的指标一定要有代表性,反映区域综合经济实力的指标很多,要选取对综合经济实力影响较大,代表性较强的指标,特别是能够区分不同区域经济发展水平的指标。

(2)全面性

对区域经济进行评价的指标一定要体现全面性,所选取的指标一定要能涵盖社会经济生活的各个方面,全面体现区域的综合经济实力,客观反映区域经济发展的特点。

(3)可行性

选取的指标要适合定量分析,有利于多元统计分析,以保证分析结果的客观性和可行性。

2. 评价指标的选取

通过相关文献研究发现,影响区域经济发展的因素主要包括两个方面:一是利于经济增长的因素,它主要包括经济效益、产业结构、劳动力资源、自然资源状况、基础设施状况等;二是居民收入水平、消费水平等。

因此,在遵循区域经济指标体系建立原则的基础上,结合相关的研究成果,我们以 2015 年重庆市各城区的经济发展为研究对象,选择反映该城区经济发展综合实力的 11 个指标，如表 12.1.1 所示。

表 12.1.1　经济指标

X_1：常住人口	X_7：全社会固定资产投资
X_2：地区生产总值	X_8：社会消费品零售总额
X_3：人均地区生产总值	X_9：城镇非私营单位就业人员年平均工资
X_4：农业总产值	X_{10}：全体居民人均可支配收入
X_5：工业总产值	X_{11}：全体居民人均生活消费支出
X_6：建筑业总产值	

12.2　区域经济发展多元统计分析

12.2.1　相关性检验

为检测变量间的相关性，以 2016 年重庆市统计年鉴的数据为依据，利用 SPSS 对这些数据进行计算，得到相关系数矩阵如表 12.2.1 所示。

表 12.2.1　相关系数矩阵

		X_1	X_2	X_3	X_4	X_5	X_6	X_7	X_8	X_9	X_{10}	X_{11}
相关	X_1	1.000	0.771	0.337	0.590	0.721	0.744	0.846	0.618	0.054	0.468	0.478
	X_2	0.771	1.000	0.824	0.091	0.795	0.825	0.837	0.939	0.523	0.791	0.807
	X_3	0.337	0.824	1.000	−0.261	0.474	0.584	0.522	0.879	0.718	0.845	0.858
	X_4	0.590	0.091	−0.261	1.000	0.135	0.252	0.355	−0.101	−0.541	−0.162	−0.121
	X_5	0.721	0.795	0.474	0.135	1.000	0.680	0.871	0.652	0.344	0.608	0.565
	X_6	0.744	0.825	0.584	0.252	0.680	1.000	0.722	0.724	0.350	0.558	0.600
	X_7	0.846	0.837	0.522	0.355	0.871	0.722	1.000	0.668	0.260	0.657	0.633
	X_8	0.618	0.939	0.879	−0.101	0.652	0.724	0.668	1.000	0.653	0.795	0.808
	X_9	0.054	0.523	0.718	−0.541	0.344	0.350	0.260	0.653	1.000	0.647	0.625
	X_{10}	0.468	0.791	0.845	−0.162	0.608	0.558	0.657	0.795	0.647	1.000	0.949
	X_{11}	0.478	0.807	0.858	−0.121	0.565	0.600	0.633	0.808	0.625	0.949	1.000

由表 12.2.1 可以发现,大部分所有变量间的相关系数都在 0.3 以上,表明各变量间具有较高的相关性,适合做主成分分析。

12.2.2 主成分分析

本节利用 SPSS 软件对 2015 年重庆市 38 个区县的经济发展数据进行主成分分析,其结果如表 12.2.2 所示。

表 12.2.2 总方差解释

成分	初始特征值			提取平方和载入		
	合计	方差贡献率/%	累积贡献率/%	合计	方差贡献率/%	累积贡献率/%
1	7.021	63.831	63.831	7.021	63.831	63.831
2	2.293	20.841	84.673	2.293	20.841	84.673
3	0.517	4.704	89.376			
4	0.432	3.929	93.306			
5	0.235	2.135	95.441			
6	0.212	1.929	97.370			
7	0.133	1.212	98.582			
8	0.076	0.689	99.271			
9	0.044	0.401	99.672			
10	0.027	0.248	99.920			
11	0.009	0.080	100.000			

方差贡献率反映的是各主成分重要程度,由表 12.2.2 可知,前两个特征值均大于 1,同时前两个主成分的累积方差贡献率达到 84.673%,大于 80%,因此,可选取前两个主成分作为重庆市城区经济发展的综合指标。

通过主成分分析得到的成分得分系数矩阵如表 12.2.3 所示。

表 12.2.3 成分得分系数矩阵

	成分	
	1	2
x_1	0.104	0.274
x_2	0.139	0.033

297

	成 分	
	1	2
x_3	0.120	-0.177
x_4	0.006	0.397
x_5	0.115	0.116
x_6	0.116	0.118
x_7	0.121	0.176
x_8	0.132	-0.068
x_9	0.086	-0.288
x_{10}	0.125	-0.118
x_{11}	0.125	-0.110

由表 12.2.3 则可以得到主成分的表达式

$F_1 = 0.104 \cdot x_1 + 0.139 \cdot x_2 + 0.120 \cdot x_3 + 0.006 \cdot x_4 + 0.115 \cdot x_5 + 0.116 \cdot x_6 + 0.121 \cdot x_7 + 0.132 \cdot x_8 + 0.086 \cdot x_9 + 0.125 \cdot x_{10} + 0.125 \cdot x_{11}$

$F_2 = 0.274 \cdot x_1 + 0.033 \cdot x_2 - 0.177 \cdot x_3 + 0.397 \cdot x_4 + 0.116 \cdot x_5 + 0.118 \cdot x_6 + 0.176 \cdot x_7 - 0.068 \cdot x_8 - 0.288 \cdot x_9 - 0.118 \cdot x_{10} - 0.110 \cdot x_{11}$

其中,$x_1, x_2, \cdots, x_{11}$ 为原始数据标准化后的数据。

由于主成分 F_i 的权重公式为

$$\lambda_i = \frac{v_i}{\sum_{i=1}^{n} v_i}$$

其中,n 为主成分个数,v_i 为方差贡献率,$\sum_{i=1}^{n} v_i$ 为累积方差贡献率,所以

$$\lambda_1 = \frac{63.831}{84.673} = 0.754, \quad \lambda_2 = \frac{20.841}{84.673} = 0.246$$

由于综合得分 F 的公式为

$$F = \sum_{i=1}^{n} \lambda_i \cdot F_i$$

其中,n 为主成分个数,所以经济实力综合得分为

$$F = 0.754 \cdot F_1 + 0.246 \cdot F_2$$

根据综合得分对各城区经济发展进行排名,见表 12.2.4。

表 12.2.4　综合得分排名

区县	FAC1_1	F_1 排名	FAC2_1	F_2 排名	F	综合排名
渝北区	2.77	1	0.851	8	2.298	1
万州区	1.173	6	1.844	1	1.338	2
九龙坡区	1.582	3	−0.519	29	1.065	3
涪陵区	1.045	8	1.108	6	1.06	4
江津区	0.694	10	1.798	2	0.966	5
沙坪坝区	1.339	4	−0.705	31	0.836	6
巴南区	0.906	9	0.353	13	0.77	7
渝中区	1.917	2	−2.862	38	0.742	8
合川区	0.339	13	1.682	3	0.669	9
永川区	0.619	11	0.818	9	0.668	10
南岸区	1.098	7	−1.019	35	0.577	11
江北区	1.292	5	−1.86	37	0.517	12
北碚区	0.569	12	−0.577	30	0.287	13
綦江区	−0.159	18	1.254	5	0.188	14
长寿区	0.104	14	0.233	16	0.136	15
开　县	−0.269	22	1.298	4	0.116	16
大足区	−0.135	17	0.381	12	−0.008	17
璧山区	0.068	15	−0.252	23	−0.011	18
潼南区	−0.266	21	0.753	10	−0.015	19
荣昌区	−0.171	20	0.235	15	−0.071	20
铜梁区	−0.159	19	−0.019	18	−0.124	21
垫江县	−0.472	23	−0.02	19	−0.36	22
梁平县	−0.609	25	0.316	14	−0.381	23
云阳县	−0.758	28	0.546	11	−0.437	24
奉节县	−0.866	31	0.866	7	−0.44	25
忠　县	−0.642	26	−0.043	20	−0.495	26
大渡口区	−0.125	16	−1.676	36	−0.507	27
南川区	−0.694	27	−0.213	21	−0.576	28
丰都县	−0.864	30	0.075	17	−0.633	29
黔江区	−0.6	24	−0.793	32	−0.647	30

区县	FAC1_1	F_1 排名	FAC2_1	F_2 排名	F	综合排名
秀山县	-0.958	32	-0.43	27	-0.828	31
武隆县	-0.847	29	-0.849	34	-0.847	32
彭水县	-0.992	33	-0.492	28	-0.869	33
酉阳县	-1.089	35	-0.282	24	-0.891	34
石柱县	-1.085	34	-0.328	25	-0.899	35
巫山县	-1.198	36	-0.247	22	-0.964	36
巫溪县	-1.223	37	-0.417	26	-1.025	37
城口县	-1.335	38	-0.807	33	-1.205	38

从表 12.2.4 中综合得分排名来看,渝北区、万州区、九龙坡区的经济发展排名比较靠前,而巫山县、巫溪县、城口县经济发展排名靠后。从表中还可以发现,行政级别为区的地方比行政级别为县的地方经济发展情况好。

12.2.3 因子分析

虽然我们从主成分分析中,可以得到各城区的经济发展综合实力的排名。但通常主成分分析法中的主成分含义并不明确,因此需要进行因子分析以明确各因子的意义。为进一步检测变量是否适合进行因子分析,我们采用 Bartlett 效度检验的方法来进行检测,调查问卷的效度检验结果如表 12.2.5 所示。

表 12.2.5　KMO 样本测度和 Bartlett 检验

取样足够的 Kaiser-Meyer-Olkin 度量		0.808
Bartlett 的球形度检验	近似卡方	577.393
	df	55
	Sig.	0.000

由表 12.2.5 可知,Bartlett 的球形度检验的显著度为 0,说明变量之间存在较高的线性相关关系。而 KMO 值为 0.808,大于 0.7,说明原数据适合进行因子分析。利用 SPSS 软件采用方差最大正交旋转法进行因子分析,其旋转后的因子载荷如表 12.2.6 所示(以 0.650 为输出因子载荷的临界值)。

表 12.2.6 旋转后的载荷矩阵

	成分	
	1	2
x_1	0.963	
x_7	0.888	
x_6	0.774	
x_5	0.763	
x_2	0.754	
x_4	0.663	
x_9		0.895
x_3		0.880
x_{10}		0.806
x_{11}		0.794
x_8		0.759

根据旋转后的因子载荷结合表 12.2.6 的内容可以对两个公共因子进行命名,指标 x_1、x_2、x_4、x_5、x_6、x_7 主要反映的是城区总体的经济状况;指标 x_3、x_8、x_9、x_{10}、x_{11} 主要反映的是城区居民的收入、消费水平和社会整体消费水平,因此可以将它们命名为人民生活水平状况。以因子累计方差贡献率不低于总方差水平的 80% 来提取公因子,其结果如表 12.2.7 所示。

表 12.2.7 总方差解释

成分	初始特征值			提取平方和载入			旋转平方和载入		
	合计	方差贡献率/%	累积贡献率/%	合计	方差贡献率/%	累积贡献率/%	合计	方差贡献率/%	累积贡献率/%
1	7.021	63.831	63.831	7.021	63.831	63.831	4.729	42.989	42.989
2	2.293	20.841	84.673	2.293	20.841	84.673	4.585	41.684	84.673
3	0.517	4.704	89.376						
4	0.432	3.929	93.306						
5	0.235	2.135	95.441						
6	0.212	1.929	97.370						
7	0.133	1.212	98.582						
8	0.076	0.689	99.271						
9	0.044	0.401	99.672						

成分	初始特征值			提取平方和载入			旋转平方和载入		
	合计	方差贡献率/%	累积贡献率/%	合计	方差贡献率/%	累积贡献率/%	合计	方差贡献率/%	累积贡献率/%
10	0.027	0.248	99.920						
11	0.009	0.080	100.000						

通过旋转后的方差贡献率计算其公因子权重可得

$$\lambda_1 = \frac{42.898}{84.673} = 0.507, \quad \lambda_2 = \frac{41.684}{84.673} = 0.493$$

则公因子综合得分为

$$Y = 0.507 \cdot Y_1 + 0.493 \cdot Y_2$$

通过 SPSS 进行因子分析时,易得 Y_1, Y_2 的数值,代入上式得表 12.2.8,其中方框内数据为重点关注数据。

表 12.2.8　因子综合得分排名

区县	FAC1_2	Y_1 排名	FAC2_2	Y_2 排名	Y	Y 排名
渝北区	2.581	1	1.318	6	1.958	1
渝中区	−0.617	27	3.39	1	1.358	2
九龙坡区	0.774	8	1.475	4	1.119	3
沙坪坝区	0.47	11	1.439	5	0.948	4
江北区	−0.367	24	2.235	2	0.915	5
万州区	2.126	2	−0.506	25	0.828	6
南岸区	0.079	15	1.495	3	0.777	7
涪陵区	1.521	4	−0.068	13	0.738	8
巴南区	0.896	7	0.378	9	0.64	9
江津区	1.75	3	−0.807	33	0.489	10
永川区	1.013	6	−0.156	16	0.437	11
北碚区	0.007	17	0.811	8	0.403	12
合川区	1.415	5	−0.972	35	0.238	13
长寿区	0.237	13	−0.095	14	0.073	14
璧山区	−0.127	19	0.229	10	0.049	15
大渡口区	−1.257	37	1.116	7	−0.087	16
大足区	0.168	14	−0.367	23	−0.095	17
铜梁区	−0.127	20	−0.097	15	−0.112	18

302

区县	FAC1_2	Y_1 排名	FAC2_2	Y_2 排名	Y	Y 排名
綦江区	0.759	9	−1.011	36	−0.114	19
荣昌区	0.041	16	−0.288	17	−0.121	20
潼南区	0.333	12	−0.726	32	−0.189	21
开　县	0.71	10	−1.119	37	−0.192	22
垫江县	−0.352	23	−0.314	18	−0.333	23
黔江区	−0.983	30	0.151	11	−0.424	24
梁平县	−0.217	22	−0.651	29	−0.431	25
忠　县	−0.491	25	−0.416	24	−0.454	26
南川区	−0.647	28	−0.33	19	−0.491	27
云阳县	−0.163	21	−0.92	34	−0.536	28
武隆县	−1.199	36	0.02	12	−0.598	29
丰都县	−0.568	26	−0.655	30	−0.611	30
奉节县	−0.018	18	−1.225	38	−0.613	31
秀山县	−0.987	31	−0.358	22	−0.677	32
彭水县	−1.055	34	−0.337	20	−0.701	33
石柱县	−1.007	32	−0.52	26	−0.767	34
酉阳县	−0.978	29	−0.556	28	−0.77	35
巫山县	−1.032	33	−0.657	31	−0.847	36
巫溪县	−1.168	35	−0.553	27	−0.865	37
城口县	−1.52	38	−0.351	21	−0.943	38

从表 12.2.8 中综合得分排名来看,可以看出渝北区、渝中区、九龙坡区的经济发展排名前三,而巫山县、巫溪县、城口县经济发展排名靠后。其中,渝北、万州、涪陵、江津、合川五个区的经济实力较强,渝中、九龙坡、沙坪坝、江北、南岸五个区的个人收入和消费水平较高。对比表 12.2.4 与表 12.2.8 可以发现,两者最后的排序结果不一样,这与两种方法的原理不同有关。不过,这两种方法对区域经济发展的评价结果从整体上看是一致的。

12.2.4　聚类分析

将表 12.2.9 的两个公共因子采用系统聚类法,以夹角余弦为度量标准进行聚类分析,其结果如图 12.2.1 所示。

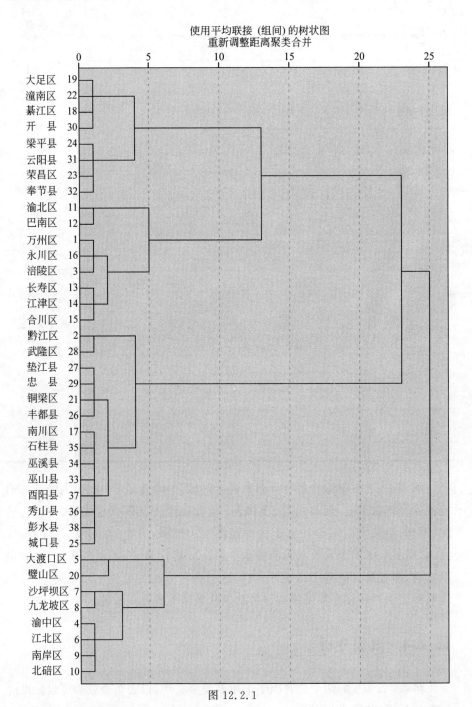

图 12.2.1

从聚类树状图(谱系图)中我们可将重庆城区划分 4 类、3 类或者 2 类,其结果如表 12.2.9 所示。

表 12.2.9　分类表

区县	4 类	3 类	2 类
万州区	1	1	1
黔江区	2	2	1
涪陵区	1	1	1
渝中区	3	3	2
大渡口区	3	3	2
江北区	3	3	2
沙坪坝区	3	3	2
九龙坡区	3	3	2
南岸区	3	3	2
北碚区	3	3	2
渝北区	1	1	1
巴南区	1	1	1
长寿区	1	1	1
江津区	1	1	1
合川区	1	1	1
永川区	1	1	1
南川区	2	2	1
綦江区	4	1	1
大足区	4	1	1
璧山区	3	3	2
铜梁区	2	2	1
潼南区	4	1	1
荣昌区	4	1	1
梁平县	4	1	1
城口县	2	2	1
丰都县	2	2	1
垫江县	2	2	1

区县	4 类	3 类	2 类
武隆县	2	2	1
忠 县	2	2	1
开 县	4	1	1
云阳县	4	1	1
奉节县	4	1	1
巫山县	2	2	1
巫溪县	2	2	1
石柱县	2	2	1
秀山县	2	2	1
酉阳县	2	2	1
彭水县	2	2	1

我们以 4 类划分为例,渝中区、大渡口区、江北区、沙坪坝区、九龙坡区、南岸区、北碚区和璧山区综合经济实力最强、经济发展最好。这八大区位于重庆城市圈的中心,它们的地理位置优越,交通便利,经济基础坚实,综合实力强大。万州区、涪陵区、渝北区、巴南区、长寿区、江津区、合川区和永川区在经济发展方面属于第二梯队。这几个区距离重庆市中心距离较近,地理优势相较于其他城区明显,而且各城区的特色经济发展良好。綦江区、大足区、潼南区、荣昌区、梁平县、开县、云阳县和奉节县属于第三梯队,黔江区、南川区、铜梁区、城口县、丰都县、垫江县、武隆县、忠县、巫山县、巫溪县、石柱县、秀山县、酉阳县、彭水县属于第四梯队。从以上分析可以看出,这 4 类城区的经济发展差异是非常明显的。

12.3 重庆区域经济差异影响因素分析

12.3.1 自然资源因素

自然资源条件是人类生存和发展的物质基础,一切经济活动赖以进行的根本源泉,经济的发展至关重要。自然地理因素是导致区域经济差异的客观因素,主要体现为自然条件、区位条件和资源禀赋三个方面。自然气候条件决定着农业生产的类型与构成,区位条件影响人口的分布、城镇和交通运输的空间布局,区域自然资源禀赋状况的差异则制约区域经济活动的类型与效率。总的来说,这些资源空间布局具有不同的资源约束、成本约束、市场约束、技术约束等,进而直接或间接地影响区域经济发展。

重庆是全国重要的工业基地,是长江上游的经济中心城市。重庆一小时经济圈产业基础好,是重庆经济发展的核心,对重庆其他区域的经济发展有辐射作用。重庆的主城九区是相对发达的地区,这一地区地理条件优越,交通四通八达、生产要素集中、基础设施完善,区位优势明显。

渝东北翼被巫山、大巴山、武陵山环绕,交通不发达,生产、生活受自然环境制约因素大,其资源优势难以转化为经济优势。渝东南翼公路等级低、路网密度小,对外联系主要靠水运。距重庆、武汉等大城市较远,运输成本较高,再加上受到一小时经济圈的产品强势竞争,所以其发展空间很狭小。

12.3.2　区域产业结构

经济发展的本质之一是产业结构由简单到复杂,由低级到高级的不断演进。区域经济发展是在经济总量增长的同时,伴随着结构的优化。所以,产业结构的差异是形成区域经济差异的重要原因之一。结构优化能促进经济发展,相反的结构问题会阻碍经济发展,为分析重庆区域经济差异的原因,我们将最近 3 年的重庆经济发展状况进行比较。由于重庆市区县数量较多而且许多区县具有相同的经济特征,所以我们不按区县进行分类,按区域进行经济状况的分析。重庆市各区县通常有两种划分方式,一种可分为都市发达经济圈、渝西经济走廊和三峡库区生态经济区;另一种可分为一小时经济圈、渝东北生态涵养发展区和渝东南生态保护发展区。

为进一步分析各区域的产业结构,将表 12.3.1 的数据转化为图,其结果如图 12.3.1～图 12.3.3 所示。

表 12.3.1　重庆市各产业占 GDP 的比重　　　　%

区　　域	2013 年			2014 年			2015 年		
	第一产业	第二产业	第三产业	第一产业	第二产业	第三产业	第一产业	第二产业	第三产业
全市	7.92	50.55	41.53	7.44	45.78	46.78	7.32	44.98	47.70
都市发达经济圈	1.84	46.13	52.03	1.63	40.00	58.37	1.57	38.35	60.07

区　　域	2013 年			2014 年			2015 年		
	第一产业	第二产业	第三产业	第一产业	第二产业	第三产业	第一产业	第二产业	第三产业
渝西经济走廊	12.79	56.21	31.00	12.10	53.46	34.44	11.69	53.56	34.76
三峡库区生态经济区	12.53	52.23	35.25	11.96	47.84	40.20	11.84	47.30	40.86
一小时经济圈	5.96	51.14	42.90	5.57	46.04	48.39	5.46	45.07	49.47
渝东北生态涵养发展区	14.33	48.54	37.13	13.52	44.96	41.52	13.36	44.80	41.84
渝东南生态保护发展区	15.20	48.58	36.23	14.49	44.68	40.83	14.25	44.26	41.50

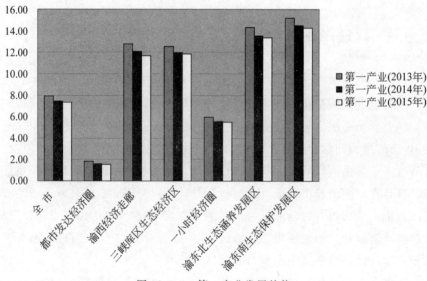

图 12.3.1　第一产业发展趋势

从图 12.3.1~图 12.3.3 可以发现,重庆市各区域的第一、第二产业的比例都在逐渐减少,而第三产业的比例正逐渐加大,这说明重庆市正加快发展第三产业。同时,从图 12.3.1 可以发现渝西经济走廊、三峡库区生态经济区、渝东北生态涵养发展区、渝东南生态保护发展区的第一产业比例相对较大,都市发达经济圈、一小时经济圈的第一产业比例相对较小,都市发达经济圈的第三产业比例相对较大。

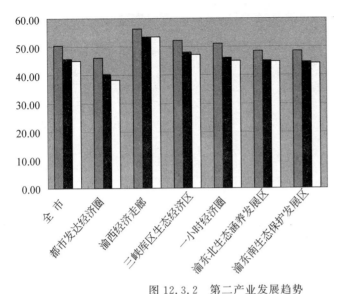

图 12.3.2　第二产业发展趋势

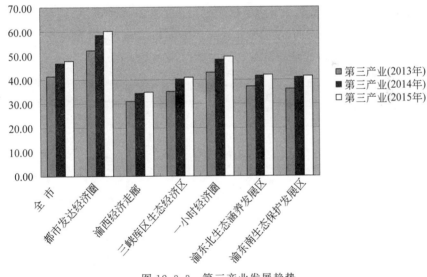

图 12.3.3　第三产业发展趋势

从图 12.3.4 可以发现,重庆市各区域第一产业的比例很小,第二、第三产业的发展存在一定的差异,但总体来讲,除都市发达经济圈、一小时经济圈外,第二产业仍然是各区域的主导产业。

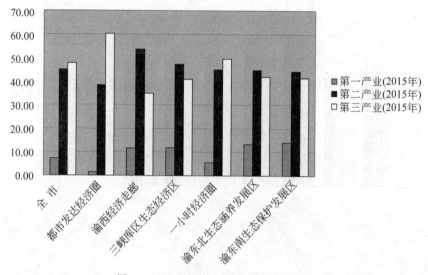

图 12.3.4　2015 年重庆市产业结构图

　　从表 12.3.2 中可以发现重庆市各区域地区生产总值差异较大,一小时经济圈的生产总值最大,渝东南生态保护发展区的生产总值最小,两者相差了近 14 倍。同时,其他区域的各类产业生产总值也相差较大,因此产业结构的差异是造成各区域间的区域经济差异的主要原因之一。

表 12.3.2　2015 年重庆市地区生产总值　　　　　　万元

区　　域	地区生产总值	第一产业	第二产业	第三产业
全市	157172700	11501500	70693700	74977500
都市发达经济圈	68610100	1079100	26315200	41215800
渝西经济走廊	39742200	4644300	21284300	13813600
三峡库区生态经济区	48820400	5778100	23094200	19948100
一小时经济圈	121240300	6623300	54642900	59974100
渝东北生态涵养发展区	27207800	3635300	12189500	11383000
渝东南生态保护发展区	8724600	1242900	3861300	3620400

12.3.3　人力资本因素

　　人力资本同经济发展是相辅相成的,经济结构、产业结构的调整需要高水平的劳动力资源,而人力资本的发展同时也能促进经济结构的调整和经济的增长,人力资本积累既是经济增长的源泉,又是收入不均等演化的基础。因此,人力资本因素是区域经济之间产生差距的一个重要因素之一。

2009 年,重庆市常住人口达到 2800 多万,一小时经济圈、渝东北翼、渝东南翼的比例大约是 6∶2∶1。明显一小时经济圈的人口数量比"两翼"地区人口数量之和还多,这主要因为"两翼"地区的劳动力向一小时经济圈流动。明显地,一小时经济圈是重庆市人才资源的汇集地和制高点,而"两翼"地区则出现了中高级人才空地,人力资源的素质和质量普遍较低,这制约了"两翼"地区的劳动力边际产出,从而成为区域经济差异中边际产出差异的主要原因。

12.3.4 投资因素

资本流动是区域经济增长的直接推动力,资本投入是提高区域产出水平和促进区域增长的重要因素,是影响区域经济差异的重要因素之一。因此,只需要从各区域的固定资产投资情况和外商投资变化就可以看出重庆市各地区资本流动的变化情况。

1. 固定资产

全社会固定资产投资是指以货币表现的建造和购置固定资产活动的工作量,它是反映固定资产投资规模、速度、比例关系和使用方向的综合性指标。通过全社会固定资产投资可以判断区域的基础设施水平、城镇建设规模以及社会经济发展水平。

由于表 12.3.3 中的数据较大,为进一步分析各区域固定资产的投资变化趋势,我们将表 12.3.3 的数据转换为柱状图,如图 12.3.5 所示。

表 12.3.3　重庆市全社会固定资产投资　　　　　万元

区　　域	2013 年	2014 年	2015 年
全市	112050284	132237463	154803250
都市发达经济圈	39319389	45654388	51846627
渝西经济走廊	34172804	42038002	51159992
三峡库区生态经济区	45085411	44545073	51796631
一小时经济圈	82094787	97628352	114780274
渝东北生态涵养发展区	21495258	25282480	29782621
渝东南生态保护发展区	8460239	9326631	10240355

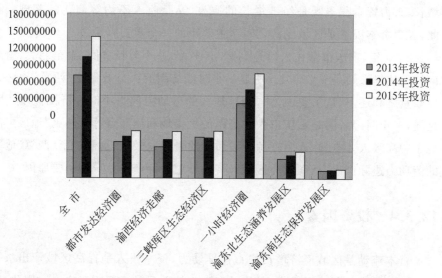

图 12.3.5　2013—2015 年重庆市全社会固定资产投资柱状图(单位：万元)

从图 12.3.5 可以看出,重庆市全社会固定资产投资从 2013 年到 2015 年是逐步增长的,都市发达经济圈、渝西经济走廊、三峡库区生态经济区、一小时经济圈的社会固定资产投资也是逐年增加的,但是渝东北生态涵养发展区和渝东南生态保护发展区变化不大。同时,从图 12.3.5 中还可以发现重庆市各区域的全社会固定资产投资差距还很大,在较长一段时期内这种局面还将持续。因此,全社会固定资产投资的差异是造成各区域之间的区域经济差异的原因之一。

2. 对外开放程度

当今的世界是开放的世界,地区的对外开放程度已成为区域经济发展实践中最为明显的外部影响因素。我们以 2013 年重庆市对外经济贸易的情况为例,分析重庆地区的对外开放程度。

表 12.3.4　2013 年重庆市对外经济贸易情况　　　　　　万美元

区　　县	进出口总值	进　　口	出　　口
全市	6870410	4679749	2190661
都市发达经济圈	6298789	4305220	1993569
渝西经济走廊	235972	183443	52529
三峡库区生态经济区	335649	191086	144563

区　　　县	进出口总值	进　　　口	出　　　口
一小时经济圈	6774165	4594625	2179540
渝东北生态涵养发展区	63602	52622	10980
渝东南生态保护发展区	32643	32502	141

从表 12.3.4 可知,都市发达经济圈、一小时经济圈进出口总值很大,占全市进出口总值的 90％以上。由此可以看出,重庆市"一圈两翼"三大板块之间经济开放程度存在显著差异,一小时经济圈开放程度高于两翼地区。此外,重庆市都市发达经济圈、渝西经济走廊、三峡库区生态经济区之间的开放程度也相差悬殊。由此可知,区域的开放程度也是造成各区域间的区域经济差异的原因之一。

12.3.5　政策因素

重庆市发展过程中一直将有限的资源过度地投入到了主城区和"一小时经济圈"内,而对"两翼"地区的县域经济重视程度不够。例如,引进外资的政策上"两翼"地区相较于主城区和"一小时经济圈"并不具有吸引力的优惠,所以外商投资由于利润和市场的引导更偏向于主城区和"一小时经济圈",进而使得一圈两翼的经济差异加大。还有历史上和制度上形成的城市劳动市场对农村劳动力的歧视也构成了区域经济协调发展的阻碍。

12.4　区域经济协调发展的建议和对策

12.4.1　区域经济差异对经济发展的影响

1. 适度的区域经济差异对经济发展的积极影响

适度的区域经济差异是社会发展的压力和动力,它能迫使经济欠发达区域锐意进取,加快发展。没有差距就没有发展,当区域间存在经济差异时,发展水平高的地区自然就成为发展水平低的地区的榜样和赶超目标,同时发展水平高的地区也会有紧迫感,进而使得各类地区都积极向前发展,实现整个发展的目的。

区域经济差异产生的经济发展梯度能有效地促进各生产要素的整合,推动重庆经济总量的快速增长和整体综合实力的全面提高。重庆是我国长江经济带上游的经济中心,同时也是西南、西部与东部地区物资、人员、信息交汇的地区,具有向外辐射和发展、传递经济要素的地缘区位优势。与此同时,重庆的部分经济不发达地区虽然经济总体发展水平低,信息、技术发展相对滞后,但这些地区却拥有较丰富的劳动力资源和自然资源,只要将这些生产要素进行合理的整合,就可以发挥各自的优势,促进重庆经济综合实力全面提高。

2. 区域差异过大可能带来的消极影响

区域经济差异将对区域资源配置产生重大的影响,主要表现在对区域生产要素的流动造成影响。因为各地区吸引生产要素的能力有很大差异,这就导致经济欠发达区域的生产要素流向发达区域,进而制约区域经济的发展。简单来说,区域经济差异过大对整个重庆经济的负面影响可以用水桶原理"短板效应"来解释。

"水桶原理"认为:水桶的总容量与构成水桶壁的最短的一块木板密切相关,水桶盛水的多少取决于最短的那块木板。也就是说。从全局和长远的观点来看,区域间经济发展水平处于相对均衡状态或协调发展状态时,全重庆的经济总体发展才是最好的。否则,落后区域将会制约全重庆的经济发展。

3. 区域经济差异过大可能会影响社会稳定

区域经济差异过大会对社会心理将产生一定的负面影响。区域经济差异过大必然会导致区域内个人收入和消费的悬殊,人们最关心的是自己收入的多少,如果低收入区域与高收入区域的差异过大,就会出现社会心理失衡,这将影响社会的稳定。

前面已经分析过,区域经济差异过大将影响生产要素的流动,特别是影响人口的流动。因为流动人员的复杂性和流动性,在客观上给管理造成一定的困难,而区域经济差异的扩大会加剧人员的流动性,进而使得社会问题增多。如果这种流动超过正常的限度,将会影响社会稳定。

12.4.2 重庆区域经济协调发展的建议和对策

通过前面的分析可以知道,区域经济差异的存在是正常的经济现象,没有必要完全消除区域之间的经济差异,同时区域经济差异也是不可能完全消除的。如何调控重庆区域经济使之协调发展是重庆当前面临的重大问题之一。

重庆区域经济发展差异的调控重点是根据重庆各城区的实际情况,采取相应的措施发挥各城区的优势,重点扶持经济相对落后的城区,使各城区经济协调发展,具体来说,可以分为以下几个方面。

1. 加强政府宏观调控和布局,促进经济社会的发展

加强和改善宏观调控,保持经济平稳较快发展。深化金融改革,改善金融服务,优化信贷结构,大力扶持高新技术产业;加大对贫困地区的农业、教育、社会保障等投入;加强交通网络的建设,加快机场、水运、铁路、公路的建设。

2. 加快经济结构调整,大力发展高新技术产业

从经济结构看,目前重庆各产业结构比例相差很大,需要加快产业结构的调整,以"稳定巩固第一产业、优化提高第二产业、加快发展第三产业"的方针,来壮大支柱产业,加快发展高新技术产业。

3. 加快经济落后地区的经济发展

要积极发展各特色区县的经济发展,根据各区县的资源状况和条件,发挥优势,突出特色。对各区县进行分类指导,打造各自的主导产业,防止产业趋同,培育区县经济新的增长点。

具体到四类地区,其具体建议如下:

第一类地区

第一类地区大部分都处在 1 小时经济圈内,该地区城镇化水平很高,其主要的产业以第二产业、第三产业为主,甚至已经进入了"退二进三"的时代。

(1)调整产业结构,转变经济发展方式

第一类地区是重庆市主要的工业聚集区,以往的粗放式增长会对周边环境有较大影响,因此需要调整产业结构,转变经济发展方式。这就需要以工业园为突破口,建立资源节约和环境友好的生产体系,实现地区经济的可持续发展。要实现这一目标,就必须大力发展高新技术产业,加大研发力度,提高资源利用效率,以此来改革传统产业,调整产业结构。

(2)加快发展现代服务业

将第一类地区建设成为区域性中心市场和零售中心市场,同时以航空、港口码头以及轨道交通为依托,建立商贸流通网络,以增强区域辐射能力。

第二类地区

第二类地区包括万州区、涪陵区、渝北区、巴南区、长寿区、江津区、合川区和永川区,这些地区都处在主城区的邻近区域,直接受城市中心区辐射,区位优势较明显。总体来说,这些地区以第二产业为主导,第一产业为辅的发展模式。

（1）统筹城乡发展

第二类地区大部分地区都处在城市与农村的结合部，城乡二元经济结构明显，所以统筹城乡发展是该地区经济发展的第一要务。加强部门与地区间的规划协调，明晰地区的功能定位，并明确政府的服务功能，提高城市的综合治理水平。

（2）调整产业结构，培育产业集群

前面分析了第一类地区正在进行"退二进三"的产业布局，第二类地区应当抓住机会，进行产业结构调整，有选择地承接第一类地区退下来的第二产业，促进自身产业结构的升级改造。与此同时，努力将永川区、合川区、涪陵区、江津区、长寿区等地区作为新的工业增长点，形成区域发展的核心区域。

第三类地区

第三类地区主要包括綦江区、大足区、潼南区、荣昌区、梁平县、开县、云阳县和奉节县，这类地区资源优势明显，应该充分利用国家的优惠政策，结合当地丰富的林木资源，加快发展林业经济；利用区域中药材的资源优势，利用生物工程、基因工程等技术，发展生物制药和现代中药等产业；同时，这类地区还可以发展绿色农业，生产无公害蔬菜、食品，以提高农副产业的附加值。

第四类地区

第四类地区主要包括黔江区、南川区、铜梁区、城口县、丰都县、垫江县、武隆县、忠县、巫山县、巫溪县、石柱县、秀山县、酉阳县、彭水县这些地区，这类地区大部分地势偏远，交通不便，而且少数民族人口较多，人们受教育程度相对较低。所以，此类地区需要国家和当地政府加大教育投入力度，以此提高人民的素质。

因为该类地区的少数民族人口较多，所以应该充分利用国家对少数民族地区的优惠政策，开发特色的民族文化资源。重点发展以生态体验和民族文化为特色的旅游业，构建以武陵山区少数民族地区经济高地和渝东南特色经济走廊。

APPENDIX

附　录

附录 1　标准正态分布表

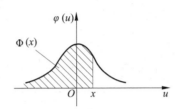

$$\Phi(x) = \frac{1}{\sqrt{2\pi}} \int_{-\infty}^{x} e^{-\frac{u^2}{2}} du = \int_{-\infty}^{x} \varphi(u) du = P\{X \leqslant x\}$$

x	0.00	0.01	0.02	0.03	0.04	0.05	0.06	0.07	0.08	0.09
0	0.5000	0.5040	0.5080	0.5120	0.5160	0.5199	0.5239	0.5279	0.5319	0.5359
0.1	0.5398	0.5438	0.5478	0.5517	0.5557	0.5596	0.5636	0.5675	0.5714	0.5753
0.2	0.5793	0.5832	0.5871	0.5910	0.5948	0.5987	0.6026	0.6064	0.6103	0.6141
0.3	0.6179	0.6217	0.6255	0.6293	0.6331	0.6368	0.6404	0.6443	0.6480	0.6517
0.4	0.6554	0.6591	0.6628	0.6664	0.6700	0.6736	0.6772	0.6808	0.6844	0.6879
0.5	0.6915	0.6950	0.6985	0.7019	0.7054	0.7088	0.7123	0.7157	0.7190	0.7224
0.6	0.7257	0.7291	0.7324	0.7357	0.7389	0.7422	0.7454	0.7486	0.7517	0.7549
0.7	0.7580	0.7611	0.7642	0.7673	0.7703	0.7734	0.7764	0.7794	0.7823	0.7852
0.8	0.7881	0.7910	0.7939	0.7967	0.7995	0.8023	0.8051	0.8078	0.8106	0.8133
0.9	0.8159	0.8186	0.8212	0.8238	0.8264	0.8289	0.8355	0.8340	0.8365	0.8389
1.0	0.8413	0.8438	0.8461	0.8485	0.8508	0.8531	0.8554	0.8577	0.8599	0.8621
1.1	0.8643	0.8665	0.8686	0.8708	0.8729	0.8749	0.8770	0.8790	0.8810	0.8830

续表

x	0.00	0.01	0.02	0.03	0.04	0.05	0.06	0.07	0.08	0.09
1.2	0.8849	0.8869	0.8888	0.8907	0.8925	0.8944	0.8962	0.8980	0.8997	0.9015
1.3	0.9032	0.9049	0.9066	0.9082	0.9099	0.9115	0.9131	0.9147	0.9162	0.9177
1.4	0.9192	0.9207	0.9222	0.9236	0.9251	0.9265	0.9279	0.9292	0.9306	0.9319
1.5	0.9332	0.9345	0.9357	0.9370	0.9382	0.9394	0.9406	0.9418	0.9430	0.9441
1.6	0.9452	0.9463	0.9474	0.9484	0.9495	0.9505	0.9515	0.9525	0.9535	0.9535
1.7	0.9554	0.9564	0.9573	0.9582	0.9591	0.9599	0.9608	0.9616	0.9625	0.9633
1.8	0.9641	0.9648	0.9656	0.9664	0.9672	0.9678	0.9686	0.9693	0.9700	0.9706
1.9	0.9713	0.9719	0.9726	0.9732	0.9738	0.9744	0.9750	0.9756	0.9762	0.9767
2.0	0.9772	0.9778	0.9783	0.9788	0.9793	0.9798	0.9803	0.9808	0.9812	0.9817
2.1	0.9821	0.9826	0.9830	0.9834	0.9838	0.9842	0.9846	0.9850	0.9854	0.9857
2.2	0.9861	0.9864	0.9868	0.9871	0.9874	0.9878	0.9881	0.9884	0.9887	0.9890
2.3	0.9893	0.9896	0.9898	0.9901	0.9904	0.9906	0.9909	0.9911	0.9913	0.9916
2.4	0.9918	0.9920	0.9922	0.9925	0.9927	0.9929	0.9931	0.9932	0.9934	0.9936
2.5	0.9938	0.9940	0.9941	0.9943	0.9945	0.9946	0.9948	0.9949	0.9951	0.9952
2.6	0.9953	0.9955	0.9956	0.9957	0.9959	0.9960	0.9961	0.9962	0.9963	0.9964
2.7	0.9965	0.9966	0.9967	0.9968	0.9969	0.9970	0.9971	0.9972	0.9973	0.9974
2.8	0.9974	0.9975	0.9976	0.9977	0.9977	0.9978	0.9979	0.9979	0.9980	0.9981
2.9	0.9981	0.9982	0.9982	0.9983	0.9984	0.9984	0.9985	0.9985	0.9986	0.9986
3.0	0.9987	0.9990	0.9993	0.9995	0.9997	0.9998	0.9998	0.9999	0.9999	1.0000

附录2　成渝两地建筑企业员工离职动因调查问卷

您好,十分感谢您填写本次调查问卷。本调查问卷是针对成渝两地建筑企业员工离职情况进行的,目的是希望找出建筑企业员工离职的主要影响因素,并为管理者解决留住人才,降低员工离职率提供参考。

请您根据自身的真实情况,选择恰当的答案。本问卷采用匿名的调查方式,请放心填写,诚挚感谢您的合作!

一、离职的影响因素调查

所有问题的问答请根据等级来表达您认为的重要程度,请您在最符合的选项上打钩。

1. 企业的知名度很高、社会评价很好。
   □非常不同意　　□不同意　□一般　　□同意　　□非常同意

2. 企业规模在同行业中很大。
   □非常不同意　　□不同意　□一般　　□同意　　□非常同意

3. 企业发展前景很好。
   □非常不同意　　□不同意　□一般　　□同意　　□非常同意

4. 企业具有良好的企业文化和团队合作精神。
   □非常不同意　　□不同意　□一般　　□同意　　□非常同意

5. 工作中担负的责任比较大。
   □非常不同意　　□不同意　□一般　　□同意　　□非常同意

6. 工作经常需要在紧迫的时间内完成。
   □非常不同意　　□不同意　□一般　　□同意　　□非常同意

7. 工作指标要求很高,需要付出很大的努力。
   □非常不同意　　□不同意　□一般　　□同意　　□非常同意

8. 您对单位提供的工资和福利很满意。
   □非常不同意　　□不同意　□一般　　□同意　　□非常同意

9. 与其他单位相比,您所在的单位的薪资水平是公平的。
   □非常不同意　　□不同意　□一般　　□同意　　□非常同意

10. 经常在野外施工场地，工作具有一定的危险性。

☐非常不同意　☐不同意　☐一般　☐同意　☐非常同意

11. 工作地点常常根据项目的安排频繁变动。

☐非常不同意　☐不同意　☐一般　☐同意　☐非常同意

12. 公司的设备管理及维护都很及时到位。

☐非常不同意　☐不同意　☐一般　☐同意　☐非常同意

13. 你觉得公司的工作环境很好。

☐非常不同意　☐不同意　☐一般　☐同意　☐非常同意

14. 企业提供的培训和学习机会很多。

☐非常不同意　☐不同意　☐一般　☐同意　☐非常同意

15. 企业提供的晋升机会很多且发展空间很大。

☐非常不同意　☐不同意　☐一般　☐同意　☐非常同意

16. 您认为组织的升迁制度很公平。

☐非常不同意　☐不同意　☐一般　☐同意　☐非常同意

17. 单位很注重员工的工作目标、价值观。

☐非常不同意　☐不同意　☐一般　☐同意　☐非常同意

18. 单位很重视员工的工作意见。

☐非常不同意　☐不同意　☐一般　☐同意　☐非常同意

19. 您愿意为了项目的成功付出更多的努力。

☐非常不同意　☐不同意　☐一般　☐同意　☐非常同意

20. 要享受单位带来的利益，员工就必须尽义务。

☐非常不同意　☐不同意　☐一般　☐同意　☐非常同意

21. 您对公司有很强烈的归属感。

☐非常不同意　☐不同意　☐一般　☐同意　☐非常同意

22. 行业经济形式不景气，留在单位是因为很难找到更好的工作机会。

☐非常不同意　☐不同意　☐一般　☐同意　☐非常同意

23. 由于专业限制，您离开单位可能很难找到合适的工作。

☐非常不同意　☐不同意　☐一般　☐同意　☐非常同意

24. 离开公司可能需要很大的牺牲，成本太高。

☐非常不同意　☐不同意　☐一般　☐同意　☐非常同意

25. 较长时间不与家人团聚，会影响您与家人的感情。

☐非常不同意　☐不同意　☐一般　☐同意　☐非常同意

二、离职倾向调查

1. 您想辞去目前的工作。
　　□非常不同意　　□不同意　　□一般　　□同意　　□非常同意
2. 您会寻找其他的工作机会。
　　□非常不同意　　□不同意　　□一般　　□同意　　□非常同意
3. 您已经开始寻找其他的工作机会。
　　□非常不同意　　□不同意　　□一般　　□同意　　□非常同意
4. 一旦条件成熟，您将马上辞去现在的工作。
　　□非常不同意　　□不同意　　□一般　　□同意　　□非常同意

三、基本信息

请您按实际情况进行勾选。

1. 您的性别：□男　　　　□女
2. 您的年龄：□25 岁以下　　□25～35 岁　　□36～45 岁　　□45 岁以上
3. 您的婚姻状况：□已婚　　□未婚
4. 您的学历：□硕士及以上　　□本科　　　　□专科(含高职)
　　　　　　　□高中(含中专、技校、职校)及以下
5. 您的工作年限：□1 年以下　　□1～2 年　　□3～5 年　　□6～10 年
　　　　　　　　□10 年以上
6. 您的工作职务：□具体技术类人员　　　　□基层管理人员
　　　　　　　　□中层及以上管理人员
7. 您的单位类别：□建设单位　　□施工单位　　□设计、监理、咨询单位
　　　　　　　　□其他
8. 您的单位性质：□国有企业　　□民营企业　　□外资、合资企业
　　　　　　　　□其他

附录3 对×××教师满意度的问卷调查

亲爱的同学,你好!

为了解学生对教师工作的满意程度,以提高我校教师的教学质量,本问卷采用匿名方式填写,占用你几分钟的时间,按照实际情况回答下列问题。所有问题的问答请根据等级来表达您认为的重要程度,请您在最符合的选项上打钩。

本问卷调查资料仅供调查研究使用,不对外公开。

1. 遇到不懂的地方,我能及时获得教师的帮助。
   □非常不符合　　□不符合　□一般符合　□符合　　□非常符合

2. 教师积极主动地了解我们对课程的疑问。
   □非常不符合　　□不符合　□一般符合　□符合　　□非常符合

3. 教师对课程的要求对我是个挑战,激发我努力学习。
   □非常不符合　　□不符合　□一般符合　□符合　　□非常符合

4. 课程教师提出的问题能引导我独立思考、独立学习。
   □非常不符合　　□不符合　□一般符合　□符合　　□非常符合

5. 教师熟悉教学内容,突出重点和难点。
   □非常不符合　　□不符合　□一般符合　□符合　　□非常符合

6. 课堂气氛活跃,能吸引我的注意力。
   □非常不符合　　□不符合　□一般符合　□符合　　□非常符合

7. 课程教师积极有效地运用多媒体上课。
   □非常不符合　　□不符合　□一般符合　□符合　　□非常符合

8. 课程教师能够有效地利用教学时间。
   □非常不符合　　□不符合　□一般符合　□符合　　□非常符合

9. 教学内容能够和我们的专业紧密联系。
   □非常不符合　　□不符合　□一般符合　□符合　　□非常符合

10. 课程总体收获比期望多。
    □非常不符合　□不符合　□一般符合　□符合　　□非常符合

附录 4　2016 年重庆市统计年鉴（部分）

区县	常住人口/万人	地区生产总值/万元	人均地区生产总值/元	农业总产值/万元	工业总产值/万元	建筑业总产值/万元	全社会固定资产投资/万元	社会消费品零售总额/万元	城镇非私营单位就业人员年平均工资/元	全体居民人均可支配收入/元	全体居民人均生活消费支出/元
全市	3016.55	157172700	52322	10336848	214000118	62569430	154803250	64240226	60543	20110	15140
都市发达经济圈	834.82	68610100	82973	1135232	99855030	25159666	51846627	33469401	66618		
渝西经济走廊	899.09	39742200	44560	4095569	67484574	14424998	51159992	14540454	54020		
三峡库区生态经济区	1282.64	48820400	37987	5105853	46660514	22984766	51796631	16230372	55268		
一小时经济圈	1930.42	121240300	63334	6013171	189552603	45068704	114780274	51383335	62050		
都市功能核心区	374.30	30985800	83513	6059	12899680	12922111	14026846	19023585	68758		
都市功能拓展区	460.52	37624300	82533	1129173	86955350	12237554	37819781	14445816	64668		
城市发展新区	1095.60	52630200	48400	4877939	89697573	19909038	62933647	17913934	54388		
渝东北生态涵养发展区	811.19	27207800	33428	3258144	18292764	15764541	29782621	9498307	54471		
渝东南生态保护发展区	274.94	8724600	31638	1065339	6154752	1736185	10240355	3358584	58018		
万州区	160.74	8282151	51570	575793	7742500	5601337	7250948	2879819	56275	21564	16787
黔江区	46.20	2025455	44099	134670	2278331	555415	2670732	808755	60177	15991	12329
涪陵区	114.08	8131946	71430	489550	14312349	3889343	6704630	2296993	55746	21884	17513
渝中区	64.95	9581728	147423		198624	3811195	3300195	6379216	73074	31608	25044

续表

区县	常住人口/万人	地区生产总值/万元	人均地区生产总值/元	农业总产值/万元	工业总产值/万元	建筑业总产值/万元	全社会固定资产投资/万元	社会消费品零售总额/万元	城镇非私营单位就业人员年平均工资/元	全体居民人均可支配收入/元	全体居民人均消费支出/元
大渡口区	33.27	1597192	48173	18359	1868642	1544041	1903098	403318	61297	29124	20345
江北区	84.98	6873142	81411	6564	7341004	2207758	4935177	4264865	71898	30267	21512
沙坪坝区	112.83	7142957	63768	57983	17661362	2624544	5831658	3203779	65685	29490	20628
九龙坡区	118.69	10035561	85156	102831	11585430	2365041	6646999	5055733	59703	29371	20944
南岸区	85.81	6793773	80011	56620	13857519	1725030	5009348	3758738	61263	29645	19812
北碚区	78.62	4303424	55275	175301	8177722	1841602	5949043	1486853	61908	26965	20066
渝北区	155.09	11933430	78139	250633	32191420	6809292	10935964	5730401	67464	27194	19457
巴南区	100.58	5683423	57423	466940	6973306	2231163	7335145	2751068	60699	26650	20920
长寿区	82.43	4301168	52665	292820	7900650	1594697	5069025	1032599	55463	21353	15097
江津区	133.19	6055860	46150	724444	13547331	1565311	7042201	2291631	55428	22543	16544
合川区	136.06	4761869	35267	601646	6827678	1997164	5334903	2217937	49619	21914	17836
永川区	109.61	5703351	52317	365368	10051468	2672389	7201300	2674844	56068	22992	13466
南川区	56.43	1862532	33159	320618	1667259	243857	1717178	1030608	56941	19621	11233
綦江区	107.84	3780377	34821	485507	5684094	866696	5279138	1344980	50162	18567	13827
綦江区(不含万盛)	81.05	2859815	34963	415175	4027693	617969	3723370	1029856	52685	18273	
万盛经济开发区		920562	34388								
大足区	76.39	3491735	46120	353053	5258774	1005479	5200014	1019506	54224	19802	14620
璧山区	72.52	3817631	52821	148139	8945199	618739	6307726	1065938	58084	21800	13757
铜梁区	68.72	3082041	45626	253029	4564470	1204258	5273238	963088	56940	20818	13180

续表

区 县	常住人口/万人	地区生产总值/万元	人均地区生产总值/元	农业总产值/万元	工业总产值/万元	建筑业总产值/万元	全社会固定资产投资/万元	社会消费品零售总额/万元	城镇非私营单位就业人员年平均工资/元	全体居民人均可支配收入/元	全体居民人均生活消费支出/元
潼南区	68.23	2651988	39573	471952	3946282	3505634	3308384	765707	53872	18039	12948
荣昌区	70.10	3298733	47577	371811	6992020	745473	4495910	974113	56112	19784	14080
梁平县	66.40	2423308	36542	318436	1921173	986742	2675263	788729	50248	17377	13784
城口县	18.63	425418	22713	50632	86193	11314	736601	127580	53756	11570	10949
丰都县	59.56	1501886	24876	204510	1069825	1130970	2504149	638200	52570	15492	10250
垫江县	67.67	2398394	35372	307947	1933880	1510878	2921534	813773	58435	17591	12151
武隆县	34.67	1313995	37824	188790	635141	162626	1508757	463225	59914	16311	12183
忠县	70.80	2223968	31115	319075	909361	526431	2621013	655742	58871	17112	11261
开县	117.07	3259784	27882	477052	2718007	2375815	3585870	1507792	51473	15991	12554
云阳县	89.66	1879115	20934	369764	1293904	1200528	2406277	904271	57158	13841	8394
奉节县	75.33	1974324	25855	375455	297822	1913393	2324736	481642	48667	13445	10134
巫山县	46.23	896605	19317	150160	91498	227393	1222165	326333	52863	13317	9660
巫溪县	39.10	733991	18741	109319	228601	279741	1534065	250855	54622	11054	10079
石柱县	38.65	1292437	33199	173254	1044742	82675	1330743	482360	51830	15577	9429
秀山县	49.13	1381933	28145	174291	714486	450304	1697773	581903	57415	14404	9556
酉阳县	55.65	1169671	20908	193744	920290	176940	1513108	459278	58339	11174	8992
彭水县	50.64	1159666	22687	200591	561762	308224	1519242	519368	60674	12739	9881

附录 5　2013—2015 年重庆市各产业占 GDP 的比重

%

区县	第一产业 (2013 年)	第二产业 (2013 年)	第三产业 (2013 年)	第一产业 (2014 年)	第二产业 (2014 年)	第三产业 (2014 年)	第一产业 (2015 年)	第二产业 (2015 年)	第三产业 (2015 年)
全市	7.92	50.55	41.53	7.44	45.78	46.78	7.32	44.98	47.70
都市发达经济圈	1.84	46.13	52.03	1.63	40.00	58.37	1.57	38.35	60.07
渝西经济走廊	12.79	56.21	31.00	12.10	53.46	34.44	11.69	53.56	34.76
三峡库区生态经济区	12.53	52.23	35.25	11.96	47.84	40.20	11.84	47.30	40.86
一小时经济圈	5.96	51.14	42.90	5.57	46.04	48.39	5.46	45.07	49.47
渝东北生态涵养发展区	14.33	48.54	37.13	13.52	44.96	41.52	13.36	44.80	41.84
渝东南生态保护发展区	15.20	48.58	36.23	14.49	44.68	40.83	14.25	44.26	41.50
万州区	7.38	51.52	41.09	7.10	50.83	42.06	7.20	49.45	43.35
黔江区	10.06	56.78	33.15	9.32	56.50	34.18	9.40	55.18	35.42
涪陵区	6.60	62.52	30.88	6.33	61.53	32.13	6.37	60.66	32.97
渝中区	0.00	3.80	96.20	0.00	3.65	96.35	0.00	3.15	96.85
大渡口区	1.33	43.34	55.33	1.09	41.10	57.81	0.99	39.49	59.52
江北区	0.23	30.57	69.20	0.20	28.49	71.30	0.18	28.40	71.41
沙坪坝区	0.88	58.58	40.54	0.69	57.22	42.10	0.79	45.92	53.30
九龙坡区	1.17	48.42	50.41	1.01	44.92	54.07	0.93	44.07	54.99
南岸区	0.93	62.07	37.00	0.77	61.02	38.21	0.69	59.23	40.09
北碚区	3.70	67.43	28.87	3.32	67.20	29.48	3.39	65.23	31.38

续表

区县	第一产业(2013年)	第二产业(2013年)	第三产业(2013年)	第一产业(2014年)	第二产业(2014年)	第三产业(2014年)	第一产业(2015年)	第二产业(2015年)	第三产业(2015年)
渝北区	2.47	63.93	33.60	2.17	63.97	33.86	2.17	58.59	39.24
巴南区	8.83	42.02	49.15	8.23	43.68	48.09	7.92	46.11	45.97
长寿区	9.00	60.53	30.47	8.35	59.67	31.98	8.89	53.50	37.61
江津区	13.65	61.67	24.68	12.53	63.08	24.39	12.46	59.02	28.52
合川区	14.63	49.58	35.78	13.55	50.81	35.64	13.63	49.09	37.28
永川区	9.80	55.09	35.12	8.70	57.31	33.99	8.54	57.23	34.23
南川区	20.83	36.56	42.60	20.32	36.30	43.38	20.67	34.29	45.04
綦江区	13.96	51.30	34.74	13.02	52.45	34.52	13.35	50.20	36.45
大足区	12.31	57.17	30.52	11.04	60.40	28.56	11.32	58.47	30.20
璧山区	21.44	45.85	32.71	5.62	70.96	23.42	5.34	71.68	22.98
铜梁区	12.45	59.92	27.63	11.73	62.14	26.14	11.68	60.14	28.18
潼南区	14.90	61.33	23.77	18.50	52.15	29.35	17.66	53.92	28.42
荣昌区	5.93	68.37	25.70	13.43	63.38	23.19	13.25	62.99	23.76
梁平县	16.96	53.90	29.14	15.13	53.88	31.00	14.87	54.36	30.77
城口县	14.70	56.74	28.56	14.48	57.86	27.66	17.19	49.65	33.17
丰都县	20.58	44.15	35.27	19.14	47.24	33.62	18.96	47.47	33.57
垫江县	15.49	54.88	29.63	14.42	56.80	28.78	14.71	49.90	35.39
武隆县	14.94	39.98	45.08	14.23	40.09	45.67	14.20	40.09	45.71
忠县	16.64	48.76	34.59	15.01	51.97	33.02	15.27	50.69	34.03
开县	17.27	49.46	33.27	16.10	51.29	32.61	16.11	50.66	33.22
云阳县	23.26	40.05	36.69	21.59	43.27	35.15	21.33	43.38	35.29
奉节县	19.74	36.52	43.74	18.21	39.20	42.58	18.21	39.04	42.75

续表

区 县	第一产业（2013年）	第二产业（2013年）	第三产业（2013年）	第一产业（2014年）	第二产业（2014年）	第三产业（2014年）	第一产业（2015年）	第二产业（2015年）	第三产业（2015年）
巫山县	22.64	32.68	44.68	21.82	32.17	46.01	21.58	31.95	46.47
巫溪县	21.78	37.80	40.42	20.47	38.76	40.76	20.44	38.25	41.31
石柱县	18.44	48.83	32.72	17.58	50.04	32.37	16.95	49.93	33.13
秀山县	14.38	51.30	34.32	13.51	51.93	34.57	13.50	47.77	38.73
酉阳县	20.70	45.24	34.06	19.77	46.69	33.55	20.49	43.91	35.60
彭水县	19.81	41.83	38.36	18.59	44.16	37.25	19.05	42.15	38.80

附录 6　2013—2015 年重庆市统计年鉴（部分）

区　县	全社会固定资产投资/万元（2013 年）	全社会固定资产投资/万元（2014 年）	全社会固定资产投资/万元（2015 年）	进出口总值/万美元（2013 年）	进出口总值/万美元（2014 年）	进出口总值/万美元（2015 年）
全市	112050284	132237463	154803250	6870410	9545024	7447656
都市发达经济圈	39319389	45654388	51846627	6298789		6770037
渝西经济走廊	34172804	42038002	51159992	235972		296978
三峡库区生态经济区	45085411	44545073	51796631	335649		380641
一小时经济圈	82094787	97628352	114780274	6774165		7309894
渝东北生态涵养发展区	21495258	25282480	29782621	63602	128370	110508
渝东南生态保护发展区	8460239	9326631	10240355	32643	29560	27254
万州区	5076222	6120564	7250948	43943	106505	88112
黔江区	2119948	2361157	2670732	2310	2530	624
涪陵区	5014589	5785957	6704630	120957	119236	119615
渝中区	2743861	3091402	3300195	171873	179942	245427
大渡口区	1467160	1684218	1903098	28240	32091	26029
江北区	4157540	4683145	4935177	570185	653553	594331
沙坪坝区	4523390	4917008	5831658	2586563	2957309	2565184
九龙坡区	4747770	5618870	6646999	226309	228410	277367
南岸区	4564736	4882538	5009348	74899	138436	337491
北碚区	4873303	5361059	5949043	55477	99661	184826

续表

区县	全社会固定资产投资/万元(2013年)	全社会固定资产投资/万元(2014年)	全社会固定资产投资/万元(2015年)	进出口总值/万美元(2013年)	进出口总值/万美元(2014年)	进出口总值/万美元(2015年)
渝北区	6886055	9253002	10935964	2452535	4454663	2428786
巴南区	5355574	6163146	7335145	132707	106257	110596
长寿区	3588005	4150005	5069025	118447	127186	123266
江津区	4585702	5750370	7042201	69565	82594	57376
合川区	3619019	4371029	5334903	29376	42972	26200
永川区	4654982	5779944	7201300	37144	38461	47868
南川区	1544274	1451046	1717178	14520	17371	23479
綦江区	3480777	4235412	5279138	11215	5161	16767
大足区	3192397	4167763	5200014	4587	9923	9767
璧山区	1843699	5454053	6307726	3156	28885	31119
铜梁区	3643290	4437209	5273238	4386	5693	7184
潼南区	3064904	2649678	3308384	34030	6487	11304
荣昌区	4543760	3741498	4495910	27993	52803	65914
梁平县	1887184	2220111	2675263	2464	1720	2807
城口县	725130	679711	736601	212		
丰都县	1861076	2092251	2504149	3433	3538	6781
垫江县	2047700	2438905	2921534	5513	6811	4101
武隆县	1416029	1454595	1508757	802	1546	745
忠县	1848942	2190506	2621013	1930	2139	2537
开县	2559906	3075173	3585870	2928	4260	4129
云阳县	1711317	2011716	2406277	622	945	814

续表

区　县	全社会固定资产投资/万元（2013 年）	全社会固定资产投资/万元（2014 年）	全社会固定资产投资/万元（2015 年）	进出口总值/万美元（2013 年）	进出口总值/万美元（2014 年）	进出口总值/万美元（2015 年）
奉节县	1822174	2107585	2324736	644	426	418
巫山县	843292	1000617	1222165	574	698	676
巫溪县	1112315	1345341	1534065	1339	1328	133
石柱县	1404213	1444132	1330743	1952	1917	2305
秀山县	1216700	1461379	1697773	1020	2010	1132
酉阳县	1149168	1316531	1513108	25570	20032	20855
彭水县	1154181	1288837	1519242	989	1526	1593

参考文献

[1] 何晓群. 应用多元统计分析[M]. 北京：中国统计出版社,2015.

[2] 李卫东. 应用多元统计分析[M]. 北京：北京大学出版社,2015.

[3] 靳刘蕊,王兢. 多元统计分析[M]. 郑州：郑州大学出版社, 2009.

[4] 任雪松,于秀林. 多元统计分析[M]. 北京：中国统计出版社,2011.

[5] 文乐. 基于多元统计分析的武汉市城区经济发展研究[D]. 武汉：华中师范大学, 2016.

[6] 李永江,刘春雨. 多元分析原理及应用[M]. 北京：经济科学出版社,2016.

[7] 李健宁. 多元分析及其在高等教育研究中的应用[M]. 合肥：安徽大学出版社,2009.

[8] 汪冬华. 多元统计分析与 SPSS 应用[M]. 上海：华东理工大学出版社,2010.

[9] 刘江涛. 基础篇 SPSS 数据统计与分析应用教程[M]. 北京：清华大学出版社,2017.

[10] 王斌会. 多元统计分析及 R 语言建模[M]. 广州：暨南大学出版社,2016.

[11] 于秀林,任雪松. 多元统计分析[M]. 北京：中国统计出版社,1999.

[12] 管宇. 实用多元统计分析[M]. 杭州：浙江大学出版社,2011.

[13] 陈伟. 多元统计分析在区域经济评价中的运用[D]. 武汉：武汉科技大学, 2010.

[14] 李庆来. 多元统计分析写于大数据、云计算时代[M]. 上海：上海交通大学出版社,2015.

[15] 柳欣欣. 大连住宅价格影响因素分析及实证研究[D]. 大连：大连理工大学,2006.

[16] 唐启义,冯明光. 实用统计分析及其 DPS 数据处理系统[M]. 北京：科学出版社,2002.

[17] 杨晓华,刘瑞民,曾勇. 环境统计分析[M]. 北京：北京师范大学出版社,2008.

[18] 赵秀恒,王钥,王华颖. 让你睿智的概率统计[M]. 石家庄：河北科学技术出版社,2017.

[19] 戴华晶. 改变世界的 134 个概率统计故事[M]. 长沙：湖南科学技术出版社,2016.

[20] 胡平,崔文田,徐青川. 应用统计分析教学实践案例集[M]. 北京：清华大学出版社,2007.

[21] 同济大学数学系. 工程数学 概率统计简明教程[M]. 2 版. 北京：高等教育出版社,2012.

[22] 易正俊. 数理统计及其工程应用[M]. 北京：清华大学出版社,2014.

[23] 黄龙生. 概率论与数理统计[M]. 北京：中国人民大学出版社,2012.

[24] 陶茂恩. 概率统计基础[M]. 武汉：华中师范大学出版社,2018.

[25] 黄龙生,黄敏. 概率统计应用与实验[M]. 北京：中国水利水电出版社,2018.

［26］于丽妮,朱如红.应用工程数学［M］.北京:人民邮电出版社,2016.

［27］张立志,许景彦.工程数学［M］.武汉:武汉大学出版社,2016.

［28］张民悦,杨宏.工程数学线性代数与概率统计［M］.上海:同济大学出版社,2011.

［29］杨焕海.工程数学［M］.北京:北京交通大学出版社,2013.

［30］陈骑兵,李秋敏.工程数学［M］.重庆:重庆大学出版社,2013.

［31］周华任,刘守生.概率论与数理统计应用案例评析［M］.南京:东南大学出版社,2016.

［32］项昭.骰子掷出的学问——概率［M］.贵阳:贵州人民出版社,2014.

［33］代鸿.多元统计实践案例分析［M］.北京:清华大学出版社,2017.

［34］何晓群.应用多元统计分析［M］.北京:中国统计出版社,2015.

［35］李卫东.应用多元统计分析［M］.北京:北京大学出版社,2015.

［36］靳刘蕊,王兢.多元统计分析［M］.郑州:郑州大学出版社,2009.

［37］任雪松,于秀林.多元统计分析［M］.北京:中国统计出版社,2011.

［38］李永江,刘春雨.多元分析原理及应用［M］.北京:经济科学出版社,2016.